DOMINIK EULBERG

MIKROORGASMEN ÜBERALL

eichborn

DOMINIK EULBERG

MIKROORGASMEN ÜBERALL

Sämtliche Illustrationen
sind der
CRAMERS GALLERY
OF NATURE
entnommen

DOMINIK EULBERG

MIKROORGASMEN ÜBERALL

VON DER RAFFINESSE
UND MANNIGFALTIGKEIT
DER NATUR
VOR UNSERER HAUSTÜR

eichborn

Eichborn Verlag
in der Bastei Lübbe AG

Originalausgabe

Bei Fragen zur Produktsicherheit wenden Sie sich bitte an:
produktsicherheit@bastei-luebbe.de

Umschlaggestaltung & Design: Natalia Luzenko
Einbandmotive und Innenillustrationen:
Cramers Gallery of Nature; Abbildung »Bärtierchen«:
eye of science (Nicole Ottawa & Oliver Meckes)
Satz: fuxbux, Berlin
Gesetzt aus der FF Tisa und der Walsheim
Druck und Einband: FINIDR, Lípová 1965, 73701 Český Těšín,
Tschechische Republik

Printed in Czech Republic
ISBN 978-3-8479-0065-8

5

Sie finden uns im Internet unter eichborn.de

INHALT

Kleiner Schillerfalter
(*Apatura ilia*)

EINLEITUNG

Ich heiße Dominik Eulberg, bin seit mehr als dreißig Jahren international agierender DJ und Produzent für elektronische Musik, in meinem Herzen leidenschaftlicher Naturliebhaber. Die Natursensibilisierung und der Schutz unserer heimischen Biodiversität sind seit Kindertagen meine Mission, der tiefste und mich ganzheitlich erfüllendste Sinn meines Lebens.

Die Natur ist für mich die größte Künstlerin von allen, eine unerschöpfliche Schatzkammer der Freude und auch eine niemals versiegende Inspirationsquelle. Ihr Farben- und Formenreichtum, ihre Raffinesse regen mich immer wieder von Neuem zu kindlichem Staunen an. Ich bin jeden Tag draußen in der Natur und versuche dabei stets, mit offenen Sinnen in ihr und bei ihr zu sein, ihr demütig zu lauschen und sie kontemplativ zu beobachten, ohne das Bestreben zu haben, etwas ändern zu wollen. Nach einer gewissen Zeit der bewussten Achtsamkeit komme ich immer wieder in einen Zustand, in dem meine Gedanken ruhiger werden. Wie bei einem zunächst stürmischen Meer ebben die Wellen mehr und mehr ab, die Wasseroberfläche wird klar und flach, alles wird ruhig. In diesen Momenten fühle ich mich im vollen Einklang mit Mutter Natur, bin wieder leibhaftiger Teil von ihr und mit allem verbunden. Dieses innige Gefühl des Glücks und der Gemeinschaft, des »Wieder-Sohn-sein-Dürfens«, regt in mir eine tiefe Kreativität an. Jeder noch so kleine Impuls, den ich um mich herum verspüre, kann sich auf dieser glatten Oberfläche frei entfalten und Wellen schlagen, Prozesse in Gang setzen. Denn ist das Meer von der Hast des Alltags zu aufbrausend, kann man auch ein Hochhaus an Impulsen hineinwerfen, es schlägt keine Wellen, sondern wird schonungslos von den tosenden Wassermassen verschluckt. Diese ruhigen, reinen Emotionen des archaischen Seins versuche ich dann, ähnlich, wie ein Maler ein Bild malt, mit Klanglandschaften zu skizzieren.

So kann etwa ein erlebter Waldspaziergang eine Blaupause für ein Stück Musik sein. Man weiß nie, was einen hinter der nächsten Wegbiegung erwartet: ein Sperber, der gerade Beute schlägt, ein Bach mit faszinierenden Köcherfliegenlarven, oder vielleicht auch eine buntblumige Wiese mit tausenden Schmetterlingen und anderen interessanten Insekten. Am Anfang habe ich versucht, meine beiden großen Leidenschaften, Natur und Musik, auf naivere Art und Weise miteinander zu verstricken. Ich nahm Geräusche und Tierstimmen auf und wob sie in meine Musik ein. Heute mache ich das nur noch aus rein produktionstechnischen Gründen. Mein Weg, die beiden Leidenschaften miteinander zu kombinieren, ist heute eher ein indirekter. Ich möchte den Hörern über meine Konzepte und Titel auf einer Metaebene etwas mitgeben, Gedankengänge anregen. Natur hat keine echte Lobby, sie braucht Helden wie David Attenborough, Jane Goodall oder Rachel Carson. Musik und Kunst sind wundervolle, weil lustvolle Bühnen, um Menschen zu erreichen, auch außerhalb der »Ökoblase«. Und um diese Menschen geht es, denn die Dinge ändern sich nur, wenn sie entweder wehtun (Fukushima und Atomausstieg) oder mehrheitsfähig sind. Musik und Kunst sind wertvolle Vektoren, um neue »Sensibilisierungsgründe« zu erschließen. Und die Wiesen, auf denen man noch nie war, sind bekanntlich die saftigsten!

Mir wurde das große Geschenk zuteil, meine Kindheit im wildromantischen Westerwald in Einklang mit der Natur zu verbringen, ohne Fernseh-Gezappe, Handyklingeln und weitere mediale »Verseuchung«. Mein Vater, ebenfalls ein großer Naturliebhaber, zeigte mir schon in jungen Jahren viele Geheimnisse und Wunder unserer heimischen Flora und Fauna. Vor allem Schmetterlinge und Vögel mit ihren mannigfaltigen Formen und Farben waren mein persönliches Entertainment-Programm. Das Grün des Brombeerzipfelfalters setzte meine Sinne in Verzückung, dem funkelnden Changieren des Schillerfalters, der sich an einer Baumwunde labte, konnte ich mich für Stunden nicht entziehen, und das Perlmutt des Kaisermantels ließ meine Augen leuchten. Ich träumte von Oleanderschwärmern, Trauermänteln, Blauen Ordensbändern und Osterluzeifaltern. Das Glitzern des Eisvogels ließ mein Herz höherschlagen, wenn er wie ein fliegender Edelstein an mir auf meinen Bachwanderungen vorbeizischte, und das Aeronautendasein des Mauerseglers faszinierte mich zutiefst. Das Wissen über die Art und Weise, wie dieser Vogel sein Leben komplett in der Luft verbringt, brachte etwas in mir zum Schwingen. Mir wurde klar, wie anders so eine Lebensperspektive sein kann. Die Eleganz des Rotmilanfluges brachte mich ins Schwärmen. Der perlende und zugleich wehmütige Gesang des Rotkehlchens war Musik für mich, und die variationsreiche Singdrossel verpasste mir meinen ersten Ohrwurm. Musik interessierte mich in meiner Kindheit gar nicht, ich fand sie immer etwas seltsam, affektiert und künstlich. Die Natur war meine Musik: die Heuschreckenkonzerte, das morgendliche Vogelorchester, das Rauschen der Bäche. Mit einem breiten Grinsen im Gesicht schlief ich abends friedlich ein, wenn ich die erfüllenden Naturerlebnisse Revue passieren ließ.

Nach meinem Ökologiestudium begann ich ein Forschungsprojekt im Nationalpark Müritz. Ich untersuchte die natürliche Sukzession von brachliegenden Flächen hin zum Klimax-Stadium und partizipierte beim Kranich-Monitoring. Leider kam es zu einer Haushaltssperre, und mein Projekt konnte nicht weiterfinanziert werden. Da ich aber mit so viel Herzblut mittendrin war, wollte ich das Projekt unbedingt weiterführen. Von der Uni kommend, war ich monetär weniger gut aufgestellt, »knietief im Dispo«, das ganze BAföG wollte erstmal zurückgezahlt werden. Ich konnte mir also keine Unterkunft aus eigener Tasche leisten und beschloss, einfach ein knappes halbes Jahr im Wald, ohne Wasseranschluss und Strom, zu leben. So ganz ohne Besitz und ohne Verpflichtung zu sein war eine tolle, wegweisende Erfahrung für mich. Ich fühlte mich frei von allen Systemen und habe in dieser Zeit in der Natur viel über mich und das Leben gelernt. Es war wie eine kostenlose Selbstfindungstherapie: Ohne einen Cent war ich glücklich, weil ich voll und ganz im Hier und Jetzt war, Teil der Natur, Teil des Seins. Jeden Morgen wusch ich mich in einem Bach, und die dort lebenden Bewohner verloren mehr und mehr die Scheu vor mir. Der Fischotter störte sich nachher kaum noch an mir, und der Schwarzstorch kam zum Greifen nahe. Ich fühlte mich ein wenig wie Franz von Assisi. Da dachte ich mir: Moment mal, wenn ich auch ohne Geld so glücklich sein kann, warum soll ich etwas Unbekömmliches aus monetären Gründen tun? Ich wurde noch mutiger, meinen eigenen Weg zu gehen, und fing an, meine Leidenschaften auszuleben. Rennt man keinem vermeintlichen Ideal oder Trend hinterher, hat man wahrhaftig etwas zu sagen und findet mehr Gehör – was einem das Leben mit reichen Früchten dankt. Denn wir Menschen sind Herdentiere. Diejenigen, die neue Wege gehen, schätzen wir, denn sie führen uns, bildhaft gesprochen, vielleicht zu neuen Nahrungsgründen oder Trinkwasserquellen. Verzicht kann also ein immenser Gewinn sein: Man erkennt in diesem leeren, stillen Raum das Feld seines reinen Potenzials. Denn all die Dinge, die wir aus einer intrinsischen Bekömmlichkeit heraus tun, sind gleichzeitig auch energetisch hocheffiziente Tätigkeiten, da sie uns kaum Kraft kosten.

Wir alle sind selbstverständlich auch ein Teil Natur, ein Tier mit Trieben und Instinkten. Wir wundern uns, wie gut uns ein Sonntagsspaziergang tut, dabei müssten wir uns eigentlich eher wundern, wie schlecht es uns tut, den ganzen Tag in miefigen viereckigen Kisten zu hocken, mit stinkenden viereckigen Kisten zu anderen viereckigen Kisten zu fahren, um dort auf viereckige Kisten mit viel Elektrosmog zu starren. Dafür sind unser Körper und unsere Sinne nicht geschaffen. Frühmenschen der Gattung Homo gab es schon vor 2,8 Millionen Jahren, die neolithische Revolution, das Sesshaftwerden der Menschheit, ist gerade einmal zehntausend Jahre her. Bis dahin war das, was manch einer heute nur noch bei einem Sonntagsspaziergang erfährt, unsere Heimat. Wir sind ein Teil der natürlichen Evolution. Alleine der Anblick der Farbe Grün steigert signifikant unser Wohlbefinden und verkürzt nachweislich die Rehabilitationszeit von Kranken. Bäume kommunizieren untereinander mit sogenannten Terpenen, das sind Kohlenwasserstoffverbindungen, die auch unser Immunsystem noch versteht. Wissenschaftler etwa haben herausgefunden, dass schon drei Stunden Aufenthalt in der Waldluft unsere Stresshormone um bis zu fünfzig Prozent reduzieren können; kein Psychopharmakon der Welt schafft das. Die Japaner sagen zu Waldspaziergängen Shinrin Yoku, was wortwörtlich übersetzt »in der Waldluft baden« bedeutet. Wissenschaftler sprechen vom sogenannten Biophilia-Effekt.

Da alles permanent im Wandel ist, ist zu jeder Tageszeit und auch zu jeder Jahreszeit das Entertainment-Programm Natur stets neu aufgestellt. So kann ich etwa jeden Tag dieselbe Strecke vor meiner Haustür im Westerwald wandern, es ist jedes Mal von Neuem spannend und erfüllend. Natur ist für mich auch das beste Mittel, mich selbst zu finden. Wenn ich stundenlang wandere, scheint mir mein Kopf vor Alltagsproblemen oft so groß, dass er kaum unter den Baumwipfeln hindurchpasst.

Mit der Zeit wird er immer kleiner und kleiner, bis ich wirklich in mir selbst angekommen bin. Dann rieche ich wieder normal, kann klar sehen, deutlich hören und bewusst fühlen. Ich gelange in einen transzendenten Zustand, spüre wieder deutlich, was ich will und was nicht. Ich bin wieder im Hier und Jetzt. Und glücklich ist man nicht gestern oder morgen, sondern nur im Jetzt. Natur ist immer und überall; hat man sie einmal richtig kennengelernt, so ist sie der einfachste, gesündeste und zugleich kostengünstigste Weg, glücklich zu sein. Denn Vögel singen auch in ökonomisch schwachen Zeiten. Ich brauche nur ein Fernglas und eine Lupe, um den Erfahrungshorizont noch etwas zu weiten, und schon bin ich rundum glücklich. Wo ich auch bin, begleitet mich immer auch ein Stückchen Heimat: wenn ich etwa den Finkenschlag des Buchfinken höre oder das Tschilpen der Spatzen. Glück ist ein Mosaik aus vielen kleinen Freuden. Ich muss nur vor die Haustür gehen, und schon erfüllen mich die ersten Sinneseindrücke. Die Liebe zur Natur hilft mir auch, eine gesunde Vogelperspektive einzunehmen, die Dinge so wieder mehr im Ganzen einordnen zu können.

Um die heutigen Umweltprobleme wie Klimawandel und Artensterben zu lösen, müssen wir uns alle zusammentun, denn wir können diese Probleme nur im großen Kollektiv lösen. Natur kennt keine politischen Grenzen. Wir müssen auch hier das Bild im Ganzen erfassen, die Fakten kennen und uns nicht von unseren Emotionen fehlleiten lassen. Wir dürfen keinem scheinheiligen Greenwashing oder Ablasshandel verfallen. Wir dürfen unser schlechtes Gewissen nicht betäuben und denken, der Verzicht auf Strohhalme löse das Plastikproblem. Oder ein Nistkasten im Garten wende das Vogelsterben ab. Naturschutz ist ein Luxusgut. Noch vor hundert Jahren hätten die Bauern uns einen Vogel gezeigt, wenn wir ihnen den Kartoffelanbau untersagt hätten, weil auf ihren Äckern der seltene Ampferfeuerfalter lebte. Der älteste Nationalpark in Deutschland ist der 1970 gegründete »Nationalpark Bayerischer Wald«; nicht gerade ein methusalemhaftes Alter. Der Mensch will zudem oft krampfhaft Dinge konservieren, dabei ist Natur dynamischer Wandel und kein Museum mit eingestaubten Exponaten. Wir wollen gar die Jasmunder Kreidefelsen für Millionen von Euro für den Tourismus erhalten: Wir schützen sie also vor der natürlichen Abrasion, obwohl sie erst durch natürliche Abrasion entstanden sind. Im Endeffekt ist Naturschutz nichts anderes als eine kulturelle Errungenschaft, die darüber entscheidet, wie die Welt aussehen soll, in der wir leben möchten. Auch hier spiegelt sich das Zeitalter des Anthropozäns wider: Wir modulieren die Welt, wie sie uns gefällt. Einen Konsens über die Frage »Was ist Naturschutz?« wird es wohl niemals geben, und ich stelle bei meinen eigenen Bemühungen immer wieder fest, dass der größte Feind des Naturschützers sogar oft der andere Naturschützer ist. Solange es hier teilweise so massiv diametrale Sichtweisen gibt wie etwa bei dem kontrovers zu diskutierenden Thema Windkraft, ist es nicht weiter verwunderlich, dass wir etwa kein einziges der zwanzig Ziele der UN-Dekade Biologische Vielfalt erreicht haben.

Der Begriff Naturschutz an sich ist schon stumpfer Ausdruck der anthropozentrischen Hybris. Wir vergessen in unserem Übermut, dass die Natur unsere Lebensgrundlage ist. Was Urvölker schon vor tausenden Jahren wussten, scheint wieder in Vergessenheit geraten zu sein: Alles, was sich gegen die Natur richtet, richtet sich im Endeffekt auch gegen uns Menschen. Wir sägen uns selbst den Ast ab, auf dem wir sitzen. Dieser arrogante Übermut spiegelt sich auch in einigen Euphemismen in unserem täglichen Sprachgebrauch wider. Der Begriff Klimawandel besagt etwa nur, dass sich das Klima wandelt, nicht, dass es für uns die Hölle auf Erden bedeuten kann. Im Gegenteil, Wandel, »the wind of change«, ist eher ein positiv konnotierter Begriff. Zu Ackergiften, mit denen wir neben Insekten auch uns selbst vergiften, da sie eigentlich überallhin verteilt werden und nicht nur auf dem Acker bleiben, sagen wir: Pflanzenschutzmittel. Dass wir überhaupt eine Grenze zwischen uns und der Natur ziehen, ist bemerkenswert. Wir bezeichnen diesen Raum in der Natur, in dem wir leben dürfen, als »Umwelt« und offenbaren damit unsere egozentrische, empathielose und nicht gleichberechtigte Blickweise auf die Welt. Warum nennen wir sie nicht »Mitwelt«?

Eigentlich braucht die Natur keinen Babysitter, sie ist um ein Vielfaches resilienter als wir. Wir sind die winzige Ameise, die zum riesigen Elefanten sagt: »Ey Kumpel, entspann dich, ich beschütze dich jetzt mal, du brauchst keine Angst zu haben.« Mal ganz provokant ausgedrückt: Ist ein Planet einmal mit Leben »infiziert«, bekommt man es nicht mehr so schnell weg! Es findet sich auf der Erde an vermeintlich lebensfeindlichen Orten wie etwa in kochend heißen Schwefelquellen. Man kann kilometertief ins Gestein bohren und stößt selbst dort auf Mikroben, die ohne Sauerstoff leben und nur alle tausend Jahre Zellteilung betreiben. An den Eiskappen der Pole gibt es tief vergraben unter kilometerdickem und Millionen Jahre altem Eis bakterielles Leben. Selbst auf das Sonnenlicht ist Leben auf der Erde nicht angewiesen, wie »Black Smokers«, heiße Thermalquellen in der Tiefsee, eindrucksvoll beweisen. Auch in stockdunklen Höhlen gibt es komplexe Ökosysteme mit Spinnen, Insekten und Fischen, die darauf basieren, dass Bakterien sich komplett von Schwefelwasserstoff ernähren und dabei ätzende Schwefelsäure abgeben. Diese wandelt Kalkstein in Gips um, welcher dann durch Wasser ausgespült wird. Die Bakterien verstärken somit als geologisch wirkende Kraft den Aushöhlungsprozess des Gesteins.

Die Natur findet immer einen Weg, allerdings wird unsere habitable Zone mit fortschreitender Übernutzung der Erde deutlich kleiner. Wir können nicht in kochend heißen Schwefelquellen leben, uns nicht von Gestein ernähren und uns auch nicht jahrelang einfrieren und wieder auftauen lassen.

Auch wenn die Prozesse für unsere Sinne oft zu langsam ablaufen, um sie zu begreifen, spielen wir gerade mit unserer anthropogen bedingten globalen Erwärmung russisches Roulette. Denn das Klima ist ein sehr fragiles System. Übersteigt die weltweite Erwärmung einen gewissen Punkt, kommt es zu einem Point of no Return: Eine unaufhaltsame Kettenreaktion tritt in Kraft, riesige Mengen Methan (ein etwa zwanzigfach wirksameres Treibhausgas als CO_2) werden den aufgetauten Permafrostböden der Tundra und den Tiefen der Meere entweichen, Wälder können ab einer gewissen Temperatur nicht mehr vollständige Photosynthese betreiben, und das Kohlendioxid, das der Wald im Laufe der Jahrhunderte gespeichert hat, wird schlagartig frei, die Schalentierchen im Ozean, die größte CO_2-Senke unseres Planeten, können keinen Kohlenstoff mehr speichern, und Unmengen des hier eingelagerten CO_2 gelangen in die Atmosphäre usw. Dann reden wir ganz schnell von einer globalen Erwärmung von nicht ein bis zwei Grad Celsius, sondern von fünfzehn bis zwanzig Grad. Und das würde ziemlich ungemütlich für uns! Die Natur juckt das nicht großartig, sie hat schon mehrere solcher klimatischen Super-GAUs mit einhergehendem Massensterben überlebt. Ein paar hunderttausend bis Millionen Jahre später, ein Wimpernschlag in der Erdgeschichte, sind alle ökologischen Nischen wieder besetzt, und es kreucht und fleucht, brummt und summt wieder in allen Ecken. Doch wir selbst sind da etwas weniger flexibel. Der Begriff Naturschutz sollte also eher Menschenschutz oder Nachfahrenschutz heißen. Faktisch falsche Aussagen wie »Wir zerstören so die Erde« zeigen nur die verschobene, überhebliche Sichtweise der Menschheit. Wir brauchen die Natur, denn sie ist die Mutter, die uns nährt, die Natur braucht uns aber nicht. Wir alle sind nur Reisende auf dem Rücken eines Riesen. Wir müssen unsere verdammte

Sucht nach fossilen Brennstoffen in den Griff bekommen, damit wir nicht als Homo suicidalis enden. Wir kennen nun mal nur diese eine Erde, auf der wir leben können. Einen Plan B haben wir nicht. Wir müssen uns hier arrangieren.

Auch die atemberaubende Vielfalt der Natur ist bedroht. Niemals zuvor verschwanden so viele Arten in so kurzer Zeit wie heute durch menschliche Einflüsse: zweihundert pro Tag. Für immer und ewig, denn Jurassic Park ist und bleibt leider Science-Fiction. Das ist sehr dumm, auch für uns Menschen, denn wir brauchen eine intakte Biodiversität. Jedes Lebewesen vollbringt wichtige Dienstleistungen in einem Ökosystem, das wir täglich mit absoluter Selbstverständlichkeit in Anspruch nehmen: Etwa die Luft, die wir atmen, ist nicht von Gott gegeben, sondern wird von Pflanzen hergestellt. Eine gesunde biologische Vielfalt ist also eine Überlebensversicherung für uns und kommende Generationen. Brechen immer mehr Zahnrädchen heraus, kann das ganze System kollabieren, und es wird ziemlich unbekömmlich für uns. Ohne Insekten als Pflanzenbestäuber etwa könnte die Menschheit nur circa sechs Monate überleben. Auch der Mensch ist nichts anderes als eine Art unter Millionen auf diesem Planeten, und auch unser Wohlbefinden hängt vom Zusammenspiel der unterschiedlichen Arten ab.

Wir haben ganz großartige Wissenschaftler:innen auf diesem Planeten. Wir kennen eigentlich alle Umweltprobleme, die uns bedrohen. Wir wissen auch, was die Ursachen für den Klimawandel, das Artensterben, das Plastikproblem sind. Auch haben wir tolle und sinnvolle Lösungskonzepte in den Schubladen. Dennoch rasen wir ungebremst und sehenden Auges auf den Abgrund zu, drohen uns selber die Lebensgrundlage zu entziehen. Das ist doch sehr interessant, wie kann das sein? Der Mensch bezeichnet sich als das intelligenteste Wesen auf dem Planeten, als die Krone der Schöpfung, und dennoch ist es das einzige, das dabei ist, sich selbst ganz bewusst abzuschaffen.

Eine bemerkenswerte Ambivalenz zwischen Selbsteinschätzung und tatsächlichem Handeln.

Unsere Naturschutzprogramme scheitern kläglich. Die Roten Listen der bedrohten Arten werden von Jahr zu Jahr länger und länger, die globale Temperatur steigt und steigt, und das Plastik überschwemmt unsere schöne Welt wie ein wucherndes Geschwür. Wir leben in keinem technokratischen, sondern in einem demokratischen System, das immer auch populistisch motiviert ist. Es wird nur das umgesetzt, was der Großteil der Bevölkerung möchte, sonst würde die Regierung nicht mehr gewählt werden. Veränderungen tun aber immer erstmal kurz weh, da sie oft mit einer Phase des Verzichtes einhergehen, und wem die Weitsicht fehlt, dem bereitet dies Qualen. Zudem denkt Politik immer nur in Legislaturperioden, ökologische Prozesse bedürfen aber eines weitaus größeren Zeitfensters.

Der Wissenstransfer, das Schlagen von Brücken, ist neben dem Lobbyismus durch kapitalistisch Motivierte das große Problem für mich. Denn die Kluft zwischen wissenschaftlicher Erkenntnis und politischer Umsetzung ist größer denn je. Die Empathie und die Wertschätzung für unsere Heimat Natur müssen den Menschen wieder nahegebracht werden. Die Resensibilisierung, das Zurückbringen eines kindlichen Erstaunens über das Wunder des Lebens, ist für mich momentan das wichtigste Werkzeug, um uns zu retten, den dringend erforderlichen sozioökologischen Transformationsprozess zu vollziehen. Es ist deshalb so wichtig, all die nichts hinterfragenden Normopathen aus ihrer Verblendung zu befreien, sie wieder das große Ganze sehen zu lassen.

Dieses Buch soll mit kleinen Geschichten und alltagstauglichen »Wunderfakten« über Phänomene und Lebewesen zum Staunen über die Raffinesse und Schönheit der heimischen Natur anregen. Die einzelnen Kapitel sind dabei nicht thematisch geordnet, sondern sollen wie bei einer Wanderung durch die Natur stets ein überraschendes Momentum in sich tragen. Ich möchte mit diesem Buch zeigen, dass es nicht nur an den exotischen Orten der Erde, wie etwa dem Regenwald oder den Malediven, fantastische Erfindungen der Natur gibt. Auch vor unserer eigenen Haustür existieren verblüffende Wunder, deren Existenz jedoch meist verborgen bleibt. Nur bei genauem Hinschauen und mit einem Bewusstsein dafür erblicken wir das Zauberhafte. Das Verstehen der Natur ist immer eine kausale Kette. Denn wir nehmen mit unseren Sinnen nur das wahr, was wir auch kennen, wofür wir sensibilisiert wurden. Erst dann erblicken wir eine Welt der Wunder, die sich auch im ganz Kleinen vor uns auftut. Die Natur beglückt uns nun überall mit »Mikroorgasmen«. Die tiefe und wahrhaftige Freude, das Verbundensein mit der Natur und dem Hier und Jetzt, das ich etwa beim Anblick des irisierenden Blaus eines vorbeizischenden Eisvogels oder dem überbordenden, orgiastischen Farbenfeuerwerk eines Bienenfressers empfinde, das Glück, das ich beim Lauschen des herrlich flötenden Gesangs eines Pirols verspüre oder aber das ehrfürchtige Staunen über die Biolumineszenz von Glühwürmchen; diese Gefühle kann ich nicht anders als kleine Orgasmen der tiefsten, wahrhaftigsten Freude beschreiben, bei der jede Zelle in mir jubiliert.

Schon in einer Hand voll Walderde stecken mehr Lebewesen, als es Menschen auf der Erde gibt. Geht jedoch ein »Unwissender« durch den Wald und man befragt ihn, was er gesehen hat, so sind das vielleicht ein Fuchs und ein paar Fichten. Unser Gehirn filtert all die kleinen Wunder heraus, die es nicht kennt und als unwichtig interpretiert. Deshalb ist es essenziell, mit einem Grundwissen in die Natur zu gehen, erst dann entdeckt man den erstaunlichen Effekt des Springkrauts, das Wunder der Metamorphose oder den perlenden Lotuseffekt der Kapuzinerkresse und des Frauenmantels. Wissen erweitert den Erfahrungshorizont. Wenn wir die Dinge kennen, beginnt der zweite Schritt der

Kette, wir schätzen sie, wir fangen wieder an, unsere wahre Heimat zu lieben. Dann folgt der dritte Schritt: Wir schützen nur das, was wir auch schätzen, was wir lieben.

Ich bin Freund der Devise »Naturschutz als positive Lebensphilosophie«. Die Medien sind heutzutage voll von alarmistischen Horrornachrichten, was unsere Natur betrifft. Doch irgendwann schalten die Menschen dabei zuversichtslos ab, verfallen in eine Art Schockstarre, Angst und Überforderung lähmen sie dann so sehr, dass sie nicht mehr kämpfen, resignieren, handlungsunfähig werden. Deshalb ist es so wichtig, unsere Mitmenschen positiv abzuholen, ihre Herzen zu entflammen. Der Motor der Evolution ist das Lustvolle, ohne das auch wir jetzt nicht hier wären. Wir müssen wieder anfangen, unsere Freunde und Mitstreiter:innen in der Natur lieben und schätzen zu lernen, damit wir ihnen mit mehr Respekt und Achtsamkeit gegenübertreten, ihnen den Raum geben, den sie brauchen, die Natur einfach in Ruhe lassen, sie mit ihren elaboriert verknüpften Lebensräumen Natur sein lassen, ihr und ihren uralten Prozessen vertrauen. Wir Menschen können viel, Nichtstun beherrschen wir jedoch weniger gut.

Kranich (*Grus grus*)

DER ZUG DER KRANICHE: BOTEN DER VERÄNDERUNG

Zweimal im Jahr stehe ich gebannt an dem See vor meiner Haustüre und schaue mit offenem Mund zu, »wenn der Himmel brennt«. Wenn tausende Kraniche in aerodynamischer Keilformation vorbeiziehen und die Luft mit ihren trompetengleichen Rufen erfüllen. Wenn sie hier rasten, um zu übernachten. Es gibt kaum ein Naturerlebnis in unseren Breiten, das so eine Kraft hat und für mich persönlich eine so große Bedeutung. Diese Masse, diese Eleganz, diese Geräuschkulisse! Man muss schon ganz schön verhärtet sein, hier nicht zu spüren, worauf es wirklich im Leben ankommt. Diese kurzen Momente des tiefen, intrinsischen Glücks sind für mich wie Lichtblicke der Wahrheit. Der Schleier unseres »Höher-schneller-weiter-kauf-dich-glücklich-Systems« hebt sich kurz, das Gift wirkt nicht mehr. Wir können noch so viel lernen von unserem Großmeister Natur, unserer Mutter, unserer Heimat. Mehr, als in allen Büchern dieser Welt steht.

Die anmutigen Vögel ziehen jedes Jahr im Herbst von ihren Brutgebieten in Skandinavien, Polen, den baltischen Staaten oder auch Nord- und Ostdeutschland in sehr schmalen Zugkorridoren gen Süden, um etwa in den Stieleichenwäldern der spanischen Extremadura zu überwintern; im Zuge der Klimaerwärmung aber teilweise auch nur noch bis Südfrankreich. Dabei fliegen sie auch jährlich brav über mein Haus im Westerwald und grüßen mich.

Während der weltweite Kranichbestand stark rückläufig ist, erholen sich die europäischen Bestände dank intensiver Schutzbemühungen prächtig. So treten hier mittlerweile jedes Jahr etwa hundertfünfzigtausend Vögel die weite Reise in die warme Winterresidenz an. Dabei versammeln sie sich vor dem großen Abflug an traditionellen Sammel-Rastplätzen, wie etwa an der Müritz, im Odertal, der Vorpommerschen Boddenlandschaft oder auf Rügen. Jeden Abend treffen die einzelnen Trupps von den umliegenden Äckern ein, wo sie dann gemeinsam in seichten Gewässern übernachten.

Dadurch, dass die großen Vögel (Spannweite 2,20 Meter) nicht höher als hundert Meter über dem Boden fliegen und ihr Zug von lautem melancholischen Trompeten begleitet ist, gehört der Kranichzug zu einem der bewegendsten Naturschauspiele in hiesigen Gefilden. Wer genau hinhört, kann in dem Trompeten-Wirrwarr auch piepsige Stimmen erkennen, wie etwa von Singvögeln. Dabei handelt es sich um Jungvögel, die erst noch in den »Stimmbruch« kommen müssen. Die Altvögel verdanken ihr gewaltiges Stimmvolumen dem besonderen Bau und der enormen Länge ihrer Luftröhre. Sie kann bis zu 1,30 Meter messen.

Kraniche sind sehr soziale Tiere. Sie verbringen meist ihr gesamtes Leben mit demselben Partner und halten sich während des Zuges in Familienverbänden auf. Doch wie bei uns Menschen gibt es auch hier Ausnahmen von dieser Dauerehe.

Bis zum Brutbeginn im März führen die Paare früh am Morgen ihre spektakulären Balztänze auf. Die fantasievollen Tanzfiguren sind geprägt durch Sprünge, Flügelschlagen, Zickzackläufe und Im-Kreis-Rennen. Dabei werden auch Pflanzenteile, Stöcke und Steine in die Luft geworfen. Gebrütet wird dann vorzugsweise in sumpfigen Bruchwäldern, in denen das Nest, von Wasser umschlossen, vor Feinden sicher ist.

Kraniche erreichen fast die Größe eines Menschen und mit

einer Lebenserwartung von vierzig Jahren auch ein hohes Alter. Diese humanoiden Eigenschaften, gepaart mit ihrer Schönheit und Eleganz, führten dazu, dass die Vögel in der Mythologie, in der Literatur und in der Poesie vieler Völker eine bedeutende Rolle spielten – als Frühlingsboten und Glücksvögel, Göttervögel, Symbol für Wachsamkeit und Klugheit und Sinnbild für Treue und ein langes Leben. Aufgrund dieser kulturellen Omnipräsenz spielt der Kranich auch etymologisch eine interessante Rolle: So leitet sich etwa der Name einer langhalsigen Hebevorrichtung, auch als Kran bekannt, vom schlangenartigen Hals eines Kranichs ab. Auch eine seiner Leibspeisen, die »Cranberry«, verdankt dem Vogel ihren Namen.

Im Herbst werden mich die majestätischen Vögel wieder trompetend begrüßen und mit ihrem feinen meteorologischen Gespür das Ende der warmen Jahreszeit einläuten …

Feuersalamander
(*Salamandra salamandra*)

»BRENZLIG, BRENZLIG«, DACHTE DER FEUERSALAMANDER

Behäbig und furchtlos stapft ein etwa zwanzig Zentimeter langes, schwarzglänzendes Wesen mit leuchtend gelbem Muster auf dem Rücken über den Waldboden; mit einer fast schon arroganten Gemütlichkeit, als könne ihm nichts und niemand etwas anhaben.

Und tatsächlich, der Feuersalamander braucht niemanden zu fürchten, er hat keine natürlichen Fressfeinde. Grund dafür ist ein übel beißendes Hautdrüsensekret mit dem Hauptgift Samandarin, das er je nach Angriffsstärke schaumartig über spezielle Ohrendrüsen oder Drüsensporen auf dem Rücken absondert. Lässt der Angreifer nicht locker, kann der Salamander das Drüsensekret aktiv bis zu einem Meter weit spritzen. Jeder, der einmal seine Erfahrung mit dem beißenden Sekret gemacht hat, wird nie wieder einen Feuersalamander anrühren. Seine gelbe »Warntracht« wird ihn schon von Weitem davon abhalten: »Achtung, giftig!« Zudem dient das Hautdrüsensekret der Hemmung von Bakterien- und Pilzwachstum auf der feuchten Haut. Feuersalamander können so ein erstaunliches Alter von locker zwanzig Jahren in freier Wildbahn erreichen. In Gefangenschaft sind sogar über fünfzig Jahre nachgewiesen.

Das gelblich bis orangefarbene, gepunktete bis gestreifte Muster der Feuersalamander ist bei jedem Tier anders, wie ein individueller Fingerabdruck. Durch dieses auffällige Erscheinungsbild ist der Feuersalamander seit langer Zeit den Menschen vertraut. Aufgrund seiner behäbigen, furchtlosen Fortbewegung wurde angenommen, dem Tier könne nichts etwas antun, selbst Feuer nicht. Man glaubte, es sei mit seinem Hautsekret gar dazu in der Lage, Brände zu löschen. Brach in einer Siedlung ein Feuer aus, gingen die Menschen in den Wald, um Salamander zu sammeln, die sie dann in die lodernden Flammen warfen – in der Hoffnung, der mutige Salamander bekämpfe die Feuersbrunst. Diesem verhängnisvollen Irrtum verdankt der Feuersalamander seinen Namen. Noch im Mittelalter war man der Meinung, dass ein in einen Brunnen gefallener Salamander mit seiner angeblich exorbitanten Giftigkeit das gesamte Grundwasser verseuchen könne. Auch gibt es schriftliche Überlieferungen aus dieser Zeit, die davor warnen, der »bloße Hauch seines Atems könne Menschen töten«.

Feuersalamander sind typische Laubwaldbewohner. Erst in der Dämmerung werden sie aktiv und jagen nachts dank ihres auch mit wenig Licht gut funktionierenden Sehsinns alles, was sich bewegt und in ihr Maul passt: Würmer, Schnecken, Käfer, Asseln. Nur an verregneten, kühlen Tagen, bei typischem »Salamanderwetter«, verlassen sie auch tagsüber ihr Versteck. Salamander paaren sich als einzige heimische Amphibien an Land. Dabei schiebt sich das Männchen unter das Weibchen und gibt Samenpakete ab, die vom Weibchen aufgenommen werden. Diese kann das Weibchen über mehrere Jahre einlagern und somit auch ohne Sexualpartner über Jahre hinweg Nachwuchs gebären. Der Lebensraum der Feuersalamander ist eng an klare, sauerstoffreiche Fließgewässer gebunden. Solche Quellbäche braucht der Salamander zur Jungenaufzucht. Denn im Gegensatz zu den meisten anderen europäischen Lurchen werden keine Eier, sondern schon voll entwickelte, kiemenatmende Larven in die Gewässer abgesetzt. In diesen fischfreien Oberläufen entwickeln sie sich innerhalb weniger Monate zu lungenatmenden Landtieren.

In der letzten Zeit ist jedoch auch beobachtet worden, wie Feuersalamander ihre Larven in stehende Gewässer wie Tümpel, Gräben oder Pfützen ablegen. Grund dafür ist wohl, dass saubere Quellbäche immer seltener werden. Zudem besteht bei Fließgewässern die Gefahr, in den fischreicheren Unterlauf abgetrieben zu werden. Allerdings drohen stehende Gewässer auszutrocknen. Interessanterweise paaren sich nur solche Salamander untereinander, die entweder in stehenden oder fließenden Gewässern geboren wurden, obwohl sie ja immer noch ein und dieselbe Art sind. Womöglich bilden sich hier also gerade zwei Unterarten aus.

Einige Populationen von Feuersalamandern in Südeuropa können zum Teil fertig entwickelte Jungsalamander gebären, die sofort terrestrisch leben und somit völlig entkoppelt von Gewässern sind. Dies kann als Anpassung an trockenwarmes Klima und die damit verbundene Gewässerknappheit verstanden werden. Bei anderen, in Höhlen lebenden Populationen von Feuersalamandern verweilen die Tiere ihr Leben lang im aquatischen Larvenstadium und erlangen dennoch Geschlechtsreife.

In den letzten Jahren verursacht ein durch Amphibienhandel aus Asien eingeschleppter Pilz namens Batrachochytrium salamandrivorans jedoch sehr bittere Verluste bei den ansonsten so furchtlosen Salamandern. Sind sie einmal mit dem Hautpilz befallen, endet diese Infektion auf qualvolle Weise tödlich, weil sie über die Haut atmen und ihren Feuchtigkeitshaushalt regulieren. Da das Immunsystem des Feuersalamanders den auch aufgrund seiner Symptomatik »Salamanderfresser« genannten Pilz nicht kennt, hat es keine Möglichkeiten, ihn zu bekämpfen. In den Niederlanden etwa raffte der Pilz seit dem ersten Auftreten innerhalb kurzer Zeit sechsundneunzig Prozent der Feuersalamanderpopulation dahin.

Kleine Hufeisennase (*Rhinolophus hipposideros*) &
Braunes Langohr (*Plecotus auritus*)

BAT KINGDOM – WILLKOMMEN IM FLEDERMAUSLAND

Sie sind nach Insekten, Dinosauriern und Vögeln die vierte Tiergruppe, die erfolgreich den Luftraum für sich erobert hat: die Fledermäuse. Und sie sind die einzigen Säugetiere, die aktiv fliegen können. Seit über fünfzig Millionen Jahren bevölkern sie anatomisch nahezu unverändert unseren Planeten und machen mit ihren raffinierten Echoortungsrufen die Nacht zum Tage. Über tausend verschiedene Arten gibt es weltweit. Darunter sind insekten-, früchte- und blätterfressende Arten genauso wie Arten, die Blüten bestäuben, kleine Wirbeltiere fressen, und auch die berühmten bluttrinkenden Vampirfledermäuse, von denen es aber nur drei Arten in Mittel- und Südamerika gibt.

In Deutschland kommen nur Insektenfresser vor. Es gibt fünfundzwanzig Fledermausarten, die in unseren Nachthimmeln jagen. Bei insgesamt hundertvier Säugetierarten in unserem Land machen Fledermäuse also fast ein Viertel dieser Artenanzahl aus. Die kleinste hier lebende Art ist die streichholzschachtelgroße Mücken- oder Zwergfledermaus, die es gerade einmal auf drei bis acht Gramm Körpergewicht bringt, also in etwa so viel, wie ein Zuckerwürfel wiegt. Die größte heimische Art ist das Große Mausohr, welches eine Flügelspannweite von über vierzig Zentimetern erreicht.

Der Name Fledermaus kommt vom althochdeutschen »Fledarmūs« und bedeutet so viel wie »Flattermaus«. Und obwohl es keine Mäuse sind, sehen sie doch einer Maus sehr ähnlich, zumindest wenn wir das Gesicht betrachten. Dabei sind Fledermäuse eigentlich mit Maulwurf und Igel verwandt. Die biologische Ordnung der Fledertiere heißt »Chiroptera«, was aus dem Griechischen stammt und so viel bedeutet wie »Handflügler«. Denn Fledermäuse fliegen tatsächlich mit den Händen: Anders als bei den Vögeln sind ihre Finger und Mittelhandknochen nicht zurückgebildet. Im Gegenteil: Ihre ellenlangen Finger sind voll in die Flughaut integriert. Auf diese Weise ist der gesamte Flügel sehr beweglich und der Flug der Fledermäuse dadurch sehr viel manövrierfähiger als der der Vögel. Dennoch erreichen sie Geschwindigkeiten von sechzig bis siebzig Stundenkilometern wie der Große Abendsegler.

Mithilfe ihres raffinierten Echoortungssystems können sie sich auch in völliger Dunkelheit zurechtfinden und Beute jagen. Über den Mund oder die Nase ausgestoßene Ultraschallwellen werden von Objekten reflektiert und dienen als virtuelle Umgebungskarte. Das Ortungssystem arbeitet so genau, dass sie sogar Objekte erkennen können, die kleiner als 0,2 Millimeter sind. Auf diese Weise erbeuten die emsigen Jäger unzählige Insekten. Eine einzelne Wasserfledermaus fängt etwa bis zu fünftausend Mücken pro Nacht, und eine Kolonie von fünfhundert Großen Mausohren verputzt eine unglaubliche Tonne Käfer pro Sommer. Da Fledermäuse im Gegensatz zu Eulen kein Restlicht benötigen, um sich zu orientieren, sind sie in der Lage, Lebensräume wie Höhlen zu erschließen, in denen sich nachtaktive Vögel nicht mehr zurechtfinden. Somit gehen sie clevererweise möglichen Fressfeinden, wie Greifvögeln, aus dem Weg.

Doch findet auch hier ein Wettrüsten statt, und einige Insekten haben Methoden entwickelt, dem raffinierten Echoortungsruf zu trotzen. Sobald eine Florfliege etwa Ultraschallsignale wahrnimmt, legt sie ihre Flügel an den Körper an und lässt sich zu Boden fallen. Somit haben Fledermäuse schlechte Karten, sie noch orten zu können. Einige Schwärmerarten sondern gar ebenfalls Geräusche im Ultraschallbereich ab. Durch das Reiben zweier Körpersegmente des Hinterleibs gegeneinander erzeugen die Nachtfalter ein regelrechtes Feuerwerk von Ultraschalllauten. Dank dieser Störsignale funktioniert die Echoortung nicht mehr. Sie wirken wie eine akustische Tarnkappe. Selbst aus nächster Nähe können Fledermäuse die Schwärmer nicht mehr wahrnehmen.

Auch manche Falter aus der Unterfamilie der Bärenspinner können mit elastischen Membranen auf dem Rücken ein Ultraschall-Störfeuer erzeugen. Darüber hinaus können sie sogar kommunizieren, dass sie giftig sind. Denn tatsächlich speichern Bärenspinner Pflanzengifte in ihrem Körper ein, die sie als Raupe aufnehmen. Das ganze funktioniert also wie eine akustische Warntracht.

Doch auch hier gibt es wiederum Gegenreaktionen: Der Echoortungsruf der Mopsfledermaus ist rund zehn Mal so leise wie der ihrer Artgenossinnen. Sie kann sich so klammheimlich »anschleichen«. Zudem werden ihre Rufe umso leiser, je näher sie ihrer Beute kommt. Die Flüstertaktik funktioniert: Für Schutzmechanismen der Insekten ist es dann meist zu spät.

Die Echoortungsrufe anderer Fledermausarten sind hingegen extrem laut. Ein Großer Abendsegler erreicht mit hundertzwanzig Dezibel die Lautstärke eines Presslufthammers. Zum Glück spielt sich das Ganze im Ultraschallbereich ab, also oberhalb der menschlichen Wahrnehmungsfähigkeit.

Unterschiedliche Fledermausarten haben unterschiedliche ökologische Nischen erschlossen. So ist der Abendsegler ein klassischer Luftraumjäger, der hoch über den Kronen jagt. Bechsteinfledermäuse lesen dank hochauflösenden Echoortungssystems sitzende Insekten von Oberflächen auf, oder sogar Spinnen mit chirurgischer Präzision von ihren Netzen – teilweise sogar im artistischen Rückwärtsflug und ohne dabei das klebrige Netz zu berühren. Die Wasserfledermaus benutzt ihre

Schwanzflughaut als Kescher, mit dem sie auf die Wasseroberfläche gefallene Insekten gezielt in ihr Maul befördert. Hufeisennasen sind sogenannte Wartenjäger. Sie hängen an Ästen und senden von dort aus extrem hochfrequente Echoortungsrufe über ihre namensgebende hufeisenförmige Nase aus. Erst wenn sie etwas konkret orten, beginnen sie, das vorbeifliegende Insekt zu verfolgen. Eine äußerst energieschonende Jagdmethode.

Während der Jagd kann der Puls einer Fledermaus auf deutlich über tausend Schläge pro Minute steigen. Da sie proportional zur Körpergröße das größte Herz aller Lebewesen hat, ist dies für sie kein Problem. Das Herz ist etwa dreimal größer als bei anderen Säugetieren.

Wenn sie sich ausruhen, hängen Fledermäuse mit dem Kopf nach unten, und dies, ohne Kopfschmerzen zu bekommen: Dank eines aktiven Venensystems wird verhindert, dass den Tieren das Blut in den Kopf sackt, wenn sie sich von der Decke hängen lassen. Dies tun sie übrigens als Schutz gegenüber Feinden. An so eine Höhlendecke gelangt so schnell keiner, und wenn doch, können sie sich einfach fallen lassen und entkommen. Das Hängen kostet sie keine Kraft, eine Sehne rastet von selbst ein, und die Zehen bleiben so gekrümmt. So kommt es auch immer wieder vor, dass im Schlaf verstorbene Tiere noch lange Zeit in dieser Position hängen bleiben. Fledermäuse können ihre Körpertemperatur regulieren, um Energie zu sparen. Fast täglich fallen sie in eine Tageslethargie, Torpor genannt, bei der die Körpertemperatur auch mal auf fünfzehn Grad Celsius absinken kann. Im etwa fünfmonatigen Winterschlaf kann sie sogar auf drei Grad abfallen und die Herzrate auf nur noch zehn Schläge pro Minute. Im Spätherbst, wenn das Insektenangebot nachlässt, suchen Fledermäuse ihre Winterquartiere auf, häufig Höhlen, Stollen, Bunker oder Keller, die zwar kühl und feucht, aber frostfrei sind.

Während des Winterschlafes kommt es auch oft zur Begattung. Männchen wachen kurz auf, beißen ein Weibchen in den Nacken und kopulieren mit der Dame ihrer Wahl. Romantik sieht anders aus. Viele Fledermäuse paaren sich aber bereits im Herbst. Mit trillernden Balzrufen locken etwa die Männchen des Abendseglers paarungsbereite Weibchen in ihre Tagesquartiere wie etwa Baumhöhlen. Diese Balzrufe sind teilweise selbst für das menschliche Gehör wahrnehmbar. Dabei kann ein Abendseglermännchen sogar gleichzeitig mehrere Weibchen in dieser Baumhöhle gefangen halten und einen Harem bilden. Rauhaut- und Zweifarbfledermäuse werben hingegen mit kunstvollen Balzflügen um die Gunst der Weibchen. Bei der Großen Hufeisennase paaren sich mehrere Weibchen, die eng miteinander verwandt sind, in einer Paarungssaison stets mit demselben Männchen. So kann es sein, dass sich Oma, Mutter und Tochter mit demselben Männchen fortpflanzen. Dieses Fortpflanzungsmodell innerhalb der Abstammungslinie bietet den Vorteil des erhöhten Verwandtschaftsgrades, ohne jedoch die Inzucht zu fördern. Einige heimische Fledermausarten verbringen den Winter nicht bei uns, sondern ziehen, ähnlich wie Zugvögel, in wärmere Gefilde. Oft verpaaren sie sich auch erst beim Flug in den Süden, denn Männchen von verschiedenen Wanderarten besetzen »Balzhöhlen«, die sich entlang der Zugrouten der Fledermausweibchen befinden. So begegnen sich Männchen und Weibchen nur für diese kurzen Rendezvous-Momente im ganzen Jahr. Bei ihren jährlichen Wanderungen legen sie, wie die Rauhautfledermaus, zwischen ihrem Sommerlebensraum und ihrem Winterschlafplatz Flugstrecken von bis zu zweitausend Kilometern zurück.

Zwischen Paarung und Geburt können so neun Monate liegen. Die Tragezeit eines Weibchens beträgt im Durchschnitt aber nur zwei Monate. Damit die Jungtiere nicht im Winter geboren werden, kommt es zu einer verzögerten Eizellenbefruchtung: Der Samen der Männchen kann mehrere Monate im Fortpflanzungstrakt der Weibchen aufbewahrt werden. Erst nach dem Erwachen aus dem Winterschlaf, etwa Ende März, kommt es zum Eisprung und zur Befruchtung der Eizelle, dann gibt es auch wieder ausreichend Insekten, die sie so dringend benötigen, nachdem sie etwa ein Drittel ihres Körpergewichts über den Winter verloren haben. Die Geschlechter teilen sich nun auf und beziehen unterschiedliche Sommerquartiere: Weibchen finden sich in sogenannten Wochenstuben zusammen, in denen die Jungtiere geboren und gemeinsam aufgezogen werden; Männchen beziehen Tagesquartiere, die als Ausgangspunkt für die Jagd dienen.

Fledermäuse können sehr alt werden. Die älteste bekannte Fledermaus ist vierzig Jahre alt gewesen. Vergleicht man das mit Maus oder Hamster, die eine ähnliche Größe haben, ist das enorme Alter wirklich erstaunlich und zeigt, wie gut die Tiere an ihren Lebensraum angepasst sind.

Da Fledermäuse gerade mal ein bis zwei Junge pro Jahr zur Welt bringen, können sich ihre Bestände kaum von veränderten Umweltbedingungen erholen. Neben dem Insektensterben und den mittlerweile nahezu überall vorkommenden Pestiziden, von denen Fledermäuse täglich tausende Mikrodosen aufnehmen, fallen aber auch immer wieder Tiere Windkraftanlagen zum Opfer. Oft reicht schon der enorme Luftdruck der gigantischen Rotorblätter, um die inneren Organe der filigranen Flieger zu zerquetschen. So stehen mittlerweile alle heimischen Fledermausarten auf der Roten Liste der bedrohten Tierarten.

Als Lebensraum nutzen Fledermäuse, wie kaum ein anderes wildlebendes Säugetier, unsere Häuser als Quartiere. Dies führt natürlich immer wieder zu Konflikten, weshalb der Naturschutzbund Deutschland (NABU) die Aktion »Fledermäuse willkommen!« ins Leben gerufen hat. Auch ich engagiere mich als ehrenamtlicher Fledermausbotschafter für den Schutz dieser faszinierenden Tiere.

Kürzlich machte ich mit meinem Fledermausdetektor, einem Gerät, mit dem man Ultraschallsignale in den für uns hörbaren Bereich heruntertransformieren kann, aber noch eine ganz andere interessante Entdeckung: Ich vernahm ein trillerartiges Zirpen, das nicht von einer Fledermaus stammen konnte. Zunächst dachte ich an Heuschrecken, die ja auch im Ultraschallbereich Töne von sich geben, doch die Jahreszeit machte dies eigentlich unmöglich. Zu meiner Überraschung stammten die Geräusche von einer Hausmaus.

Ähnlich wie Singvögel haben männliche Mäuse für die Balz ein erstaunliches Gesangsrepertoire auf Lager, um ein Revier abzugrenzen und um die Gunst der Weibchen zu werben. Genau wie bei den Vögeln gilt: Je komplexer die Gesänge der Männchen, desto attraktiver finden es die Weibchen. Denn je fitter der potenzielle Vater ist, desto facettenreicher und kraftvoller sein Lied. Diese ausgereiften Gesänge bleiben jedoch für unsere Ohren im Verborgenen, da sie sich im Ultraschallbereich zwischen dreißig bis hundertzehn Kilohertz abspielen. Das Verblüffende ist, dass sich Mäuse mit diesem individuellen Gesang, wie bei einem individuellen Duft, vor Inzucht schützen und so für eine gesunde Durchmischung der Gene sorgen. Denn weibliche Mäuse sind erstaunlicherweise in der Lage, den Gesang von Geschwistern von dem nicht verwandter Artgenossen zu unterscheiden. Eine weitere Analogie zu dem Vogelgesang ist, dass Mäuse auch lokale Dialekte im Gesang ausbilden: So singen etwa französische Mäuse anders als deutsche.

Mauersegler (*Apus apus*)

EIN WAHRER AERONAUT

Mit ihren durchdringenden »sriih sriih«-Rufen verbreiten Mauersegler ein herrliches Sommerfeeling in den Städten. Diese sogenannten »Screaming Parties« sind soziale Flugspiele, die der Synchronisation der Kolonie dienen. Mit Spitzengeschwindigkeiten von bis zu über zweihundert Stundenkilometern jagen die Trupps dabei durch die Häuserschluchten. Der rasante Flieger hat sich in unseren Städten als ein echter Kulturfolger angesiedelt: Er nutzt die Vorteile, die der von Menschen gestaltete Raum ihm bietet, und findet unter Dächern und in Gebäudenischen Brutstätten.

Auch wenn Mauersegler äußerlich Schwalben sehr ähneln, sind sie nicht näher mit ihnen verwandt. Im Gegensatz zu den Schwalben zählen Mauersegler nicht einmal zu den Singvögeln. Verblüffenderweise sind Kolibris die nächsten Verwandten der Segler. Erst bei genauerer Betrachtung fallen tatsächlich einige Ähnlichkeiten zu den Kolibris auf: etwa die kurzen Arm- und langen Handschwingen oder die länglich-ovalen Eier. Dass sie Schwalben dennoch auf den ersten Blick ähneln, hängt schlicht mit der aerodynamischen Körperform zusammen, durch die beide optimal an ihren Lebensraum angepasst sind. Konvergente Evolution nennt man dieses Phänomen, wenn Mutter Natur eine »Erfindung« gleich mehrfach ausgebildet hat.

Nur zur Brut begibt sich der Mauersegler auf festen Boden. Die übrige Zeit seines Lebens verbringt er komplett in der Luft.

Er frisst in der Luft, trinkt in der Luft, schläft in der Luft, betreibt Körperpflege in der Luft und vermag sogar die Paarung in luftiger Höhe zu vollführen. Bei dieser Begattung »on the wing« schwebt das Männchen von oben auf die Partnerin zu und verkrallt sich in ihrem Rückengefieder. Die Kopulation dauert jedoch nur drei bis vier Sekunden.

Dank seiner sehr langen, sichelförmigen Flügel, eines kurzen Schwanzes und eines abgeflachten Kopfes bringt der Mauersegler die perfekten aerodynamischen Voraussetzungen für das Leben in der Luft mit. Aufgrund seiner Wendigkeit kann er Insekten und Spinnen spielend aus der Luft ergattern. Mauersegler ernähren sich von sogenanntem Luftplankton, das sie hier oben, ähnlich wie ein Wal im Meer den Krill, »abfischen«. Luftplankton besteht neben Algen, Bakterien, Pflanzensamen oder -sporen auch aus kleinsten Tierchen, die nicht oder kaum aus eigener Kraft fliegen können, sondern sich vom Wind hunderte oder tausende Kilometer weit tragen lassen. Dazu zählen etwa Fransenflügler, die man auch unter dem Namen Gewittertierchen kennt. Der Name rührt daher, dass sie uns nur bei schwül-warmem Wetter begegnen, kurz vor einem Gewitter. Die einen bis drei Millimeter kleinen Fluginsekten spüren die Erhöhung der elektrischen Feldstärke. Ab einer bestimmten Spannung stellen sie aus Sicherheitsgründen ihren Flugbetrieb ein beziehungsweise unterbrechen ihn: Sie legen ihre Flügel mit den namensgebenden langen Haarfransen an und sinken so auf den Boden. Nach dem Gewitter nutzen sie die nächste Thermik, um wieder über den Wolken zu segeln.

Der Mauersegler kann hier oben aber auch tatsächlich Spinnen erbeuten. Um ihr Verbreitungsgebiet auszudehnen, segeln Baldachinspinnen vom Sommer bis in den Winter durch die Lüfte. Dazu produzieren sie einen eigenen, robusten Flugfaden, der, auf einer exponierten Stelle gesponnen, vom Wind erfasst wird: Die Ballonfahrt beginnt. Man nennt diesen Vorgang deshalb auch »ballooning«. Dabei erreichen Baldachinspinnen Höhen von mehreren tausend Metern. Flughöhe und Flugdauer können die Tiere durch die Länge ihres »Luftsegel-Fadens« anpassen.

Für seine Jungen erbeutet ein fürsorgliches Mauerseglerbrutpaar locker zwanzigtausend Insekten und Spinnen am Tag, die die Vögel in ihrem Kehlsack sammeln. Finden die Eltern aufgrund von Schlechtwetterperioden nicht genügend Futter oder fliehen sie vor regenreichen und nahrungsarmen Tiefdruckgebieten, verfallen die Jungvögel in eine Hungerstarre. Herzschlag und Atmung verlangsamen sich, und die Körpertemperatur sinkt von neununddreißig Grad Celsius auf bis zu zwanzig Grad. Zunächst werden die Fettreserven der Jungvögel aufgebraucht, zuletzt das Körpergewebe angegriffen, vor allem die Muskulatur oder die Leber. Bis zu zwei Wochen können die Nestlinge so ausharren.

Einem Löschflugzeug bei der Wasserbetankung gleich trinken Mauersegler über ruhigen Gewässern während des Fluges oder nehmen ein Duschbad, indem sie mithilfe des Schnabels das Wasser aufspritzen. Die Nacht verbringen die Segler in Höhen zwischen vierhundert und dreitausendsechshundert Metern. Dabei müssen sie wegen der fehlenden Thermik jedoch mehr Flügelschläge tätigen als tagsüber. Wie die Vögel sich dennoch regenerieren, ist bis heute unklar. Es wird eine Art Halbhirnschlaf vermutet, bei dem nur eine der Gehirnhälften schläft, während die andere aktiv bleibt, so wie Delfine oder Wale es tun. Auch unklar ist, warum dieser Mehraufwand an Energie gegenüber dem Nächtigen am Boden oder an Felsen überhaupt in Kauf genommen wird.

Der Körper des Seglers ist derart an das Leben in der Luft angepasst, dass er nur noch verkümmerte Klammerfüße hat, um sich an den Nestern an Gebäuden oder, wie ursprünglich, an Felsen und Klippen festzuhalten. Alle vier Zehen sind dazu nach vorne gerichtet und enden in scharfen Krallen. Sie sind inklusive Fuß nur zehn bis zwölf Millimeter lang. Landet ein Mauersegler doch einmal auf dem Boden, ist er nur ein behäbiger Krabbler, da er kaum noch laufen kann.

Früher nahm man an, dass er gar keine Füße besäße, da sie im Flug komplett vom Gefieder umschlossen sind, um die aerodynamische Form zu optimieren. Schon sein wissenschaftlicher Name Apus apus deutet darauf hin. Apus stammt aus dem Griechischen und bedeutet so viel wie »ohne Füße«. Man fand neuerdings jedoch heraus, dass Mauersegler ihre Körpertemperatur über die Füße regulieren können. Bei Temperaturen ab dreiunddreißig Grad Celsius strecken Mauersegler ihre Füße aus dem Gefieder und spreizen die Zehen. Da die Vögel weder schwitzen noch hecheln können, stellen die ungefiederten Füße die einzige Möglichkeit dar, um Wärme abzugeben. Im Luftstrom kann die Haut abgekühlt werden, sodass sich der Temperaturhaushalt des ganzen Körpers verbessert.

Messungen von mit Sendern bestückten Tieren haben ergeben, dass der Mauersegler in seinem bis zu zwanzigjährigen Leben unglaubliche vier Millionen Kilometer zurücklegen kann. Dies entspricht in etwa siebenundneunzig Erdumrundungen oder der zehnfachen Entfernung von der Erde bis zum Mond. Schon unmittelbar nach dem Flüggewerden ziehen die Jungvögel nonstop bis in den Süden Afrikas.

Bei diesen unglaublichen Leistungen erreicht der Puls des Mauerseglers Geschwindigkeiten von etwa siebenhundert Schlägen pro Minute. Sein Blut ist wie ein Superkraftstoff: In hundert Millilitern Blut können etwa dreihundert Milligramm Blutzucker nachgewiesen werden, der Normwert beim Menschen beträgt siebzig bis hundert Milligramm.

Mauersegler halten sich oft unfreiwillig ein Haustier: die Mauerseglerlausfliege, ein ausschließlich auf diese Art spezialisierter Parasit. Der Lebenszyklus der Lausfliegen ist mit dem

Segler perfekt synchronisiert. Ihr gesamter Lebensraum beschränkt sich auf den Körper des Mauerseglers und dessen Brutstätte. Die in der Bruthöhle abgelegten Larven schlüpfen zeitgleich mit den Vogelnestlingen, setzen sich bevorzugt an Hals und Bauch fest und saugen dort Blut. Sie können selbst nicht aktiv fliegen und reiten ihr komplettes Leben als blinde Passagiere auf dem Körper der Segler.

Gemeine Goldwespe
(*Chrysis ignita*)

ERSTAUNLICH RAFFINIERTE SECHSBEINER

Florfliegen gehören zu den Netzflüglern. Ihre Augen schimmern prachtvoll golden, weshalb man sie auch Goldaugen nennt. Die Lieblingsspeise ihrer Larven sind Wollläuse, Verwandte der Blattläuse. Diese Läuse ernähren sich von Pflanzensäften und sind stets in großen Ansammlungen anzutreffen. Gepaart mit ihren weißen Wachsfäden am Körper, die ein unappetitlicher Schutz vor Fressfeinden sind, sehen sie aus wie eine Mini-Schafherde. Und tatsächlich gibt es noch einige weitere Parallelen zu diesem Bild. Denn die Minischafe haben sogar Wachhunde: Ameisen pflegen und verteidigen sie vor Feinden, da sie es wiederum auf ihren süßen Honigtau abgesehen haben, den sie den Läusen entmelken.

Eine hungrige Florfliegenlarve pirscht sich zunächst wie ein Wolf an seine Beute heran und schnappt sich erstmal unauffällig eine Laus, die sich zu weit von der Herde entfernt hat. Dann führt sie einen meisterhaften Vermummungstrick aus: Sie schert die erbeutete Wolllaus mit ihren einwärts gebogenen Zangen und packt sich die »Wolle« auf ihren eigenen Rücken. Hier haftet sie dank kleiner Borsten wie bei einem Klettverschluss fest. Die Florfliegenlarve ist verwandelt, sie ist nun der »Wolf im Schafspelz«. Optisch wie olfaktorisch ist sie jetzt kaum mehr von den anderen »Schafen« zu unterscheiden. Auch die »Wachhunde« bemerken so den Schwindel nicht. Mühelos mischt sie sich nun unter die Herde und saugt mit ihren Bohrmaschinen-Mundwerkzeugen, wie ein Vampir, Laus um Laus aus.

Der gedrungen gebaute, dicht behaarte Wollschweber sieht auf den ersten Blick aus wie eine schwebende Wollkugel, daher auch sein Name. Bei genauerer Betrachtung erkennt man, dass er wie ein Kolibri in der Luft stehen kann und dabei mit seinem langen Rüssel an Blüten Nektar saugt. Seine puschelige Gestalt und auch seine Färbung erinnern aber an eine Hummel. So wirkt dieses skurrile Insekt ein bisschen wie ein zusammengepuzzeltes Fabelwesen. Doch schaut man noch genauer hin, erkennt man, dass der kleine Schweber nur zwei Flügel besitzt. Er gehört also zu den Zweiflüglern, auch als Fliegen bekannt. Charakteristisch ist bei seinem Rüttelflug auch die Haltung seiner langen Stelzenbeine: Die Hinterbeine werden nach oben gestreckt, Mittel- und Vorderbeine nach vorne. Eine clevere Präventivmaßnahme, damit keine lästigen Passagiere aufspringen können, Parasiten zum Beispiel. Dabei ist er selbst nicht viel besser: Seine Larve entwickelt sich parasitisch in der Larvenkammer anderer Insekten, wie etwa bei solitär lebenden Bienen oder Wespen. Um ihnen seine »Kuckuckseier« unbemerkt ins Nest zu schmuggeln, hat er ausgebuffte Tricks und Skills auf Lager. Wie ein Profi-Basketballspieler schießt er seine Eier mit unglaublicher Zielgenauigkeit aus sicherer Distanz in den Brutröhreneingang der ahnungslosen Wirtsarten. Damit diese den Schwindel nicht bemerken, tarnt der Wollschweber das Ei auf äußerst schlaue Art und Weise. Einem Kugelstoßer bei den Olympischen Spielen gleich, wendet und dreht er das abzuschießende Ei zunächst im Bodenstaub. Nun sieht es aus wie ein Sandkorn und bleibt unerkannt. Schlüpft die Larve aus dem Ei, verspeist sie zunächst die Nestvorräte, dann die Wirtslarve und verpuppt sich schließlich selbst. Im nächsten Jahr schlüpft dann eine neue Generation der wolligen NBA-Stars.

Goldwespen sind wahrlich kleine fliegende Juwelen. Sie haben leuchtend bunte Farben von Blau, Violett, Grün bis hin zu Kupferrot. Sie funkeln metallisch mit einem eleganten goldenen Schimmer. Goldwespen leben parasitisch. Die Gemeine Goldwespe etwa legt ihre Eier einzeln in Nester von Hautflüglern verschiedenster Art, wie etwa von Falten- und Grabwespen, aber auch von Mauer- und Pelzbienen. Die Larve frisst zunächst das Ei oder die schon geschlüpfte Larve ihres Wirts und danach deren Nahrungsvorräte. Ist alles aufgegessen, verpuppt sie sich im fremden Nest. Da die Gemeine Goldwespe ein großes Spektrum von Wirtsarten befällt, nehmen dadurch die Larven jeweils unterschiedliche Nahrung zu sich, die Einfluss auf die Entwicklung hat. Deshalb variiert die Körpergröße der erwachsenen Goldwespen stark. Bei der Gemeinen Goldwespe schwankt sie zwischen vier und dreizehn Millimetern.

Insekten, die ihren Lebenszyklus so angepasst haben, dass die erwachsenen Tiere sich im tiefsten Winter auf Schnee fortpflanzen, hält man zunächst für utopisch. Doch der Winterhaft, ein kleines Insekt von etwa drei bis vier Millimetern Größe, verbringt sein Leben auf Eis und Schnee. Von Oktober bis März kann man die Insekten auch in unseren Gärten fast überall antreffen. Da ihre Lebensweise jedoch so unbekannt ist und sie ziemlich klein sind, entgehen sie oft unserer Wahrnehmung. Sie gehören zu den Schnabelfliegen und haben die für diese Ordnung typische schnabelartig ausgezogene Kopfregion mit verlängerten Mundwerkzeugen. Ähnlich wie bei Spinnen erfolgt die Verdauung außerhalb des Körpers. Dazu speicheln sie ihre Beute, zum Beispiel auf dem Schnee verendete Insekten, ein und saugen sie dann im gelösten Zustand über den Schnabel auf. Winterhafte besitzen keine Flügel. Bei den Weibchen haben sie sich bis auf wenige Flügelschuppen komplett zurückgebildet, bei den Männchen haben sie sich zu sichelförmigen Haken umgebildet. Mit diesen umgewandelten Flügelstummeln hält das Männchen das Weibchen während der Paarung an den

Vorderbeinen fest. Im Gegensatz zu den meisten anderen Insekten ist es aufgrund dieser anatomischen Besonderheit so, dass das Männchen das Weibchen auf dem Rücken trägt. Das Weibchen legt den ganzen Winter über Eier in den Boden. Die Larven schlüpfen im Frühjahr, benötigen zwei Jahre zur Entwicklung und weben sich aus Spinnseide eine unterirdische Puppenkammer. Bei Gefahr können sich Winterhafte mit ihren langen, kräftigen Hinterbeinen schlagartig bis zu dreißig Zentimeter wegkatapultieren. Da dieses Verhalten an einen Floh erinnert und man diese sonderbaren Tiere früher noch nicht so recht taxonomisch einordnen konnte, nennt man sie im Volksmund auch Schnee- oder Gletscherfloh.

Europäischer Biber
(*Castor fiber*)

BIBERGEIL!

Ein Biber kann schon ein ganz schöner Kaventsmann sein. Er wird bis zu dreißig Kilogramm schwer und ist somit das zweitschwerste Nagetier der Welt nach dem südamerikanischen Wasserschwein. Der nachtaktive Nager gehört zu den Wildtieren, die in den vergangenen Jahrzehnten eindrucksvoll in ihre früheren Lebensräume zurückgekehrt sind. Einst wurde der Biber durch rücksichtslose Jagd in Deutschland fast ausgelöscht. Lediglich in Sachsen hatte ein Restbestand überlebt. Heute bauen etwa vierzigtausend Biber an vielen Gewässern in unserem Land wieder ihre Burgen.

Der Biber wurde bis ins neunzehnte Jahrhundert durch Überjagung an den Rande der Ausrottung getrieben. Dafür gibt es gleich mehrere Gründe, die zudem seine Einzigartigkeit beweisen. Vor allem wurde er wegen seines warmen und wasserabweisenden Fells unbarmherzig verfolgt, aus dem man Mäntel und Hüte herstellte. Begehrt war es außerdem wegen seines seidigen Glanzes und des widerstandsfähigen Leders. Auf der Bauchseite erreicht sein Fell eine unglaubliche Dichte von dreiundzwanzigtausend Haaren pro Quadratzentimeter. Ein Mensch hat im Vergleich dazu eine maximale Haardichte von dreihundert Haaren pro Quadratzentimeter auf seiner Kopfhaut. Dieser natürliche Neoprenanzug hält den Biber im Wasser stundenlang trocken und warm.

Biber haben einen abgeflachten Schwanz, der unbehaart und

mit hornartigen Hautschuppen besetzt ist. Diese sogenannte Biberkelle führte die Menschen früher zu dem Irrglauben, der Biber gehöre zu den Fischen. Da während der Fastenzeit das Verspeisen von Fleisch zwar verboten war, nicht aber der Verzehr von Fisch, erlaubte die katholische Kirche ganz offiziell den Genuss von Biberfleisch zu dieser Zeit. Zahlreiche überlieferte Rezepte zur Zubereitung des Biberwildbrets sind trauriger Beweis für dessen einstige Beliebtheit.

Das Bibergeil, auch Castoreum genannt, ist ein moschusähnliches Duftsekret. Es wird in paarig zusammenhängenden Beuteln, die sich zwischen den Genitalien und dem After befinden, angesammelt. Dieses stark riechende Sekret verwenden Biber zur Markierung ihrer Territorien und zur Identifizierung ihrer Artgenossen und Familienmitglieder. Das talkartige Sekret wird aber auch zur Fellpflege verwendet. Als Universalheilmittel wurde es von uns Menschen bei den unterschiedlichsten Leiden eingesetzt, etwa gegen Gicht, Krämpfe oder Lähmungen. Vor allem wurde ihm aber eine potenzsteigernde Wirkung nachgesagt. Das Wort Bibergeil ist seit dem achten Jahrhundert nachweisbar. Eine tatsächliche medizinische Wirkung wird durch die enthaltene Salicylsäure erreicht, ein Inhaltsstoff der Weidenrinde, den der Biber über seine Lieblingsnahrung zu sich nimmt. Heute kennen wir diesen Stoff vor allem in Form von Aspirin.

Biber leben in Familienverbänden in ihren arttypischen Biberburgen. Aus Ästen und Holzspänen bauen sie eine Kammer. Der Eingang zu diesem Wohnkessel liegt zum Schutz vor Feinden unterhalb der Wasseroberfläche. Damit die Familie es im Winter auch kuschelig warm hat, wird der Holzbau zusätzlich mit Schlamm und Pflanzenteilen isoliert. Biber halten keinen Winterschlaf und müssen auch zur kalten Jahreszeit ihren Nahrungsbedarf decken. Biber sind reine Vegetarier. Sie ernähren sich von Gräsern, Stauden und Wasserpflanzen. Im Winter fressen sie neben Wurzeln und Knollen hauptsächlich die Rinde von Bäumen, die sie zu diesem Zweck fällen. Große Bäume nagt der Biber rundum nach der »Sanduhrtechnik« an. Dabei nagt er solange weiter, bis der Baum instabil wird und zieht sich dann schnell zurück, bevor der Stamm kippt. Manch dicken Baum nagt der clevere Zimmermann auch nur so weit an, bis er beinahe umfallen würde. Das Umwerfen selbst überlässt er dann lieber Wind und Wetter, um bei den Fällarbeiten nicht in Mitleidenschaft gezogen zu werden.

Biber sind sehr gut an das Leben im Wasser angepasst: Während die Vorderfüße geschickt wie Hände greifen können, sind die Zehen der Hinterfüße mit Schwimmhäuten ausgestattet, um einen besseren Antrieb beim Schwimmen zu haben. Die zweite Zehe der Hinterfüße ist mit einer Doppelkralle versehen, der sogenannten Putzkralle. Diese dient, einem Kamm gleich, der Fellpflege.

Die Nase und die Ohren können beim Tauchen verschlossen werden. Die Augen werden unter Wasser wie mit einer Taucherbrille durch ein durchsichtiges Augenlid, die sogenannte Nickhaut, geschützt. Die Nagezähne besitzen keine Wurzel, werden bis zu dreieinhalb Zentimeter lang und wachsen ein Leben lang nach. Mit diesen kräftigen Zähnen können Biber, je nach Härte des Holzes, innerhalb einer Nacht Bäume mit einem Durchmesser von bis zu einem halben Meter fällen. Damit sich die Zähne nicht so schnell abnutzen, enthalten sie neben Magnesium und Calcium auch Eisenverbindungen, die als Verstärkung in den Zahn eingelagert werden und zur typischen gelbroten Färbung führen. Schon Biberbabys kommen mit gelbroten Nagezähnen zur Welt. Die Farbe kann im Laufe des Biberlebens noch intensiver werden, da auch verschiedene Gerbstoffe der Bäume in die Zähne eingelagert werden.

Der friedliche Vegetarier besiedelt fließende Gewässer sowie Seen. Reicht ihm die natürliche Wassertiefe nicht aus, um etwa Äste problemlos über den Wasserweg zu transportieren, baut er ausgeklügelte Staudämme. Dazu sucht er sich geomorphologisch geeignete Gebiete aus, häuft Weidenstöcke aufeinander und dichtet diese noch zusätzlich mit Schlamm ab. Die Weidenstöcke treiben mit der Zeit wieder neu aus, verwachsen ineinander, und es entsteht ein wahres Bollwerk, ein massiver Damm. Dadurch staut sich ein kleiner Weiher an. Wird eine Stelle des Damms undicht, rückt der Bibernotdienst umgehend zu Reparaturarbeiten aus. Denn Biber können das Geräusch von strömendem Wasser nicht ertragen. Der akustische Reiz ist so stark, dass sie erst dann die Sanierungsarbeiten einstellen, wenn kein fließendes Wasser mehr an der Bruchstelle zu vernehmen ist. Biber mögen eine randvolle Badewanne und keine, bei der der Abfluss gurgelt. Gut gepflegte Staudämme werden über Bibergenerationen hinweg immer weiter erhalten. Durch das langsamer fließende Wasser erhöht sich auch merklich der Grundwasserspiegel in Biberregionen; gut für uns Menschen bei zunehmenden Dürren. Der Biber ist also ein aktiver Landschaftsarchitekt und auch ein echter Ökoingenieur. Denn er baut so nicht nur sein Biotop selbst, sondern schafft auch feinstrukturierte Lebensräume für unzählige andere Arten wie Amphibien, Libellen und Vögel. Ein Eldorado der Diversität, mit dem der Biber aktiv dem Artensterben entgegenwirkt. Es leben etwa achtzig mal mehr Fische in Bibergewässern.

Ein Biber schafft aber auch noch auf ganz andere Art und Weise Lebensräume. In seinem Fell lebt ein Insekt, das sich nur in Biberfellen findet. Ein nur etwa drei Millimeter großes, gelbbraunes Lebewesen mit abgeflachtem Körper fühlt sich hier und nirgendwo anders pudelwohl. Früher dachte man fälschlicherweise, es handele sich um Läuse oder Flöhe, doch in Wirklichkeit sind es augen- und flügellose Käfer, die treffenderweise einfach Biberkäfer genannt werden. Ihr ganzes Leben dreht sich um den Biber. Die Eier legt der Käfer im Biberbau ins Erdreich.

Hier schlüpfen die Larven und klettern direkt wieder an Bord eines Bibers. Sie ernähren sich von dessen Hautschuppen, bis sie groß genug zum Verpuppen sind. Dies tun sie an der Decke des Biberbaus. Nach dem Schlupf als adulter Käfer springen sie direkt wieder auf den Biber und paaren sich.

Star (*Sturnus vulgaris*)

VON DER MUSIK DER VÖGEL

Die ältesten und bekanntesten Musiker der Natur sind die Vögel. Seit mehr als hundertfünfzig Millionen Jahren erfüllen sie unsere Welt mit ihren Melodien. Vielleicht haben sie sogar uns Menschen erst zum Musizieren angeleitet? Jedenfalls sind sie seit jeher eine große Inspirationsquelle für Dichter und Musiker. Manche Komponisten kopierten gar ihre Melodien. In Beethovens sechster Sinfonie etwa wird der Nachtigallgesang von der Flöte imitiert, der Wachtelschlag von der Oboe und der Kuckucksruf von der Klarinette. Auch Vivaldi und Wagner benutzten Vogelmotive in ihren Opern. Mozart soll für viele seiner Werke von dem Gesang eines Stars inspiriert worden sein. Messiaen war der große Ornithologe unter den Musikern. Er sammelte ein Leben lang Vogelstimmen direkt aus der Natur und schrieb diese in Noten um. Da er versuchte, den Gesang möglichst rhythmisch und melodisch genau zu imitieren, übernahm er auch die Unregelmäßigkeiten der Vögel, da sie ja keine menschlichen Tonleitern kennen. Man hielt Vögel in Käfigen als Unterhaltungsmittel, bevor es Radio und Schallplattenspieler gab.

Unter den Vögeln gibt es Meistersänger wie etwa die Nachtigall. Ihr Gesang setzt sich aus mehr als dreihundert verschiedenen Strophen mit beeindruckendem Crescendo zusammen. Sie verdankt ihren Namen der für Singvögel ungewöhnlichen Angewohnheit, nicht nur tagsüber, sondern auch nachts zu singen. Das »gall« in ihrem Namen kommt aus dem Mittelhochdeutschen und bedeutet »laut tönen«. Wer eine Nachtigall einmal, strahlend wie ein heller Stern in klarer Nacht, live gehört hat, weiß, warum dem so ist. Mit ihrem perlenden und variationsreichen Gesang, der als der schönste der heimischen Vogelwelt gilt, hat sie unzählige Kunst- und Kulturschaffende beeinflusst. Jeder kennt die Zeile »Es war die Nachtigall und nicht die Lerche« aus Shakespeares »Romeo und Julia«. Oder die berlinerische Redewendung »Nachtigall, ick hör' dir trapsen«, wenn man eine Vorahnung hat oder etwas durchschaut hat.

Vögel kennen keine Tonleitern und auch keine Noten. Denn dass ein a etwa einer Schwingung von vierhundertvierzig Hertz entspricht, ist eine rein menschliche Konvention. Unser häufigster Brutvogel, die Amsel, singt fast rein in Dur und klingt deshalb so angenehm und gefällig für unser menschliches Gehör. Sie ist besonders begabt in der Erfindung und Variation von Strophen und Motiven, die auf uns eingängig wirken.

Manche Vögel imitieren in ihrem Gesang auch artfremde Stimmen und Geräusche. Diese Arten nennt man Spötter. In früherer Zeit wurden sie auch als Bastardnachtigallen bezeichnet. So können Stare etwa Hundebellen, Pferdewiehern, Handyklingeln, quietschende Reifen oder Polizeisirenen spotten, oder nahezu alle anderen Vogelstimmen, wie etwa Blässhuhn, Mäusebussard oder Pirol. Junge Männchen haben noch ein kleineres Repertoire, sie lernen jedoch schnell hinzu. Aber auch ältere Männchen erweitern ihren Gesang von Jahr zu Jahr, denn je umfangreicher er ist, desto attraktiver finden die Weibchen den Sänger. Da diese »Langzeitlerner«-Arten also mit zunehmendem Alter ein umfangreicheres Repertoire auf Lager haben, sind die Senioren bei Nachtigall und Co. die begehrtesten Partner.

Manche Arten sind sich äußerlich so ähnlich, dass nur ihr Gesang sie leicht voneinander unterscheiden lässt. Fitis und Zilpzalp sind etwa solche Zwillingsarten. Sie sehen äußerlich, bis auf leichte Farbunterschiede der Beine und des Überaugenstreifs, nahezu identisch aus, singen aber völlig unterschiedlich. So klingt der Gesang des Fitis wehmütig abfallend, wie das Herunterfallen eines Blatts; der Zilpzalp hingegen singt zackig seinen Namen: »Zilpzalp, Zilpzalp«.

Auch die beiden heimischen rindenfarbenen Baumläuferarten, Garten- und Waldbaumläufer, sind äußerlich kaum auseinanderzuhalten, selbst wenn man sie nebeneinander sieht. Man kann diese Doppelgängerarten jedoch gut am Gesang unterscheiden: Während der Gartenbaumläufer eine klare, durchdringende Stimme auf gleicher Tonhöhe hat, ist der Gesang des Waldbaumläufers eine sehr helle Strophe, die zum Ende hin abfällt. Zudem gilt meist nomen est omen: Sieht man einen Baumläufer im Wald, ist es höchstwahrscheinlich ein Waldbaumläufer; Gleiches gilt vice versa für den Garten.

Ein Vogel hat es sich bei mir aber verscherzt: die Kohlmeise. Mit ihrem harten und lauten »zi-zi däh, zi-zi däh« hat sie mir schon so manches Mal im Morgengrauen Schlaf und Nerv geraubt. Ihr metallischer Gesang brachte ihr auch den volkstümlichen Namen Schlossermeise ein. Doch nicht nur ihr penetranter »Gesang« macht das so possierlich anmutende Vögelchen zu einem echten Schurken: Verlogen und verdorben ist sie auch. So verscheucht sie ihre Artgenossen mit fingierten Warnrufen. Das Futter bleibt ihr somit ganz alleine. Oder sie singt mit »verstellter« Stimme, um mehrere Reviere gleichzeitig für sich zu beanspruchen und Neuankömmlingen vorzugaukeln, diese seien schon besetzt. Auf ein stolzes Repertoire von acht verschiedenen Individualgesängen bringen es die gewieften Betrüger dabei.

Bei den meisten Arten singen nur die Männchen. Der Gesang erfüllt in erster Linie zwei Zwecke: die Revierabgrenzung und das Anlocken von Weibchen. Neben dem Gesang unterscheidet man auch noch in Ruf und Laut. Laute haben die gleiche Funktion wie Gesänge, sie dienen ebenfalls der Revierabgrenzung und der Attraktion von Weibchen, werden aber von Vögeln ohne die Nutzung des Stimmorgans dargeboten, wie etwa das Trommeln der Spechte oder das Schnabelklappern der Störche. Rufe sind nicht artspezifisch, sondern universeller und werden auch von anderen Vögeln verstanden. Sie dienen dem Warnen vor Luft- oder Bodenfeinden. Gesänge sind jedoch sehr artspezifisch, sonst gäbe es in dem morgendlichen Gesangswirrwarr ja auch ziemlich viel Chaos. Singt also ein Blaukehlchen etwa neben einem Feldsperling, stört es diesen ziemlich wenig, da er die Information nicht versteht, so als würde jemand neben uns auf der Parkbank irgendetwas auf Chinesisch über Liebe erzählen. Ruft aber jemand ganz laut »Eyyy!«, verstehen auch wir das als Aufmerksamkeitssymbol und springen auf. Dies ist vergleichbar mit einem hohen Warnruf bei den Singvögeln. Meisen, Rotkehlchen, Amseln und weitere Dickichtbewohner warnen sich gegenseitig vor Angreifern aus der Luft. Fliegt etwa ein Sperber vorbei, hört man es aus allen Ecken laut und hoch fiepen. Eine Kettenreaktion: Blaumeise warnt Amsel, Amsel warnt Rotkehlchen ... Hat man sich diesen Warnruf einmal eingeprägt, kann man fast immer den vorbeiziehenden Raubvogel beobachten und manchmal sogar den Fehlalarm erkennen, wenn nur eine Ringeltaube überraschend um die Ecke flattert.

Je gesangsbegabter eine Singvogelart ist, desto einzelgängerischer und aggressiver verhält sich ein Individuum gegenüber Artgenossen. Solche Meistersänger wie Amsel, Singdrossel, Rotkehlchen oder Nachtigall bilden feste Reviere aus, die sie vehement mit ihrem Gesang verteidigen. Auch während der Zugzeit migrieren sie alleine oder in kleinen Trupps. Singvogelarten mit einfach strukturierten Gesängen wie Haussperling, Rauchschwalbe oder Gimpel sind hingegen untereinander gesellig und wenig aggressiv.

Es gibt auch gefiederte Freunde, deren Gesang auf uns Menschen nicht ganz so lieblich wirkt. Rabenvögel etwa gehören trotz ihres wenig musikalisch anmutenden Gekrächzes zu den Singvögeln. Denn ob eine Art zu den Singvögeln gezählt wird oder nicht, ist eine anatomische Frage. Vögel haben ein sich vom Menschen gänzlich unterscheidendes Stimmorgan. Statt Stimmbändern haben sie einen zweiten unteren Kehlkopf, der Syrinx genannt wird, was sich aus dem griechischen Wort für Panflöte ableitet. Hier befinden sich Membrane, die durch zwei Dutzend Muskeln in Schwingungen versetzt werden. Einige Singvögel können die Membrane beider Seiten sogar unabhängig voneinander bewegen und somit zwei verschiedene Töne gleichzeitig erzeugen, wie etwa der virtuose Star. Es ist immer wieder verblüffend: Man ist sich sicher, dass mindestens zwei Stare im Gebüsch sitzen müssen, wenn man seinen Gesang hört, doch der Star ist eben duophon. Bis zu zweihundert Mal pro Sekunde können sich die Stimmlippen beim Gesang der Vögel zusammenziehen, kaum eine andere Bewegung im Tierreich ist so schnell. Ihre Sangeskunst ist eine stimmliche Präzisionsarbeit. Der Schriftsteller David Haskell beschrieb den Vorgang so wunderschön treffend: »Vögel sind schnellfingrige Goldschmiede der Luft, die jede Sekunde dutzende ornamentaler Edelsteine herstellen. In ihren Modulationen von Tonhöhe, Amplitude und Klangfarbe hören wir die Vitalität ihres Blutes, ihrer Muskeln und Nerven.«

Was für das menschliche Ohr so spielerisch klingt, ist für Singvögel eine komplexe Leistung. Denn Vögel müssen den Gesang erst von Grund auf erlernen. In der ersten Lernphase lauscht der Jungvogel dem Gesang der ausgewachsenen Artgenossen aufmerksam und bildet eine Art Schablone dazu in seinem Gehirn, die festlegt, wie der Gesang klingen sollte. In der zweiten Lernphase, die manchmal erst Monate später beginnt, übt der Jungvogel schließlich, zu singen. Zunächst erzeugt er dabei einen sogenannten Untergesang. Dieser ist noch leise, unstrukturiert und wenig spezifisch, ähnlich wie das »Brabbeln«

eines Babys. Danach folgt der plastische Gesang. Er ist bereits lauter und strukturierter, aber immer noch sehr unspezifisch. Nun folgt der Kristallgesang: Dieser entspricht jenem Gesang, den der Jungvogel in der ersten Lernphase gehört hat, und der weitestgehend mit der im Gehirn angelegten Schablone übereinstimmt. Während der Übungsphase passt der Jungvogel die selbst erzeugten Laute jedoch auch immer wieder dem Gesang seiner Artgenossen an. Zudem gibt es einerseits Arten, die den einmal erworbenen Gesang ihr Leben lang nicht mehr verändern, und andererseits Arten, die sich immer nur für eine Saison ein Gesangsrepertoire zulegen. Bei einigen Singvogelarten, wie etwa beim Buchfink, entwickeln sich Dialekte, also ein Sich-Anpassen an die Gesänge der Artgenossen in unmittelbarer Umgebung, sodass regionale Unterschiede im Gesang entstehen. Dies liegt daran, dass die Buchfinken-Männchen, im Gegensatz zu den Weibchen, ihren Geburtsort kaum verlassen und ihr Gesangsrepertoire an ihre Nachkommen weitergeben. Auch die Schneeammern in Grönland entwickeln regionale Dialekte. Man sagt, dass sich die Inuit wegen der Gleichförmigkeit der Landoberfläche seit jeher unter anderem an den Dialekten der Schneeammern orientieren, um zu »erhören«, wo sie sich gerade befinden.

Die Art des Gesangs gibt dem Vogelweibchen Hinweise, welches Männchen für die Paarung am besten geeignet ist. Zunächst wird der Gesang durch das Hormon Testosteron beeinflusst. Hohe Testosteronspiegel lassen das Männchen länger und häufiger singen. Allerdings hat sich gezeigt, dass die Lautstärke des Gesangs eine noch wichtigere Rolle spielt, denn die Weibchen werden von lautem Gesang eher angezogen als von leisem. Gut genährte und fitte Männchen singen kräftiger als weniger gut genährte. Damit ist die Lautstärke des Gesangs ein guter Indikator für die körperliche Fitness des Männchens und beeinflusst so das Weibchen bei der Wahl des Paarungspartners.

Die Lautstärke des Gesangs wird allerdings auch durch die Umgebung beeinflusst. Denn damit der Gesang auch paarungswillige Weibchen oder ein rivalisierendes Männchen erreichen kann, muss der Vogel seine Stimme an die Akustik der Umwelt anpassen. Hier stellt die vom Menschen produzierte Geräuschkulisse in den Städten, etwa durch Autoverkehr, die Vögel vor eine große Herausforderung. Zunächst versucht das Männchen, den Lärm durch lauteres Singen zu kompensieren. Wenn dies nicht ausreicht, ändert das Männchen die Frequenz. Deshalb singen Vögel in Städten meist deutlich hochfrequenter als ihre Artgenossen auf dem Land; eine Anpassung an den tieffrequenten Verkehrslärm. Außerdem verschieben viele Vögel in den Städten ihre Gesangsarien auf die Nacht, da hier der Geräuschpegel deutlich niedriger ist.

Die unterschiedlichen Vogelarten beginnen in den frühen Morgenstunden zu verschiedenen Zeitpunkten mit dem Gesang. Artspezifische Schwellenwerte der Umgebungshelligkeit beeinflussen, wann eine Vogelart zu singen beginnt. Daher setzen die einzelnen Arten jeden Tag in der gleichen Reihenfolge in das morgendliche Vogelkonzert ein. Fast alle Vogelarten beginnen bereits vor dem Sonnenaufgang, zu singen, die ersten bereits, wenn es noch fast vollständig dunkel ist. Der früheste Sänger ist der Gartenrotschwanz, der schon neunzig Minuten vor Sonnenaufgang loslegt. Ihm folgt der Hausrotschwanz. Die Amsel beginnt etwa eine Stunde vor Sonnenaufgang, zu singen, der Buchfink etwa eine halbe Stunde vorher, die Kohlmeise fünf Minuten vorher und der Grünfink etwa eine halbe Stunde nach Sonnenaufgang. Anhand des unterschiedlichen Gesangsbeginns der verschiedenen Arten kann man also grob die Uhrzeit schätzen, wenn man die Sonnenaufgangszeit vor Ort kennt. Deshalb wird die zeitliche Abfolge der verschiedenen Vogelstimmen auch als Vogeluhr bezeichnet.

Blindschleiche
(*Anguis fragilis*)

BLENDENDE SCHLEICHER MIT SOLLBRUCHSTELLEN

Bei einem Frühlingsspaziergang schlängelt sich plötzlich ein etwa fünfzig Zentimeter langes, bronze- bis kupferfarbig glänzendes Wesen mit gestrecktem Körper vor mir her. Im ersten Moment denke ich »Oh, eine Schlange!«, doch bei genauerer Betrachtung des Tieres werde ich eines Besseren belehrt: Es handelt sich hierbei um eine Blindschleiche, eine Echsenart, deren Vorfahren einmal Vierbeiner waren. Die Schleichen haben aber im Laufe ihrer Entwicklung ihre Beine stark bis ganz reduziert. Dies ist eine evolutive Anpassung, da sie sich ohne Beine schneller und einfacher unter Steinen und Gehölzen verkriechen können. Große Beine wären dabei nur hinderlich. Würde man eine Blindschleiche röntgen, könnte man die noch vorhandenen Becken- und Schulterknochen an der Wirbelsäule erkennen. Anders als Schlangen haben Blindschleichen bewegliche und verschließbare Augenlider. Zum Züngeln müssen sie das Maul leicht öffnen, denn anders als Schlangen besitzen sie keine Lücke in der Oberlippe. Blindschleichen bewegen sich langsamer als Schlangen, und ihr Schlängeln wirkt steif und weniger agil, denn ihnen fehlen die durchgehenden Bauchschuppen mit dazugehörendem Muskelapparat, der es der Schlange erlaubt, sich in feinsten Bodenunebenheiten zu verhaken und von diesen abzustoßen. Da die für Schlangen so typische S-förmige Art der Fortbewegung fehlt, kann man Blindschleichen schon von Weitem enttarnen.

Die dennoch geläufige Verwechselbarkeit spiegelt sich sogar im wissenschaftlichen Gattungsnamen wider: Anguis fragilis. Anguis bedeutet Schlange. Der zweite Teil zerbrechlich, was darauf verweist, dass Blindschleichen fragile Wesen sind. Denn fasst man die problemlos zu fangenden Tiere unsanft an, brechen sie entzwei. Erschrocken und irritiert stellt man nun fest, dass sich das längere Ende eilig davonschleicht, während das kürzere wild zappelnd an Ort und Stelle verweilt. Mit diesem cleveren Entzweiungstrick gelingt es Blindschleichen oftmals, die attackierenden Fressfeinde zu verwirren und ihr Leben im letzten Moment noch zu retten. Ermöglicht wird diese wundersame Teilung durch mehrere Sollbruchstellen, die es den Blindschleichen erlauben, ihren Schwanz abzuwerfen. Dieser wächst wieder nach; allerdings nur als verkürzter Stumpf mit kugeligem Ende. Übrigens haben auch die anderen Eidechsenarten diesen Trick auf Lager.

Ein anderer, weit verbreiteter Irrglaube ist, dass die Blindschleiche blind sei. Ihr Name wird jedoch auf das Althochdeutsche »Plintslîcho« zurückgeführt, was so viel wie »blendender Schleicher« bedeutet und sich auf das bronzefarbene Glänzen der glatten Schuppenhaut sowie die typische schleichende Fortbewegungsmethode bezieht. Die Echsen können in ihrer Färbung und Musterung recht stark variieren, und mit etwas Glück kann man auch männliche Exemplare mit einer erstaunlichen blauen Fleckung finden. Dies ist ein sogenannter Atavismus, also das Wiederauftreten eines Körpermerkmales, das einmal stammesgeschichtliche Vorfahren besaßen, welches im Laufe der Zeit aber ausselektiert wurde, da es nun keine Vorteil bringende Funktion mehr besitzt. Vergleichbar den beim Menschen immer wieder mal auftretenden zusätzlichen Brustwarzen. Männliche Vorfahren der Blindschleiche müssen also, ähnlich wie andere Eidechsenarten es heute noch tun, mit prachtvollen Farben um die Gunst der Weibchen geworben haben. Bei Männchen ist die Unterseite des Körpers eher gelblich gefärbt, beim Weibchen eher grau bis schwarz. Außerdem haben Weibchen oft auch dunkle Flanken und einen markanten schwarzen Strich längs über den Körper. Zudem ist der Kopf des Männchens deutlich kräftiger als der des Weibchens. Während der Paarung halten sie damit das Weibchen mit Nackenbissen fest, nachdem die Männchen in Rivalenkämpfen um das Paarungsrecht gestritten und versucht haben, sich gegenseitig auf den Boden zu drücken. Blindschleichen legen keine Eier, sondern gebären ihre Jungen lebend. Diese sind nur von einer dünnen, durchsichtigen Eihülle umgeben, die sie jedoch direkt nach der Geburt aufbrechen. Die Blindschleichen überwintern in Gruppen von bis zu fünfzig Tieren, dicht an dicht in frostsicheren Erdhöhlen.

Die Blindschleiche ist das häufigste heimische Reptil. Sie kommt in einem breiten Spektrum an Biotoptypen vor, sowohl in relativ kühlen Lebensräumen als auch in sehr trockenwarmen Regionen. Man findet sie sogar im Gebirge auf bis zu zweitausend Metern Höhe. Die wehrlose Echse hat ihren Feinden wenig entgegenzusetzen, sie kann nicht mal richtig zubeißen, sondern nur wie andere Eidechsen zuschnappen. Stattdessen setzt sie auf Tarnung und verbringt ein Leben im Verborgenen. Tagsüber versteckt sie sich meist und geht erst in der Abenddämmerung sowie in den frühen Morgenstunden auf Jagd. Leibspeise der Blindschleiche sind Regenwürmer, Nacktschnecken, Käfer und Raupen. Züngelnd nimmt sie Witterung auf, pirscht sich an ihr Opfer heran, packt es mit dem nach hinten gekrümmten Gebiss und verschluckt es im Ganzen. Werden Blindschleichen von ihren zahlreichen Fressfeinden verschont, können sie ein Alter von fünfzig Jahren erreichen.

Tintenfischpilz
(Clathrus archeri)

ROTER GITTERLING, SCHOPFTINTLING, KUGELSCHNELLER UND CO.

Dieses Geschöpf sieht eher aus wie eine Mischung aus einem umgestülpten Einkaufsnetz und einem Alien aus einem Science-Fiction-Film: der Rote Gitterling. Mit seiner tennisballgroßen, fleischroten Gitterkugel ist er kaum zu übersehen, doch auf den ersten Blick nicht wirklich als Pilz identifizierbar. Der rote Fruchtkörper schiebt sich aus einer schmutzig weißen Hülle, dem sogenannten Hexenei. Man findet ihn meist auf Friedhöfen, in Gärten oder Parkanlagen. Er ist jedoch äußerst selten: Eine bundesweite Pilzkartierung verzeichnete neunzig Funde.

Eine weitere Besonderheit ist die Tatsache, dass der Gitterkugel nach ihrer Entfaltung ein fürchterlich stinkender Aasgeruch entströmt. Der Grund für diesen widerlichen Gestank liegt in der Vermehrungsstrategie des Pilzes begründet. Die meisten Pilzarten verbreiten ihre Sporen durch den Wind, doch beim Roten Gitterling hat sich im Laufe der Evolution eine raffinierte Technik entwickelt, die die Sporenverbreitung nicht mehr dem Zufall überlässt: Durch die knallrote Farbe und den Aasgeruch wird gezielt die Lieblingsspeise von Schmeißfliegen imitiert, nämlich verwesendes Fleisch. Auf der Innenseite der Gitterkugel befindet sich die grünliche Sporenmasse, die von den angelockten Fliegen gierig aufgesaugt wird. Somit ist die gezielte Sporenverbreitung gesichert. Die Pilzsporen werden im Verdauungstrakt der Insekten transportiert und landen nach der Ausscheidung wieder auf Erde, wo sie auskeimen.

Eine ganz ähnliche Fortpflanzungstaktik verfolgt der Tintenfischpilz. Auch er lockt mit stinkendem Aasgeruch und fleischroter Farbe Insekten, wie Fliegen und Mistkäfer, zum Sporentransport an. Ich konnte selbst einmal die bizarr wirkende Entfaltung des Fruchtkörpers aus den Hexeneiern in meinem Garten bestaunen. Vier bis sechs tentakelartige Arme sprossen empor und bildeten ein Wesen, das an einen toten, umgedrehten Tintenfisch oder radioaktives Gemüse erinnerte. Ursprünglich stammt der Rote Gitterling aus Australien, er wurde durch Militär- und Wolltransporte nach Europa eingeschleppt.

Auch die Stinkmorchel sondert Aasgeruch ab. Sie besitzt eine schleimig-flüssige, olivgrüne Kappe, an der die Pilzsporen sitzen, welche von Fliegen aufgenommen werden. Stinkmorcheln gehören nicht zu den Morcheln, sie verdanken ihren Namen nur der äußerlichen Ähnlichkeit, so wie es etwa auch bei der Rot- und Hainbuche der Fall ist. Die Fruchtkörper richten sich unfassbar schnell auf, in wenigen Stunden hat sich der komplette Stiel samt stinkender Kappe entfaltet. Bis zu unglaublichen zwei Millimeter pro Minute wächst er in die Höhe, man kann ihm also tatsächlich beim Wachsen zusehen. Seine Form erinnert verblüffend an das männliche Begattungsorgan. Schon sein wissenschaftlicher Name beschreibt diese Analogie eindeutig: Phallus impudicus, was übersetzt so viel wie »unzüchtiger erigierter Penis« bedeutet. Es wird berichtet, dass Charles Darwins Tochter Henrietta diesen »obszönen« Pilz sogar entfernt und hinter verschlossenen Türen verbrannt habe, um die Sittlichkeit der Mädchen zu wahren. »Verwelkende« Stinkmorcheln, deren Sporenmasse aufgezehrt wurde, erinnern aber auch mit etwas Fantasie an einen Finger, der aus dem Boden ragt. Wuchs auf einem Grab eine Stinkmorchel, so glaubte man früher, dass der darunterliegende Tote mit einem ungesühnten Verbrechen gestorben sei. Mit erhobenem Leichenfinger wollte er vor einem ähnlichen Schicksal warnen.

Kugelschneller gelten als die einzigen Pilze, »die man hören kann«, denn das plötzliche Abschießen der Sporenkugel geschieht mit so großer Wucht, dass das Auftreffen auf ein Hindernis hörbar ist. Der unscheinbare Pilz mit nur wenige Millimeter großen, stiellosen Fruchtkörpern bringt es im Zuge seiner Fortpflanzungsstrategie auf erstaunliche Leistungen. So ist er in der Lage, die mit Sporen gefüllte schwarze Kugel mehr als fünf Meter weit wegzuschleudern. Dies bewerkstelligt er durch osmotische Quellungen. Dadurch entsteht eine starke Spannung zwischen den verschiedenen Schichten der Außenhülle. Übersteigt der Druck in diesen »Airbags« einen kritischen Punkt, entlädt sich die Energie schlagartig, indem sich die innere Schicht nach außen stülpt. Wie mit einer Steinschleuder wird dabei die Sporenkugel weggeschleudert. Es konnte gezeigt werden, dass die Sporenkugel nur bei Licht abgeschossen wird. Vermutlich eine Anpassung, die eine freie Flugbahn garantieren soll.

Tintlinge verdanken ihren Namen der Tatsache, dass sich ihr Hut und die Lamellen im fortgeschrittenen Alter des Fruchtkörpers innerhalb kürzester Zeit in einer tintenartigen Flüssigkeit selbst auflösen. Dieses Schauspiel dient dazu, die Sporen zu verbreiten, die in der Tinte gebunden mit abfließen. Aus dieser Flüssigkeit wurde früher tatsächlich Schreibtinte hergestellt, oft mit Nelkenöl als Konservierungsmittel versetzt.

Ähnlich fleischfressenden Pflanzen gibt es auch karnivore Pilze. Der Schopftintling etwa ist so ein Raubpilz, der seinen Stickstoffhaushalt durch sein prädatorisches Wesen aufbessern kann. Er bildet Fangorgane in seinem Wurzelgeflecht aus: kleine, kugelige Strukturen mit dornigen Auswüchsen, die mithilfe eines Giftes Würmer lähmen. Nun wächst der Pilz in den Fadenwurm hinein, zersetzt ihn allmählich durch Enzyme und nimmt dabei die freigesetzten Nährstoffe auf.

Beutelmeise
(*Remiz pendulinus*)

KURIOSE BRUTGESCHÄFTE

Neben dem allseits bekannten Brutparasitismus des Kuckucks gibt es noch einige weitere erstaunliche Brutverhalten heimischer Vögel. Einige Vogelarten weben Kräuter oder Blüten in ihre Nester. Die Blaumeise verarbeitet etwa Lavendel, Schafgarbe oder Minze in ihren Bauten. Die ätherischen Öle enthalten chemische Substanzen, die viele Bakterien, Viren, Parasiten, Pilze und Insekten abwehren. Eventuell entspannt so ein wohlduftender Raumduft auch, denn Entspannung können die Blaumeiseneltern sicherlich gut gebrauchen. Mit einem Höchstwert von siebzehn Eiern pro Gelege sind sie Rekordhalter in der heimischen Vogelwelt, und die emsigen Eltern füttern bis zu tausend Mal am Tag ihre Jungen.

Manche Vögel in Städten, wie etwa Haussperlinge, haben sich angewöhnt, Zigarettenstummel in ihren Nestern zu verbauen. Das darin enthaltene Nikotin und weitere Giftstoffe haben eine abschreckende Wirkung auf Parasiten wie Milben, Flöhe und Zecken. Allerdings ist es auch schädlich für die Vögel selbst.

Schwanzmeisen nennt man aufgrund ihres ulkigen Erscheinungsbilds mit langem Schwanz und kleinem Körper im Volksmund auch »Pfannenstielchen«. Ihr knapp zwei Drittel der Körperlänge ausmachender Schwanz dient ihnen als präzises Ausbalancierwerkzeug beim Hangeln an den äußersten Enden feiner Zweige. Man sagt, Schwanzmeisen hätten das flauschigste Nest der Welt. Das Kugelnest mit seitlichem Eingang wird außen aus fein verflochtenem Moos, Pflanzenhalmen, Flechten und Spinnweben fest mit den umliegenden Zweigen verbaut und ist so optimal vor Wind und Wetter geschützt. Für den Außenputz verwenden die cleveren Handwerker die Flechten des Nistbaums. So ist das Nest perfekt getarnt. Innen wird das Nest mit Federn, Wolle und Haaren kuschelig ausgepolstert. Um die flauschigsten Federn zu finden, fliegen die fürsorglichen Eltern gar hunderte Meter weit. Mehr als zweitausend Federchen sammeln sie so zur Polsterung zusammen. Über einen Monat bauen die werdenden Eltern gemeinsam an ihrem Kuschelnest. Und tatsächlich sind diese kleinen Singvögel, die zwar Meisen heißen, aber nicht näher mit Meisen verwandt sind, sehr verkuschelt und lieben das Miteinander. Sie leben immer zusammen in Trupps von durchschnittlich sieben bis elf, seltener bis zu dreißig Tieren. Dabei bleiben die Familien auch nach der Brutsaison in einer Gruppe zusammen, die Jungen leben bis zur nächsten Saison brav bei ihren Eltern. So gehen die puscheligen Federbällchen zusammen in Clans auf Beutezüge, bei denen sie akrobatisch durch die Baumkronen turnen wie eine Horde kleiner Äffchen. Dabei stehen sie mit freudigen Kontaktrufen permanent untereinander in Verbindung. Auch nachts schlafen sie zusammen, und zwar in Reih und Glied. Bei warmem Wetter auf Schlafästen, in kalten Nächten ganz dicht zusammengekuschelt. Um optimal die Wärme aneinander abzugeben, schmiegen sie sich dabei wie ein Reißverschluss aneinander. Das erste Schwänzchen nach oben, das nächste Schwänzchen nach unten und so weiter. Dieser unglaubliche soziale Zusammenhalt ist auch während der Brutphase zu beobachten: Andere Altvögel helfen den Eltern emsig bei der Jungenaufzucht. Dieses kooperative Brutverhalten macht es den Schwanzmeisen möglich, bis zu zwölf Jungvögel großzuziehen. Die Altvögel unterstützen zum Beispiel, weil ihre eigene Brut gescheitert ist und die Zeit nicht mehr für eine Ersatzbrut reicht. Meist sind es Geschwister des männlichen Elternteils, die mit ihrer Brutvorsorge so dennoch einen Teil ihrer Gene weitergeben, da sie ja die Onkel der Jungvögel sind. Aber auch nicht unmittelbare Verwandte beteiligen sich an der Fütterung und erwerben so nützliches Praxiswissen für ihre nächste eigene Brut. Es ist auch bekannt, dass Helfer nach ihrem vermeintlich altruistischen Akt in den Familienverbund aufgenommen werden und somit etwa in kalten Nächten durch das kuschelige Kontaktschlafen mit anderen »Pfannenstielchen« profitieren. Bis zu acht Hilfseltern wurden schon an einem Nest beobachtet.

Falken sind genetisch gesehen nicht näher mit anderen Greifvögeln verwandt, auch wenn man dies etwa aufgrund ihres Beutespektrums vermuten würde und früher auch tatsächlich annahm. Ihre nächsten Verwandten sind jedoch Papageien. Interessanterweise nimmt man Falken, nachdem man sich dieses unerwarteten Verwandtschaftsverhältnisses einmal bewusst geworden ist, nun mit anderen Augen wahr. Plötzlich kann man doch einige Parallelen in ihrem Flugbild und auch der Körperhaltung verzeichnen. Während Singvögel erst nach der Ablage aller Eier zu brüten anfangen, bebrüten Falken und andere Beutegreifer einen Teil der Eier schon, bevor alle gelegt sind. Dies führt dazu, dass die Jungvögel zeitverzögert schlüpfen. Wegen ihres Altersvorsprungs setzen sich die älteren Jungvögel bei der Fütterung immer gegenüber den schwächeren Nachzüglern durch. Nur wenn es ein üppiges Nahrungsangebot gibt, schaffen es alle Jungvögel, zu überleben, da die satten Großgeschwister ihre Fütterung dulden. Reicht die Beute nicht für alle, verhungern jedoch die Schwächsten und werden sogar selbst von den Altvögeln an die Geschwister verfüttert. Was grausam klingt, ist eine Überlebensstrategie: Denn würden alle Jungvögel gleichzeitig schlüpfen, wäre der Kampf um das Futter ausgeglichen, sodass im schlimmsten Fall keiner der Jungvögel durchkäme. Noch extremer ist diese Brutstrategie bei manchen Greifvögeln, wie etwa dem heimischen Schreiadler, unserer kleinsten Adlerart. Hier werden zwei Eier gelegt und zeitversetzt bebrütet, sodass ein Küken drei bis vier Tage früher schlüpft. Ähnlich wie beim Kuckuck hat das größere Geschwisterchen den angeborenen Drang, das Nesthäkchen aggressiv zu attackieren und zu verdrängen. Die Eltern dulden dieses Verhalten, bei dem der Nachzügler so lange mit Schnabelhieben malträtiert wird, bis er verstirbt oder verhungert. In der Regel lebt das Zweitgeborene maximal zwei bis drei Tage. Die Tötung eines jüngeren Geschwisters durch ein älteres nennt man in der Ornithologie Kainismus, in Anlehnung an die Überlieferung im Alten Testament, nach der Kain seinen jüngeren Bruder Abel ermordet habe. Dieser obligatorische Kainismus ist genetisch bedingt und erfolgt unabhängig vom Nahrungsangebot. Die Ursache und der Vorteil für die Art sind noch nicht vollständig geklärt. Es könnte sein, dass das zweite Ei als eine Art Reproduktionsreserve vorgesehen ist, zum Beispiel falls das erste Küken nicht schlüpft oder in den ersten Tagen verstirbt, weil es etwa aus dem Horst fällt oder von einem anderen Greifvogel erbeutet wird. Einer anderen Theorie zufolge befindet sich der Schreiadler momentan in einer Übergangsphase seines Evolutionsstadiums: von zwei Eiern pro Brut zu nur noch einem Ei.

Der Kiebitz verdankt seinen Namen den lauten »Kiju wit«-Rufen. Im Englischen heißt er »lapwing«. Dies ist eine Anspielung auf sein aufopferungsvolles Brutverhalten: Als Bodenbrüter sind seine Eier dank Camouflage-Muster optimal getarnt. Kommt dem Nest dennoch ein Fressfeind zu nahe, täuscht er durch Hängenlassen eines Flügels eine Verletzung vor. Als vermeintlich leichte Beute lockt er den Angreifer so vom Nest weg.

Die hübschen grün-rot-weißen Brandgänse brüten in Erdhöhlen, mitunter auch in Fuchsbauten, teilweise sogar in bewohnten. Dort droht ihnen keine Gefahr, weil Füchse im eigenen Bau eine Beißhemmung haben, die dem Schutz des eigenen

Nachwuchses dient. Deshalb nannte man die Brandgans früher auch Fuchsgans.

Beutelmeisen haben eines der markantesten Nester unter unseren Vogelarten und sind deswegen auch als einziger heimischer Vogel nach der Form ihres Wohnsitzes benannt. An äußeren Zweigen von Weiden und Birken oder auch an Schilfhalmen bauen sie ein kunstvolles freihängendes Pendelnest aus Pflanzenfasern und Samenwolle. Dieses ist so stabil verwoben, dass die Nester früher in Osteuropa sogar als Pantoffeln für Kleinkinder verwendet wurden. Die Nester sind zudem so gut isoliert, dass das Gelege nur von einem Elternteil ausgebrütet werden kann. Auch das Männchen wäre dank der Superisolation dazu alleine in der Lage, was ungewöhnlich für Singvögel ist, sind sie doch ansonsten nachweislich weniger fürsorgliche Eltern. Dieser Luxus hat zu einem besonderen Wohlstand geführt, den beide Partner nutzen, um sich mit anderen Beutelmeisen fortzupflanzen und damit ihre Gene mehrfach weiterzugeben. Die Männchen bauen zunächst mit großer Handwerkskunst ihre Prunkimmobilie und werben damit um die Gunst der Weibchen. Diese stehen zum einen auf Männchen mit besonders dunklem Augenstreif, denn das sind die fittesten, und sie haben eine Vorliebe für besonders geräumige Nester.

Was sich nach erfolgreicher Partnerwahl und Fortpflanzung abspielt, ist ein wahres Pokern, bei dem es um strategisches Geschick geht: Einer der beiden Elternteile wird das Nest verlassen und die Jungenaufzucht dem anderen überlassen. Nun gilt es, mit klugem Köpfchen den richtigen Zeitpunkt dafür zu finden. Außerdem wird getrickst und getäuscht. Denn die Weibchen haben einen guten Grund, warum sie vornehmlich auf große Nester stehen: Hier können sie gelegte Eier im Boden des Nestes verstecken, sie in den flauschigen Nestboden hineindrücken. Das Männchen bleibt noch beim Nest und sucht sich erst einmal keine weitere Partnerin, weil es denkt, es habe sein Kerngeschäft noch nicht erfüllt, sich mindestens ein Mal zu reproduzieren. Das Weibchen kann so andererseits versuchen, auch anderen Männchen Eier unterzujubeln. Wer am Ende wen sitzen lässt oder ob das Gelege gar von beiden aufgegeben wird, ist jedes Mal von Neuem ein Spiel auf Messers Schneide, ein Drahtseilakt, bei dem es mitunter auch äußerst ruppig zugehen kann.

Der namensgebende Schnabel des Fichtenkreuzschnabels mit seinen sich überkreuzenden Spitzen ist ein ideales Werkzeug, um an die Samen von Nadelbaumzapfen zu gelangen. Kurioserweise brütet er als einzige heimische Art bereits im tiefsten Winter, weil seine Hauptnahrung, die Zapfen, dann reif sind. Sein Nest baut er gut gepolstert und wärmeisoliert weit oben im Baum, unter vor Schneefall schützenden Ästen. So kann er selbst bei minus fünfunddreißig Grad noch brüten.

Trottellummen leben, außer zur Brut, permanent auf dem Meer. Man nennt sie wegen ihres schwarz-weißen Gefieders und der Tatsache, dass sie mit ihren Flügeln unter Wasser »fliegen«, auch die Pinguine des Nordens. Lummen bauen kein Nest, sondern legen ihr Ei auf einen nackten Felssims an Steilküsten. Auf der einzigen deutschen Hochseeinsel Helgoland kann man ihre Brutkolonien bestaunen. Damit das Ei nicht die hohe Klippe herunterrollen kann, hat es eine ganz spezielle Kreiselform. Selbst bei ungeschickten Brutablösungen dreht es sich nur etwas um die eigene Achse. Die Jungen hüpfen, noch flugunfähig, aus bis zu vierzig Metern Höhe waghalsig Richtung Meer, um mit den dort wartenden Eltern eine Runde zu schwimmen. Lummensprung nennt man dieses unglaubliche Ereignis. Der Name Trottellumme rührt übrigens daher, dass sie auf ihren Fußwurzeln laufen, was, zusammen mit ihrer fehlenden Scheu und der Tatsache, dass man sie so leicht erbeuten konnte, als »trottelhaft« interpretiert wurde.

Schellenten, eine heimische Tauchentenart, brüten nicht in Gewässernähe, sondern in Baumhöhlen. Sie beziehen ehemalige Schwarzspechthöhlen, die ihnen viel Geräumigkeit bieten. Sind alle Enten geschlüpft, verlässt die Mutter die Höhle. Mit einem speziellen Lockruf animiert sie ihren Nachwuchs, ihr zu folgen. Um aus der Bruthöhle zu kommen, besitzen die Küken an den Füßen spitze, gebogene Krallen, mit denen sie die Innenwand der Höhle hochklettern können. Den waghalsigen Sprung, der bis zu zehn Meter betragen kann, versuchen sie durch ein Abwinkeln der Flügelstummel und ein Spreizen der Schwimmhäute abzufangen. Da die kleinen Puschelküken kein hohes Gewicht haben, ihre Knochen weich sind und der lockere Waldboden ihren Sturz abfedert, überstehen sie die Stunteinlage unbeschadet und folgen der Mutter zum nächsten Gewässer.

Der Name des Stieglitz umschreibt den charakteristischen Ruf, der oft auch im Flug zu hören ist: ein weiches, durchdringendes »Stig litt«. Er frisst Samen von Disteln und anderen Korbblütlern. Da man ihn deshalb häufig auf den hohen Stauden dieser Pflanzen beobachten kann, hat man ihm auch den Zweitnamen Distelfink gegeben. Stieglitze sind strikte Vegetarier. Während viele andere körnerfressende Vögel für die Jungenaufzucht auf Insekten umsteigen, füttern sie auch ihren Nachwuchs ausschließlich mit Pflanzensamen. Stieglitze verteidigen keine Brutreviere, sondern nur die unmittelbare Nestumgebung. So kann es zur Bildung kleiner Brutkolonien mit bis zu fünf Paaren kommen, die gemeinsam auf einem großen Baum brüten. Damit der Standort ihres Nests nicht auffliegt und von Feinden entdeckt wird, folgen Stieglitze einem strikten »Hygienekonzept«: Am ersten Tag nach dem Schlupf geben die Jungvögel keinen Kot ab. In der ersten Woche frisst das Weibchen die Hinterlassenschaften der Jungvögel. Vom siebten bis zum zwölften Tag wird der Kot der Jungvögel von den Eltern abtransportiert. Danach legen die Jungvögel ihre Hinterlassenschaften auf dem Nestrand ab.

Feld-Sandlaufkäfer
(*Cicindela campestris*)

KÄFER MIT SUPERKRÄFTEN

Sie sind die artenreichste Tierordnung der Erde. Weltweit gibt es mindestens vierhunderttausend beschriebene Käferarten, das heißt etwa neunundzwanzig Prozent aller beschriebenen Tierarten sind Käfer. In unseren Gefilden leben rund siebentausend Käferarten. Da die Evolution hier so ein großes Experimentierfeld wie sonst nirgendwo hatte, haben sich Käfer mit unglaublichen Fähigkeiten entwickelt. Auch vor unserer Haustür gibt es wahre Superhelden mit Superfähigkeiten.

Der Feld-Sandlaufkäfer war für mich schon als Kind zutiefst beeindruckend. In der Nähe meines Elternhauses gab es eine sandige Stelle, wo der irisierend grüne Superkäfer lebte und ich ihn wunderbar studieren konnte. Seine Geschwindigkeit fand ich einfach unglaublich. Sandlaufkäfer schaffen das Kunststück, pro Sekunde bis zum Hundertzwanzigfachen ihrer Körperlänge zurückzulegen. Übertragen auf uns Menschen müssten wir so schnell wie ein Flugzeug rennen können: über siebenhundertsiebzig Kilometer pro Stunde. Der kleine Sandflitzer rast teilweise so schnell, dass seine visuelle Wahrnehmung nicht mehr mitkommt: Die Bilder verschwimmen, da seine Augen nicht mehr ausreichend Licht aufnehmen können. Aufgrund dessen muss er bei seinen Rasereien immer wieder kurze Zwischenstopps einlegen, um sich orientieren zu können, wo er sich überhaupt gerade befindet und wo zum Beispiel seine potenzielle Beute abgeblieben ist. Damit er aber nicht gegen Objekte wie etwa umherliegende Steine knallt, benutzt er seine Fühler als mechanisch-sensorische Präzisionsinstrumente. Jedes Mal, wenn seine ultrasensiblen Antennen Hindernisse berühren, kann er diese dank hyperschnellen Reaktionsvermögens sicher überspringen. Seine Augen sind in diesem Speedy-Gonzales-Modus nicht vonnöten, wie wissenschaftliche Experimente beweisen, bei denen er trotz abgedeckter Augen alle Hindernisse übersprang. Die anvisierte Beute rennt der kleine Schumi übrigens erstmal einfach gnadenlos über den Haufen. Seine Mundwerkzeuge sind riesig und machen rund zehn Prozent seiner Körperlänge aus. Sie sind so kraftvoll und scharfzahnig, dass er seine Opfer damit, vergleichbar einem Bolzenschneider, durch wenige Bisse in zwei Hälften teilen kann. Damit schafft er Tatsachen, die eine mögliche Flucht seiner Beute vereiteln. Auch seine Larven sind schon ambitionierte Killermaschinen. Sie leben in selbstgebuddelten Sandröhren, die bis zu fünfzig Zentimeter tief sein können. Nur der abgeflachte Kopf lugt heraus. Wie ein Deckel schließt er mit der Öffnung der Röhre perfekt ab und füllt diese komplett aus. So ist die Larve optimal getarnt und quasi unsichtbar. Mit ihren kräftigen Mundwerkzeugen schnappen die Larven nach allem innerhalb ihres Beutespektrums, was sich der Höhle bis auf vier Zentimeter nähert. Sollten sie außerhalb ihres Baus selber mal angegriffen werden, haben sie noch einen artistischen Verteidigungstrick auf Lager: Sie krümmen ihren Körper nach hinten und schnellen mit einem Rückwärtssalto davon.

Doch auch der Sandlaufkäfer ist nicht unverwundbar: Die Rollwespenart Methocha ichneumonides hat es auf seine Larven abgesehen. Die flugunfähigen Rollwespenweibchen nähern sich den Wohnröhren der Larven, lassen sich zunächst fangen, entkommen aber aufgrund ihres schlanken Körperbaus den kräftigen Beißwerkzeugen. Die Wespe hüpft nun flink auf die Kopfhinterseite der Larve, woraufhin sie ihren Kopf nach hinten streckt. Diese Gunst der Stunde nutzt die Wespe blitzschnell und sticht die Larve mehrfach in die nun ungeschützte Brust und Kehle, um sie mit ihrem Gift zu paralysieren. Im Kampf verlassen die Larven meist die Wohnröhre. Die Wespe zieht sie jedoch wieder tief in die Röhre zurück, legt ein Ei auf sie und verschließt die Öffnung mit feinsten Steinchen. Die Sandlaufkäferlarve wird bei lebendigem Leibe gefressen, und im Folgejahr schlüpft eine neue Wespe.

Schnellkäfer, wie der heimische Feuerschmied, haben zudem einen ganz außergewöhnlichen Mechanismus entwickelt, um sich aus misslichen Rückenlagen »hinauszubugsieren« und so potenziellen Fressfeinden zu entkommen. Dank kräftiger Muskeln verkeilen sie ihre oberen und unteren Panzerplatten ineinander. Erreicht der Druck eine gewisse Spannkraft, können sie dank eines ausgeklügelten Mechanismus diese Verkeilung schlagartig lösen. Dadurch schnellen sie wie ein Katapult plötzlich bis zu sechzig Zentimeter in die Höhe. Daher rührt auch ihr Name Schnellkäfer. Der ultraschnelle Entladungsschlag, der Werte bis zu dreihundertachtzig G erreicht, ist in einem deutlichen »Knipsgeräusch« gut hörbar.

Der heimische Große Bombardierkäfer und seine Artgenossen verfügen über einen raffinierten Verteidigungsmechanismus, der in der Tierwelt einzigartig ist. Er produziert zwei Chemikalien, Wasserstoffperoxid und Hydrochinon, die jede für sich harmlos sind, miteinander gemischt aber eine hochexplosive Wirkung entfalten. Die Substanzen befinden sich in unterschiedlichen Kammern seines Hinterleibs. Nur bei Bedarf werden sie in eine gemeinsame Kammer geleitet. Wird der kleine Käfer, der eine vermeintlich leichte Beute darstellt, angegriffen, zündet er seine erstaunliche »Kanone«. Enzyme setzen eine Kettenreaktion in Gang, bei der das giftige Benzochinon entsteht. Mit einem lauten Explosionsknall kommt es zu einer Flash-Verdampfung. Aus seinem Hinterleib schießt ein bis zu hundert

Grad heißer Chemikaliencocktail-Sprühnebel heraus. Erstaunlich ist dabei das Timing. Würden die Chemikalien bereits in seinem Hinterleib reagieren, wäre diese Verteidigungsmethode eher ein Selbstmordkommando. Ermöglicht wird dieser erstaunliche Präzisionsmechanismus durch druckabhängige Ein- und Ausgangsventile in der Explosionskammer. Eine äußerst raffinierte Erfindung der Evolution, die einmalig in der Welt der Käfer ist.

Die Larven des Großen Bombardierkäfers ernähren sich übrigens parasitär von Kanalkäfer-Puppen. Sie beißen immer wieder verschiedene Stellen der Puppe an, um Körpersäfte, die sogenannte Hämolymphe, abzusaugen. Die Larve verbringt ihr gesamtes Leben in Koexistenz mit der Kanalkäfer-Puppe und versteckt sich auch hinter oder unter ihr, wenn Feinde sich nähern. Nach etwa zwanzig Tagen hat sie ihren Lebendfutter-Vorrat größtenteils ausgesaugt. Nun ist sie dank des »Biomassen-Transfers« aus ihrer Opfer-Puppe selbst zu stattlicher Größe herangewachsen. Erst jetzt verspeist sie die letzten Reste der Kanalkäfer-Puppe und verpuppt sich nun selbst.

Für die allermeisten Tiere ist ein Waldbrand eine absolute Katastrophe. Sie verlieren ihr Zuhause, ihre Nahrungsgründe und eventuell sogar ihr Leben. Nicht so der heimische Schwarze Kiefernprachtkäfer. Schon sein wissenschaftlicher Name bedeutet auf Deutsch in etwa so viel wie »Ruß-Freundin«. Er ist eine der wenigen Tierarten mit einer ausgeprägten Pyrophilie, der Liebe zum Feuer. Denn sein Nachwuchs ist auf eine außergewöhnliche Kinderstube angewiesen: frisch verbranntes Holz. Die Larven des Kiefernprachtkäfers können sich nämlich nur im weichen Bast verkohlter Bäume entwickeln, da sie natürlichen Abwehrreaktionen lebender Bäume, wie etwa Harz, nichts entgegensetzen können. Männchen und Weibchen treffen sich auf den noch warmen Flächen zu einem heißen Paarungsspiel. Anschließend legt das Weibchen die Eier in die Rinde der oft noch glimmenden Bäume. Die hohen Temperaturen fungieren wie ein Brutkasten und beschleunigen die Entwicklung des Nachwuchses immens. So vollzieht die Larve die ersten drei Häutungen schon ratzfatz in der ersten Woche. Der Gabentisch in dieser verkohlten Welt ist reich gedeckt, und sie ernähren sich in diesem Schlaraffenland zunächst von den Überresten der »gegrillten« Tiere, später vom weichen Holz unter der verbrannten Rinde. So leben sie hier ohne jegliche Konkurrenz und Feinde wie die sprichwörtliche Made im Speck.

Doch wie kann ein kleiner Käfer Waldbrände überhaupt finden, die man ja schlecht vorhersagen kann? Dazu besitzt er gleich zwei unglaublich raffinierte Spezial-Sinnesorgane. Zum einen kann er über seine Antennen Brandgeruchsstoffe wie Guajacol wahrnehmen. Sein absolutes Super-Spezialinstrument sind aber zwei Infrarotorgane, die sich jeweils an den Flügelansätzen befinden. Damit kann er Wärmestrahlung noch aus Entfernungen von angeblich achtzig bis hundertdreißig Kilometern, auf jeden Fall aber mindestens bis zu zwölf Kilometern wahrnehmen.

Der photomechanische Käfer-Infrarotsensor besteht aus jeweils siebzig bis neunzig kugelartigen, sehr festen Druckbehältern, die nur ein Drittel so dick sind wie ein menschliches Haar. In diesen Minibehältern befindet sich Wasser, allerdings nur sehr wenig: einige hundertmilliardstel Milliliter. Durch die immense Wärmeausdehnung eines Waldbrands erhöht sich auch die Temperatur in diesen Minibehältern. Die daraus resultierende Drucksteigerung kann aufgrund der enormen Starrheit der Behälter, die wie der Käferpanzer aus dem extrem stabilen Chitin bestehen, nur nach innen an das weichere Ende abgeleitet werden. Dort öffnet sich hydraulisch, und somit quasi verzögerungsfrei, ein Kanal, durch den elektrische Teilchen strömen. Diese Spannungsänderungen werden über einen Nervenimpuls an das Käfergehirn weitergeleitet. Der beschriebene Wahrnehmungssinn funktioniert demnach ähnlich wie das Hören. Denn auch hier werden Druckschwankungen in neuronale Signale umgewandelt. Der Kiefernprachtkäfer hört die Infrarotstrahlung also gewissermaßen. Seine Supersensoren arbeiten so sensibel, dass sie noch eine Wärmestrahlung von einem hundertmillionstel Watt pro Quadratzentimeter erkennen können. Doch warum löst der Minifeuermelder keinen Fehlalarm aus, wenn es zum Beispiel zu einer extremen Hitzewelle im Sommer kommt, bei der sich ja auch Wasser ausdehnt? Raffinierterweise besitzen die Infrarotsensoren Nanokanäle in den Wänden der Druckbehälter. Ändert sich die Temperatur nur langsam, wird die Ausdehnung des Wassers über diese Minikanäle abgeleitet. Nur wenn es zu einem schlagartigen Wärmestrahlungsanstieg kommt, klingeln beim Kiefernprachtkäfer also die Glocken; solch ein rasanter Temperaturanstieg kommt in unseren Gefilden in freier Natur nur bei Waldbränden vor. Dank seiner Superinstrumente kann der Käfer eine ökologische Nische nur für sich alleine besetzen.

Die Minifeuermelder der Käfer sind empfindlicher als alle vom Menschen bisher konstruierten, ungekühlten Infrarotsensoren. Mit dem natürlichen Vorbild eröffnen sich völlig neue Perspektiven zum Beispiel für Waldbrand-Frühwarnsysteme. Solche hochsensiblen, ultraschnellen und dennoch kostengünstigen Feuermelder à la Kiefernprachtkäfer könnten in Zukunft viele Waldstücke vor der Zerstörung durch Brände schützen.

Blauflügelige Ödlandschrecke (*Oedipoda caerulescens*) &
Rotflügelige Ödlandschrecke (*Oedipoda germanica*)

MIMIKRY, MIMESE UND SOMATOLYSE

Wie können sich Tiere am besten vor Feinden schützen? Sie können etwa einen Gegenangriff starten oder versuchen, zu fliehen. Beides birgt jedoch Risiken. Die eleganteste und energieeffizienteste Art ist es, sich zu tarnen. Für solche Zaubertricks gibt es unterschiedliche Methoden, man kann sich entweder unsichtbar machen oder sich als jemand anderes ausgeben.

Ein Tier kann den Gegner beispielsweise glauben lassen, es sei gar nicht da. Das nennt man Somatolyse oder auch Gestaltauflösung. Diese beschreibt das Verschmelzen eines Lebewesens mit seiner natürlichen Umgebung durch eine besondere Musterung oder optimal angepasste äußere Tracht, wodurch es quasi unsichtbar wird. Das bekannteste Beispiel der Somatolyse ist das Chamäleon.

Aber auch in unseren heimischen Gefilden gibt es viele Somatolyse betreibende Tiere wie etwa den Laubfrosch, der innerhalb von Minuten ebenfalls seine Farbe dem Untergrund anpassen kann. Viele Schmetterlingsarten haben ebenfalls somatolytische Färbungen, wie etwa der wie Birkenrinde aussehende Birkenspanner oder die den grünen Farbton und die Musterung einer Flechte imitierende Seladoneule. Wie schnell sich Arten geänderten Umweltbedingungen anpassen können, ist am Beispiel des sogenannten Industriemelanismus gut sichtbar. Der Birkenspanner ist typischerweise hell gefärbt, mit schwarzen, unregelmäßigen Flecken. Somit ist er auf Birkenrinde sitzend selbst aus nächster Nähe kaum von dieser zu unterscheiden. Ende des neunzehnten Jahrhunderts beobachtete man jedoch in englischen Industriegebieten einen drastischen Wandel seines äußeren Erscheinungsbilds: Hatte zuvor die helle Variante dominiert, traten danach vorwiegend dunkel gefärbte Individuen auf. Diese zeichnen sich durch eine besonders ausgeprägte Einlagerung von dunklen Pigmenten, speziell von Melanin, aus. Infolge der enormen Luftverschmutzung durch Fabrikschornsteine färbten sich die Birken durch den Ruß zunehmend dunkel. Die helle Variante hatte dadurch schlechte Karten, weil ihre Form der Somatolyse nicht mehr funktionierte. 1895 fand man etwa in einem Industriegebiet bei Manchester achtundneunzig Prozent dunkel gefärbte Birkenspanner, da nun diese Variante besser getarnt war und sich stärker vermehren konnte. Seit den 1960er Jahren ging der Anteil der melanistischen Varianten parallel mit der Verringerung der Luftverschmutzung wieder erheblich zurück.

Ödlandschrecken sind ebenfalls große Meister im Unsichtbarmachen. Die Blauflügelige Ödlandschrecke lebt auch in einem Steinbruch ganz bei mir in der Nähe. Selbst von Nahem sind sie kaum von Steinen oder Stöckchen zu unterscheiden. Mit ihrem marmorierten Graubraun verschmelzen sie komplett mit dem kargen Untergrund, auf dem sie sich ausschließlich aufhalten. Damit Feinde sich trotz allem kein klares Ödlandschrecken-Aussehen einprägen können, ist die Art extrem farb- und mustervariabel. Die Färbung kann von einem hellen Grau bis fast Schwarz reichen, auch ocker- und rotbraune Färbungen sind oft zu finden. Diese Variabilität ist eine aktive Anpassung an den jeweiligen Untergrund, sie wird schrittweise und immer feiner bei den einzelnen Larvenhäutungen ausgebildet. Auch erwachsene Tiere sind noch zu einem Farbwechsel fähig. Sie verlassen sich voll und ganz auf ihre Tarnung auf Kahlflächen, meiden deshalb auch Vegetation oder das Erklimmen von Pflanzen. Damit ihre Tarnung nicht durch akustische Reize auffliegt, verzichten sie sogar, im Gegensatz zu vielen anderen Kurz-und Langfühlerschrecken, komplett auf ihren Werbegesang und somit auch auf die Balz, die normalerweise einer Paarung vorausgeht. Da die Tarnung so gut, wenn nicht schon zu gut funktioniert, scheinen die Geschlechtspartner nur ein sehr ungenaues Bild vom gegenseitigen Aussehen zu haben. So kann man immer wieder beobachten, dass Ödlandschrecken-Männchen versuchen, sich mit Heuschreckenweibchen anderer Arten oder auch einfach mit Holzstückchen oder anderen Gegenständen zu paaren. Diesen Irrtum stellen sie erst beim Besteigen und einiger vergeblicher Liebesmühe fest. Auch das Fluchtverhalten der Ödlandschrecken ist einzigartig unter den Heuschrecken. Sie setzen voll auf ihre Tarnung und ducken sich auf den Boden, statt, wie andere Schrecken, wegzuhüpfen. Erst bei sehr kurzer Fluchtdistanz springen sie auf und fliegen einige Meter davon. Um potenzielle Verfolger zu irritieren, spreizen sie dabei ihre leuchtend blauen Hinterflügel. Es gibt übrigens noch eine Schwesterart, die Rotflügelige Ödlandschrecke, welche von Erscheinungsbild und Lebensweise her ganz ähnlich ist, deren Hinterflügel jedoch leuchtend rot sind. Nachdem sie Feinde durch diesen »Knallfarben-Schocker« verblüfft haben, schlagen sie kurz vor der Landung nochmal gemeinerweise einen scharfen Haken und ducken sich in die Nähe von Steinen oder anderen Strukturen. Dabei landen sie bevorzugt auf solchem Untergrund, der ihrer Färbung entspricht. Für mich ist es immer wie ein kleiner Wettbewerb und ein Spiel, die kleinen Hüpfer nach diesen Trickflügen wiederzufinden.

Auch bei den Vögeln gibt es einige bemerkenswerte Somatolyse-Künstler. Der Ziegenmelker oder auch der Wendehals sind mit ihrer rindenartigen Gefiederfärbung an Baumstämmen kaum erkennbar. Die Rohrdommel, ein heimlicher Schilfbewohner, verschmilzt mit ihrem gelbbraunen, gestreiften Gefieder und ihrer »Pfahlstellung« komplett mit den Halmen. Dabei streckt sie sich lang, reckt Kopf und Schnabel in die Höhe, sodass ihre Gestalt sich komplett aufrichtet. Damit nicht genug: Um die Tarnung noch zu perfektionieren, imitiert sie durch Hin- und Herwiegen den Wind im Schilf.

Eine andere Art der Täuschung nennt sich Mimikry, abgeleitet vom altgriechischen Begriff »mimos«, der Nachahmer oder Imitator bedeutet. Hier gibt das Tier vor, jemand zu sein, der es gar nicht ist: jemand, der gefährlicher ist als es selbst. Man könnte auch sagen, das harmlose Tier blufft. Wie etwa die Wespe, die eigentlich eine Schwebfliege ist. Dieses harmlose Insekt ahmt die schwarz-gelbe Warntracht der Wespe nach und schützt sich so vor Feinden, die schlechte Erfahrungen mit dem Wespengift gemacht haben. Man kann Schwebfliegen aber ganz einfach daran erkennen, dass sie nur zwei Flügel haben, Wespen hingegen vier. Es gibt bei uns noch weitere »Signalfälschungstäter«, die stachelbewehrte Insekten nachahmen, wie etwa den Wespenbock, eine Bockkäferart, die auf den ersten Blick wie eine Wespe aussieht, oder den Hornissen-Glasflügler, ein harmloser Nachtfalter, der eine Hornisse imitiert.

Ein anderes gefährliches Tier, das gerne imitiert wird, ist die Schlange. So imitieren manche Raupen, wie die des Mittleren Weinschwärmers oder des Oleanderschwärmers, mit Scheinaugen auf der Oberseite die gefährlichen Reptilien. Sogar eine heimische Vogelart betreibt Schlangen-Mimikry: der zu den Spechten zählende Wendehals. Bei Gefahr bewegt er seinen Körper kriechend, wirft den Kopf hin und her und gibt bedrohliche Zischlaute von sich. Auch die bis zu acht Zentimeter lange Nachtfalterraupe des Großen Gabelschwanzes imitiert etwas Ähnliches, wobei sie dabei eher an ein irres Fabelmonster erinnert. Auf dem Cover dieses Buches kann man sie bewundern. Bei Gefahr zieht sie den Kopf ein und streckt dem Feind den leuchtend roten Bereich mit den Scheinaugen entgegen. Die

Raupe wird durch das Zusammenziehen auch deutlich dicker und wirkt so bedrohlicher. Um noch mehr Alarm zu machen, kann sie am namensgebenden gegabelten Schwanz je einen langen roten Schlauch ausfahren, der sich zitternd bewegt. Ist das noch nicht genug Horrorshow, spritzt sie dem Angreifer auf eine Entfernung von bis zu dreißig Zentimetern ätzende Ameisensäure aus der Unterseite des Kopfes entgegen.

Diese Art der Mimikry wird auch Schutzmimikry oder Bates'sche Mimikry genannt. Henry Walter Bates hat dieses Phänomen der Nachahmung im neunzehnten Jahrhundert zum ersten Mal beschrieben.

Es gibt auch noch eine zweite Form von Mimikry: die Müller'sche Mimikry. So fand Johann Friedrich Theodor Müller im selben Jahrhundert heraus, dass ungenießbare Schmetterlinge unterschiedlicher Gattungen gemeinsame Warnmuster aufwiesen. Sie laufen also quasi unter gemeinsamer Flagge. Der Vorteil: Ein Fressfeind muss nur bei einer Art schlechte Erfahrungen gemacht haben und meidet dann alle anderen Tiere, die das gleiche Aussehen besitzen. Ein solcher »Mimikry-Ring« dient der Signalnormierung und erhöht damit die Überlebenswahrscheinlichkeit des Individuums. Die Müller'sche Mimikry führt dazu, dass sich eigentlich nicht eng miteinander verwandte Arten äußerlich ähneln. Die oben genannte »Schwarz-Gelb-Fraktion« ist dafür ein gutes Beispiel, und so sehen Wespe, Schwebfliege, Hornissen-Glasflügler und Wespenbock sich auf den ersten Blick ähnlich, obwohl sie alle komplett unterschiedlichen Tierordnungen angehören.

Eine Art Selbst-Mimikry betreiben die Schmetterlinge Schwalbenschwanz und Segelfalter. Sie haben an ihrem Hinterende lange Flügelzipfel, die beim Schwalbenschwanz sogar namensgebend waren. Außerdem haben sie nahe an diesen Zipfeln auffällige Augenflecken auf den Flügeln. Angreifer halten deshalb die Flügelzipfel für die Fühler, das Hinterende für das

Vorderteil. Ein vermeintlich tödlicher Biss in den Kopf führt dazu, dass der Schmetterling mit etwas Glück nur ein paar Flügelteile verliert.

Viele Schmetterlinge wie etwa das bekannte Tagpfauenauge tragen markante Augenzeichnungen auf den Flügeln. Diese geniale Erfindung hat Mutter Natur gleich mehrfach gemacht, denn auch nicht verwandte Arten wie die Nachtschwärmerart Abendpfauenauge oder das Nachtpfauenauge tragen diese »Fake-Augen«. Die Augen-Mimikry nutzt die angeborene Vermeidungsreaktion von potenziellen Fressfeinden aus. Das Tagpfauenauge ist mit seinen unauffällig marmorierten Außenflügeln und der ausgefransten Außenstruktur gut getarnt, es könnte, wenn es so mit seinen geschlossenen Flügeln auf einem Stamm sitzt, auch ein Blatt sein. Interessiert sich dennoch ein Beutegreifer für das vermeintliche Blatt, öffnet der Falter schlagartig seine Flügel, und riesengroße, leuchtend blaue Augen schauen den verdutzten Jäger an. Diesen Moment der Verwirrung kann der Schmetterling dann ausnutzen, um zu entfliehen.

Mimese ist eine Zwischenform von Somatolyse und Mimikry. Hierbei gibt das Tier zwar vor, etwas anderes zu sein, aber dabei geht es nicht darum, die gefährliche Wirkung einer anderen Art vorzutäuschen, sondern eher, mit der Umgebung verwechselt zu werden. Die Tiere sind also nicht unsichtbar, sondern sehen so aus wie Objekte aus der Umgebung, in der sie sich befinden. Bekannte Beispiele sind die Gespenstschrecken, die aussehen wie Blätter (Wandelndes Blatt) oder kleine Äste (Stabschrecken). Auch heimische Spanner-Raupen, eine Nachtfalterfamilie, imitieren in Färbung und Gestalt perfekt kleine Ästchen. Bei Gefahr erstarren sie und ahmen durch kleine Körperfortsätze sogar Abbruchstellen von Seitenzweigen oder Knospen nach. Die Nachtfalterart Mondvogel ähnelt mit angelegten Flügeln einem abgebrochenen Zweig.

Manche Arten imitieren auch andere Tiere, obwohl diese nicht gefährlicher sind als sie. Es gibt etwa Ameisen-Mimikry, die aber je nach Situation eher Ameisen-Mimese heißen sollte. Gleich mehrere Tiergruppen kopieren das Aussehen von Ameisen perfekt: Die Ameisenwanze, Larven der Krummfühlerwanze, eine Spinnenart der Gattung Myrmarachne oder auch Schlupfwespen der Gattung Gelis sehen äußerlich Ameisen verblüffend ähnlich. Die Gründe für das Imitieren von Ameisen sind, dass es doch einige, vor allem kleinere Feinde gibt, die Ameisen wegen ihrer Säure verschmähen. Zum anderen ist diese Scheintracht etwa für Wanzen im Sinne einer Mimese eine Tarnung vor Feinden. Ein Vogel würde in dem Gewimmel auffallend andersartig aussehende Jäger leicht herauspicken können. Dabei müssen die Nachahmer jedoch nicht nur das Aussehen, sondern auch die Bewegungsweise der Ameisen kopieren. Die Imitatoren versuchen sich also durch die Gestalt einer Ameise unsichtbar zu machen und vertrauen auf die Wahrscheinlichkeit, genauso selten erwischt zu werden wie eine der massenhaft auftretenden Ameisen.

Manche Arten imitieren auch äußerst unattraktive und unappetitliche Objekte wie etwa Vogelkot. Die Raupe des C-Falters etwa simuliert in Färbung und Gestalt Vogelexkremente. Auch der Große Breitrüssler, eine heimische Käferart, betreibt in seiner Gestalt als erwachsener Käfer Vogelkot-Mimese.

Die Täuschung in der Tierwelt beschränkt sich aber nicht nur auf die visuelle Tarnung. So können auch der Geruchssinn oder das Gehör des Feindes Ziel der Täuschung sein. Totenkopfschwärmer imitieren dank einer chemischen Tarnkappe den Duft der Bienen und verschaffen sich so Zugang zu Bienenstöcken, um dort in aller Ruhe den Honig abzusaugen. Die Schwebfliege belässt es nicht nur bei der optischen Täuschung, sondern auch ihr Flügelschlag hat eine ähnliche Frequenz wie der der Wespe und erzeugt damit ein ähnliches Geräusch.

Kolkrabe
(*Corvus corax*)

RABENSCHWARZE SCHLAUMEIER

Im Mittelalter war der Rabe als Todes- und Unheilsbote verschrien. Sein Erscheinen galt als böses Omen, etwa für die Pest, Hungersnöte oder Kriege. Eine besonders skurrile Volksweisheit lautete folgendermaßen: »Fliegt ein Rabe drei Mal übers Haus, trägt man bald einen Toten heraus.« Sein krächzendes Rufen war die Stimme des Satans, der die Seele der Menschen rief. Er war ein fliegender Dämon. Wenn eine Rabenschar übers Feld flog, legten die Bauern ihre Arbeit nieder und gingen schleunigst nach Hause, denn was sie pflanzen oder ernten wollten, war für diesen Tag verdorben und verflucht. Der Rabe flog Hexen voraus und brachte ihnen Nachrichten.

Doch nicht nur zu früheren Zeiten, sondern auch heute noch sorgen ihr pechschwarzes Gefieder, ihre krächzenden Stimmen und ihr scharenhaftes Auftreten dafür, dass viele Menschen ein negatives Bild von ihnen haben. Dieses spiegelt sich auch in alltäglichen Redewendungen wie »rabenschwarz«, »klauen wie die Raben« oder »Unglücksrabe« wider. Zu schlechten Eltern sagen wir »Rabeneltern«. Dieses Sprachbild fußt auf der Beobachtung, dass junge Raben nach dem Verlassen des Nestes noch recht unbeholfen wirken, da sie vor dem Flüggewerden schon auf Ästen rumturnen. Ein völliger Trugschluss, denn Raben versorgen noch Wochen nach dem Verlassen des Nestes ihre Jungen und beschützen sie inbrünstig. Dennoch haben all diese unsinnigen Vorurteile dazu geführt, dass der Kolkrabe zur Mitte des zwanzigsten Jahrhunderts in Mitteleuropa nahezu komplett ausgerottet war.

Doch vor dem Mittelalter waren sie für die Germanen bereits ein heiliges Symbol für Weisheit und Gedächtnis, hatten neben dem Wolf die höchste Stellung als Göttertier. Als der Mensch noch Jäger und Sammler war, kooperierte er sogar mit Raben: Die Vögel führten ihn zum Wild und bekamen im Gegenzug einen Teil der Beute ab. Rabenvögel sind hochintelligente, sehr gesellige und sozial lebende Tiere: Die »Schimpansen der Lüfte« können Werkzeuge zum Nahrungserwerb nutzen, verfügen über ein vorausschauendes und problemlösendes Handeln und beherrschen neben einer großen Palette an eigenen Rufen viele »Fremdsprachen«. Raben können andere Tierstimmen verblüffend echt nachahmen. So kann man etwa Kolkraben hören, die Hundegebell, Schweinegrunzen oder Pferdewiehern imitieren oder auch menschliche Laute wie Rülpsen oder Schnalzen. Mit diesen Lautimitationen können sie sogar andere Tiere an der Nase herumführen.

Auch untereinander führen sie sich gerne »am Schnabel herum«. Raben verstehen Absichten und Handeln ihrer Artgenossen und sind sogar in der Lage, ihre Verwandten anzuschwindeln. Findet ein pfiffiger Rabe etwa ein Stück Aas, so gaukelt dieser seinen Artgenossen vor, dieses sei verdorben und er krepiere daran jämmerlich. Verlassen die abgeschreckten Artgenossen die Futterstelle, kommt es zu einer schlagartigen Spontanheilung des Verkosters, und er macht sich munter weiter ans Fressen. Findet er mehr Futter, als er momentan fressen kann, deponiert er es in Verstecken. Doch Artgenossen beobachten dieses Vorhaben und versuchen, ihm das Futter abzuluchsen. Der Rabe kann diese Absichten erkennen und die möglichen Plünderer durch komplexe Strategien, wie das Anlegen von Scheinverstecken, täuschen.

Geht es aber wie bei den Dohlen oder Saatkrähen um das

Wohl der gesamten Kolonie, halten die Vögel fest zusammen. Feinde werden gemeinsam vertrieben, Jungtiere oder kranke Vögel von der gesamten Sippschaft versorgt. Nebel- und Rabenkrähen werfen Nüsse auf die Fahrbahn, um sie durch Autoreifen knacken zu lassen. Dabei nutzen manche sogar Kreuzungen mit Ampeln, um die Nüsse bequem in den Rotphasen aufsammeln zu können. Krähen haben ebenso wie der Kolkrabe einen ausgeprägten Sinn für Spielereien. So kann man sie immer wieder beim Schaukeln, Balancieren oder im Winter beim Rodeln, sogar mit Plastikdeckeln als Schlitten, beobachten.

Kolkraben sind die größten Singvögel der Welt. Sie sind mit einer Flügelspannweite von über 1,30 Meter sogar größer als der Mäusebussard. Sie sind unglaublich intelligent und benutzen zum Beispiel Stöcke, um Nahrung aus Ritzen herauszustochern. Ertönt ein Schuss im Wald, so fliehen alle Vögel, nur der Kolkrabe fliegt in Richtung der Schussquelle. Er hat gelernt, dass bei einem Schuss meist ein Jäger ein Tier erlegt hat und dies eine mögliche Futterquelle darstellt. Häufig sieht man sie auch als Begleiter von Wölfen oder anderen Raubtieren, um diesen dann mit ihrer berüchtigten Frechheit in Gruppen die erlegte Beute abzujagen. Nur wenige Tiere haben solche sozialen Fähigkeiten wie der Kolkrabe. Neben der Fähigkeit, Artgenossen anlügen zu können, amüsiert er sich auch im Gruppenspiel. Er kann andere Kolkraben individuell akustisch wie optisch sehr gut auseinanderhalten und ist sogar in der Lage, menschliche Gesichter abzuspeichern. So erkennen Kolkraben selbst Jahre später noch eine Person, die einmal ihr Nest beschädigt hat, und warnen unmittelbar ihre Artgenossen, wenn sich diese »kriminelle« Person nähert.

Elstern erkennen sich, wie Kolkraben auch, im Spiegel, was eine Voraussetzung für viele komplexe Denkvorgänge ist. Nur Menschenaffen und Hunde erreichen ebenfalls diese Stufe. Elstern können blitzschnell Mengen von bis zu dreißig Objekten abschätzen. Legt man ihnen etwa einen Haufen mit vierundzwanzig und einen Haufen mit fünfundzwanzig Nüssen hin, so wählen sie sofort den Haufen mit der größeren Anzahl. Wir müssten erst die beiden Haufen mühselig abzählen, um eine aussagekräftige Quantifizierung treffen zu können. Saatkrähen warfen in einem Experiment so lange Steine in ein Wasserglas, bis sie an einen sonst unerreichbaren Wurm gelangten. Dohlen haben ein hoch entwickeltes Familien- und Gesellschaftsleben. Sie können die Ranghöhe jedes einzelnen Mitglieds ihrer Kolonie einschätzen.

Der Eichelhäher ist der bunteste Vertreter der Rabenvögel und verdankt den Namen seiner Lieblingsspeise, von der er bis zu zehn Stück gleichzeitig in seinem Kehlsack transportieren kann. Neben Eicheln sammelt er auch Bucheckern und Haselnüsse, die er ab Herbst sorgfältig als Wintervorrat im Boden anlegt. Bis zu dreitausend Baumfrüchte versteckt er so und findet die meisten selbst unter einer hohen Schneedecke wieder. Neben einem erstaunlichen Orientierungssinn verfügt er auch über eine phänomenale Gedächtnisleistung mit der Fähigkeit zur Objektpermanenz. Da er aber doch nicht alle Verstecke wiederfindet oder benötigt, leistet er somit einen wichtigen Beitrag zur Verbreitung von Eichen, Buchen und Haselsträuchern. Sein »rätschender« Alarmruf wird auch von anderen Vögeln um ihn herum verstanden, weshalb man ihn auch den »Wächter des Waldes« nennt. Zudem ist er ein Meister der Stimmenimitation. Etwa der miauende Ruf des Mäusebussards ist häufig von ihm zu hören und wird als cleveres Verschrecken von Nahrungskonkurrenten gedeutet. Man kann Eichelhäher auch dabei beobachten, wie sie mit gesträubtem Gefieder auf Waldameisenhügeln sitzen und sich in der Ameisensäure der alarmierten Baubewohner duschen. Dieses »Einemsen« soll Parasiten aus dem Gefieder vertreiben.

Im Londoner Tower lebt seit jeher eine Kolonie von Kolkraben. Ein Volksglaube besagt, dass Großbritannien untergeht, wenn die Tower-Raben das Gebäude nicht mehr beschützen. Deshalb werden die Raben gefüttert und sogar durch einen eigens dafür zuständigen »Ravenmaster« beschützt. Der älteste Rabe wurde hier vierundvierzig Jahre alt.

Europäischer Laubfrosch
(*Hyla arborea*)

MINICHAMÄLEONS MIT HAFTSCHEIBEN

Der Laubfrosch galt einst als der »Wetterfrosch« und wurde häufig zusammen mit einer kleinen Holzleiter in Einmachgläsern gehalten, um den Menschen als Wetterbarometer zu dienen. Wenn er die Leiter hochkletterte, wurde mit gutem Wetter gerechnet, blieb er auf dem Boden, mit schlechtem. Dieses traurige Dasein verdankten die Laubfrösche der Beobachtung, dass sie bei schönem, sonnigem Wetter an Büschen und Stauden höher sitzen als bei trübem, regnerischen Wetter. Dieses Verhalten hat jedoch mit der Witterung nichts zu tun, sondern wird durch die Leibspeise der Frösche ausgelöst. Denn bei Sonnenschein entstehen durch die Erwärmung der Erdoberfläche einfache Aufwinde, die Insekten nach oben tragen. Deshalb muss der Laubfrosch höher klettern, um sich den Bauch vollzuschlagen. Mit dem Luftdruck wie bei einem Wetterbarometer hat dieses Verhalten also gar nichts zu tun.

Besondere Haftscheiben an Fingern und Zehen verleihen dem Laubfrosch Kletterfähigkeiten, und er bleibt sogar an Glasscheiben kleben. Eine unregelmäßig versetzte Anordnung aus sechseckigen Säulen auf mikroskopischer Ebene bietet ihm diese spezielle Stabilität. Darüber hinaus erlaubt ein Knorpel zwischen den Endgliedern der Finger das Greifen von Ästen oder Stielen. So ist der Laubfrosch der einzige Frosch in unseren Gefilden, der klettern kann. Er gehört als einzige heimische Froschart zur Familie der Baumfrösche, wie man sie eigentlich eher aus den Tropen kennt. Der Laubfrosch ist sehr agil und bewegt sich auch auf Sträuchern sehr wendig. Er kann sich, einem Affen ähnelnd, kopfüber durch das Geäst hangeln und springt zielsicher Blätter und Äste in mehreren dutzend Zentimetern Entfernung an.

Die Haut des Laubfroschs ist glatt und an der Oberseite charakteristisch grasgrün gefärbt. Unten und an den Innenseiten der Beine ist der Laubfrosch hingegen weiß und genoppt. Gut zu erkennen ist er außerdem an dem dunklen Band, das sich beidseitig von den Nasenlöchern bis zu den Hinterbeinen erstreckt und bei jedem Individuum etwas anders geformt ist.

Laubfrösche besitzen die erstaunliche Fähigkeit, innerhalb weniger Minuten ihre Hautfarbe zu wechseln. Dabei wird die Rückenfärbung durch hormonell gesteuerte Pigmentverlagerungen an den Untergrund hervorragend angepasst, sodass die Tiere auf Zweigen und Laub kaum mehr sichtbar sind. Neben der grasgrünen Färbung sind auch Grau-, Braun- oder Gelbtöne möglich. Gar dunkle Flecken und Marmorierungen treten auf. Experimentell konnte gezeigt werden, dass die Hautfarbe nicht über visuelle Reize, sondern über den Tastsinn gesteuert wird. Ihre Farbe passt sich der Struktur des Untergrunds an, die Laubfrösche erfühlen. So bleiben sie auf glatten Oberflächen wie Blättern grün, auf rauen Strukturen wie etwa einer Baumrinde werden sie braun oder grau. Auch die Temperatur spielt beim Wechseln der Hautfarbe eine Rolle. Je höher die Temperatur, desto heller wird ihre Haut, um sich durch einen höheren Albedo-Effekt, also das Verhältnis von Lichtreflexion und -absorption, vor Überhitzung zu schützen. Selten sieht man sogar blaue Laubfrösche, was jedoch nichts mit dem Untergrund zu tun hat. Diesen Exemplaren fehlt genetisch bedingt der gelbe Hautfarbstoff, sodass sie blau erscheinen. Die Haut der Laubfrösche besitzt zahlreiche Schleimdrüsen, die eine vor Austrocknung schützende Schleimschicht um den Körper ausbilden.

Der Laubfrosch ist mit nur vier bis fünf Zentimetern die kleinste heimische Froschart. Mit seinen langen Hinterbeinen kann er zwar schlecht laufen, aber dafür sehr weit springen. Beim Sprung ziehen sich die kräftigen Muskeln plötzlich stark zusammen, und durch die Hebelwirkung der langen Beine kommen erstaunlich weite Distanzen zustande.

Weibchen und Männchen des Laubfroschs lassen sich an der Kehle unterscheiden: Beim Männchen ist die Kehle faltig und bräunlich, bei den Weibchen ist die Kehle glatt und beige. Die Kehle der Männchen ist faltig, da sie damit eine große Schallblase erzeugen, durch die sie laute »äpp … äpp … äpp …äpp«-artige Paarungsrufe erzeugen können. Trotz ihrer geringen Körpergröße verfügen sie über die lauteste Stimme unter den mitteleuropäischen Lurchen. Dabei werden unglaubliche Lautstärken bis zu neunzig Dezibel erreicht, die kilometerweit hörbar sind. In warmen Nächten von April bis Mai beginnt ihr Konzert an möglichen Laichgewässern. Dann sind die Froschkonzerte von Sonnenuntergang bis tief in die Nacht zu hören. Sie rufen mitunter so laut, dass entnervte Nachbarn schon durch juristische Prozesse bewirkten, dass Garten- oder Parkteiche mit nächtlichen Laubfroschkonzerten zugeschüttet und umgesiedelt wurden. Mit den Balzrufen stecken die Männchen zum einen ihr Territorium ab, und zum anderen sollen Weibchen angelockt werden, die aus ihren Winterquartieren zu den Laichgewässern wandern. Für sie gelten die lautesten männlichen Exemplare als besonders attraktiv. Bei der Paarung steigt das Männchen auf den Rücken des Weibchens und umklammert es unter den Achseln. Dann bleibt das Männchen meist etwa eine Stunde, manchmal aber auch Tage auf dem Rücken, bis es den aus der Kloake des Weibchens austretenden Laich besamen kann. Die Spermien verteilt das Männchen dabei mit seinen Hinterbeinen auf den Eiern. Die Befruchtung erfolgt also außerhalb des Körpers, es kommt zu keiner Begattung.

Nach dem Ablaichen wandern die Laubfrösche weiter zu Gebüschen und Bäumen, die ihnen als eigentlicher Lebensraum dienen. Meist ruhen die Laubfrösche dabei auf Ästen oder Blättern, sonnen sich gerne, vertrauen auf ihre Tarnung und warten so auf ihre Beute. Mit ihrer blitzschnell hervorspringenden klebrigen Zunge fangen sie Flug- und Laufinsekten oder Spinnen. Da Frösche keine Zähne haben, schlucken sie ihre Nahrung in einem Stück herunter. Ihre Winterruhe verbringen sie ab Mitte Oktober meist in Wäldern in frostfreien Erdhöhlen, großen Laubhaufen sowie Steinspalten. Die Geschlechtsreife erlangen Laubfrösche nach zwei Jahren, ein ganzes Laubfroschleben dauert bis zu sieben Jahre.

Als Lebensraum bevorzugt der Laubfrosch reich strukturierte Landschaften mit sonnigen Plätzen und Gewässer mit krautreichen Flachwasserzonen zum Laichen. Doch der Verlust der ehemals vielfältigen Wiesen- und Grünlandschaften mit Laichgewässern macht dem Laubfrosch schwer zu schaffen. Auch Umweltgifte und trockengelegte Feuchtgebiete haben seinen Bestand in vielen Regionen minimiert oder sogar ganz ausgelöscht. Zudem werden Laubfrösche ebenso wie andere Amphibien bei ihren Wanderungen durch den Straßenverkehr stark bedroht. Der Froschkönig verliert sein Reich.

Gemeine Rosengallwespe
(*Diplolepis rosae*)

SCHLAFÄPFEL, KUCKUCKSSPEICHEL, HEXENBESEN UND CHINESENBÄRTE

Bei Streifzügen durch die heimische Flora und Fauna entdecken wir manchmal merkwürdige Dinge, die wir uns zunächst nicht erklären können. Etwa zottige Kugeln in Rosensträuchern, schaumige Gebilde in der Wiese, vogelnestartige Büschel in Baumkronen oder seltsame Rillen in Baumstämmen, die wie ein Chinesenbart aussehen. Doch was verbirgt sich hinter diesen rätselhaften Naturphänomenen?

An Heckenrosensträuchern finden sich zuweilen moosartige, grünliche, oft rot überzogene Kugeln mit haarartigen Auswüchsen. Solche bis zu fünf Zentimeter großen Kugeln nennt man Gallen. Entstanden sind diese Wuchsanomalien durch das Einwirken eines kleinen Insekts: der nur etwa drei Millimeter großen Gemeinen Rosengallwespe. Durch das Injizieren spezieller Pflanzenhormone mutiert der Stiel, meist am Ende einer Sprosse, zu einer solchen Gewebewucherung. Der Lebenszyklus der Rosengallwespe beginnt damit, dass sie mit ihrem Legestachel Eier in eine Blattknospe der Heckenrose ablegt. Nach einer Woche schlüpfen die Junglarven und dringen tiefer in das Knospengewebe ein. Gleichzeitig beginnt die Gallbildungsreaktion der Pflanze, die nun permanent Gewebe und Gashüllen bildet. Die Larven leben in getrennten Kammern und ernähren sich von dem pflanzlichen Gewebe. Im Herbst sind sie ausgewachsen, überwintern hier noch und schlüpfen dann im nächsten Frühjahr als fertige Wespen. Männliche Insekten sieht man dabei übrigens keine, denn wir haben es bei der Gallwespenfortpflanzung mit einer sogenannten Jungfernzeugung zu tun: Aus den unbefruchteten Eiern schlüpfen nur weibliche Insekten. Aber das Ganze ist noch viel komplexer, denn die Kinderstube der Gallwespe hat auch Untermieter. Einige davon sind harmlose Mitbewohner, wie etwa die sich ebenfalls vegetarisch ernährende Schwarze Rosengallwespe. Die Larven der Rosenschlupfwespe hingegen leben nicht fleischlos, sondern ernähren sich von den Gallwespenlarven und töten diese, sind also Parasitoiden. Weitere sieben Arten verhalten sich ähnlich oder leben ihrerseits wiederum von den Larven der Schmarotzer. Sie sind somit Parasiten der Parasiten, sogenannte Hyperparasiten. In der unscheinbaren Kugel herrscht demnach keineswegs Friede, Freude, Eierkuchen, sondern der kleine Minizoo aus bis zu zehn unterschiedlichen Wespenarten ist vielmehr ein an Sodom und Gomorrha erinnernder Schauplatz. Doch wem dies jetzt bizarr oder außergewöhnlich vorkommt, der täuscht sich. Denn es ist die häufigste Ernährungsform unter heimischen Insekten. Knapp ein Viertel der etwa dreiunddreißigtausend hier vorkommenden Arten lebt parasitoid, tötet also seinen Wirt.

Im Volksmund nennt man die Rosengallen auch Schlafäpfel, denn man sprach ihnen eine schlaffördernde Wirkung zu, wenn man sie unter das Kopfkissen oder Säuglingen in die Wiege legte. Man konnte sie früher gar in Apotheken kaufen, und bis ins siebzehnte Jahrhundert wurden die Gallen als »Zauberkugeln« angeboten, weil sie vor Behexung und Krämpfen schützen sollten. Ihre Wunderwirkung würden sie nur dann entfalten, wenn man sie vor Sonnenaufgang oder aber während Glockengeläutes mit bedeckten Händen gepflückt habe. Verliebte legten sie sich gegenseitig heimlich ins Bett, in der Hoffnung, dass der Partner dann treu bliebe. In Schwaben galt der Schlafapfel als Wecker: Legte man ihn sich unters Kissen, konnte man hoffen, am nächsten Morgen pünktlich zu erwachen. Epileptikern reichte man nach einem alten Rezept sieben bis neun »Würmchen« aus der Rosengalle. Gedörrte Larven aus dem Schlafapfel ins Ohr gesteckt, gekaut oder aber in der Pfeife geraucht, sollten gegen Zahnschmerzen helfen. Auch als Orakel diente der Schlafapfel. Fand man ihn im Frühjahr, so galt dies als gutes Omen, fand man ihn im Herbst, galt es als schlechtes. Über das Dach geworfen konnte die Galle drohendes Unheil abwenden. Auch der Verlauf eines Jahres wurde in aufgeschnittenen Schlafäpfeln gelesen: Fand man eine Ameise darin, versprach dies eine gute Getreideernte, eine Spinne ließ die Pest befürchten, Larven wiesen auf eine Maul- und Klauenseuche hin; flog der kleine »Wurm« gar davon, bedeutete das Krieg.

Im Frühling entdeckt man in Wiesen häufig schaumige Gebilde, beinahe so, als hätte jemand ins Gras gespuckt. Im Volksmund nennt man sie auch Kuckucksspeichel, weil sie in der Zeit zu finden sind, wenn der Kuckuck ruft, also im Mai und Juni. Regional tragen diese Gebilde auch den Namen Hexenspucke. Die Verursacher dieses Phänomens sind aber weder Vögel noch Menschen mit Zauberkräften, sondern sie sind in der Welt der Insekten zu finden: Schaumzikaden haben hier ihre Kinderstuben errichtet. Würde man die vermeintliche Spucke genauer untersuchen, fände man in ihrer Mitte eine bräunliche oder grünliche Larve der Schaumzikade. Die Larven besitzen am Bauch eine spezielle Atemhöhle. Durch rhythmisches Einsaugen von Luftbläschen und das Vermischen mit einer eiweißhaltigen Flüssigkeit, die sie aus dem After ausscheiden, wird der Schaum gebildet. Er dient der Larve als Versteck vor Feinden und hält die für ihre Weiterentwicklung nötige Feuchtigkeit und Temperatur aufrecht. Diese Schaumnester sind sehr stabil, selbst heftige Regenschauer können sie nicht vollständig abwaschen. Die Larve ernährt sich von den Pflanzensäften der Wirtspflanze, die sie mit ihrem Rüssel anzapft. Nach fünf Häutungen verlässt dann ein erwachsenes Tier das schützende Schaumnest, um zu trocknen und vollständig auszufärben. Doch nicht nur die Zikade selbst ist in dem zu über neunundneunzig Prozent aus Wasser bestehenden Schaumnest zu Hause, auch Kleinstlebewesen wie etwa das Wimperntierchen leben hier als Untermieter. Der häufigste Vertreter der Schaumzikaden ist in unseren heimischen Gefilden die Wiesenschaumzikade. Sie ist meist auf Wiesenschaumkraut zu beobachten und brachte der Pflanze so auch ihren Namen ein.

In den Kronen mancher Bäume, meist Tannen und Birken, sieht man kugelige und buschige Wucherungen, die von Weitem fast wie Vogelnester aussehen. Besonders im Winter, wenn das Laub fehlt, stechen sie direkt ins Auge. Im Volksmund werden diese Gebilde Hexenbesen oder auch Donnerbüsche genannt. Sie entstehen meist durch parasitische Pilze, bei der Birke etwa durch Schlauchpilze. Während der Hauptteil des Pilzes, das Myzel, in der Rinde der Zweige lebt, bildet er an der Oberfläche der Äste winzig kleine Schläuche aus. Diese führen zu permanenten Wachstumsstörungen, da der Pilz so den Baum immer wieder zum Austrieb und zur Bildung neuer Knospen anregt. Dadurch kommt es zu einer sogenannten Zweigsucht: Es bilden sich zahlreiche dünne, kurze Zweige. Diese Gebilde haben große Ähnlichkeit mit Besen älterer Machart aus einem Stock und Birkenzweigen.

Die Auswucherungen boten natürlich reichlich Stoff für Aberglauben. Schon bei den Germanen wurden Donnerbüsche, um Blitze und alles weitere Böse abzuleiten, an den Giebeln der Häuser und Ställe befestigt. Im Mittelalter erklärte man sich die Existenz der Gebilde dadurch, dass Hexen in der Walpurgisnacht bei ihren Flügen mit den Besen an den Birkenkronen hängengeblieben seien. Die Birke galt deshalb als hexenabwehrend, und man stellte aus Birkenreisig Besen her, mit denen man alles Böse aus den Häusern fegte.

In unseren typischen Rotbuchenwäldern haben die Bäume

meist sehr hohe Stämme, erst im obersten Drittel beginnen ihre Kronen. An diesen kahlen Stämmen sieht man sehr oft merkwürdige Vertiefungen an der Rinde, die an einen dünnen Bart erinnern und im Volksmund »Chinesenbart« genannt werden. Die Chinesenbärte sind nichts anderes als Narben des Baumes. An dieser Stelle befand sich früher mal ein Ast, der irgendwann abbrach. Dabei sah die Wunde ursprünglich nicht aus wie ein gekrümmter Strich: Am Anfang war sie natürlich rund. Doch der Baum wächst mit der Zeit in die Höhe und in die Breite, somit wird die Narbe nach und nach in diese spezielle Form gezogen. Am Chinesenbart kann man aber nicht nur erkennen, dass sich hier einmal ein Ast befand, sondern er ist gleichzeitig auch ein Merkmal für die Qualität des Holzes. Denn ein Baum wächst schneller in die Höhe als in die Breite. Ist die Wölbung des Chinesenbartes sehr stark, bedeutet dies, dass die Narbe noch recht jung ist, da das Höhenwachstum dominierte. Ist der Chinesenbart weniger gekrümmt, ist die Narbe älter, da nun das Breitenwachstum vorherrschte. Je flacher der Chinesenbart ist, desto mehr hat das Stammholz den abgebrochenen Ast also überwachsen. Und dies freut die Schreiner, da sie bei solchen Stämmen viele schöne Bretter ohne Astlöcher machen können.

Rote Waldameise
(*Formica rufa*)

DIE DREI MILLIONEN MUSKETIERE

Das Reich der Insekten ist gigantisch. Etwa eine Million Insektenarten sind bisher beschrieben worden, im Vergleich dazu kommen die Säugetiere auf gerade mal fünftausendfünfhundert Arten. Alleine die Ameisen bringen es auf mehr als dreizehntausend Arten. Legte man alle Ameisen der Welt in eine Waagschale und alle Menschen in die andere, so wären die Ameisen in etwa gleich schwer; noch, denn der Mensch hat rasant aufgeholt.

Ameisen sind die erfolgreichste Gruppe aller Insekten. Seit über hundertvierzig Millionen Jahren besiedeln sie unseren Planeten: von den tropischen Wäldern bis zum Polarkreis, vom Hochgebirge bis zur Wüste. Ohne Ameisen könnten viele andere Lebewesen nicht existieren. Sie zählen zu den wichtigsten Akteuren in unseren Ökosystemen. Sie lagern mehr Bodenmaterial um als Regenwürmer, halten Schädlinge unter Kontrolle, sind für die Verbreitung zahlreicher Pflanzen unabkömmlich, da sie ihre Samen transportieren, und stellen selbst für viele Tiere eine wichtige Nahrungsquelle dar.

Ameisen gehören wie soziale Faltenwespen, Honigbienen oder Termiten zu den staatenbildenden Insekten. Voraussetzungen für einen Ameisenstaat sind Arbeitsteilung und Einschränkung der Freiheit des Einzelnen zugunsten des Gemeinwohls. Genau dies tun Ameisen in unglaublich raffinierten Systemen. Ihre Selbstorganisation und Informationsübertragung untereinander fasziniert nicht nur Insektenfreunde, sondern unter dem Stichwort Schwarmintelligenz auch Wirtschaftswissenschaftler und Informatiker. Manche Ameisenarten betreiben Ackerbau und legen Pilzkulturen an, welche den Staat mit organischen Stoffen versorgen. Andere Arten halten Sklaven, indem sie die Larven benachbarter Staaten rauben und diese für eigene Arbeitszwecke instrumentalisieren. Manche Arten bedienen sich auch des Sozialparasitismus, indem ihre Weibchen in bestehende Staaten einer anderen Art einwandern und ihre Nachkommen von diesen aufziehen lassen. Oder sie betreiben Viehzucht mit Blattläusen, füttern diese, pflegen, bewachen und melken sie. Es gibt sogar eine hochspezialisierte Käferart, den Gelben Keulenkäfer, dessen Körperbau perfekt an diesen, nennen wir es einmal »Viehhaltertrieb« der Ameisen angepasst ist. Der blinde und flugunfähige Käfer ist vollkommen auf seine Wirtsart angewiesen und kann nur in Ameisenbauten gefunden werden. Seine Flügel haben sich zu haarbüschelartigen Gebilden umgewandelt, über die sie ein süßliches Drüsensekret abgeben. Dieses dient weniger als Nahrung, sondern hat eher eine rauschgiftartige Wirkung auf die Ameisen. Das Verlangen nach mehr führt dazu, dass sie die Keulenkäfer fürsorglich füttern und bei Gefahr oder im Falle eines Kolonieumzuges umhertragen. Als Anpassung daran sind die Fühler der Käfer so gebaut, dass die Ameisen mit ihren Kieferzangen hier perfekt andocken können, wie mit einem passenden Werkzeug. Der Keulenkäfer ist also, fast wie ein Haustier, komplett auf Pflege angewiesen und nicht mehr alleine überlebensfähig.

Die meisten Ameisenarten leben in ausgeklügelten Bauten mit verschiedenen Kammern, wie Brutkammer, Speisekammer, Müllkammer und Friedhöfen. Es gibt verschiedenste Formen von Ameisenbauten. Am geläufigsten sind uns Erdnester mit Streukuppeln, die wir gemeinhin als Ameisenhaufen bezeichnen. Diese von Waldameisen gebauten Nester erreichen einen

Durchmesser von bis zu drei Metern und eine Höhe sowie Tiefe von jeweils zwei Metern. Verrottungsprozesse von organischem Material erzeugen Wärme und dienen den Ameisen im Winter als clevere Zentralheizung, um nicht zu erfrieren. Durch ein intelligentes Be- und Entlüftungssystem, bei dem Öffnungen an der Oberfläche des Baus nachts geschlossen und morgens geöffnet werden, sowie durch ein regelmäßiges Umschichten des äußeren Baumaterials verhindern die Bewohner eine Verpilzung ihres Baus. Auch eine Art Antibiotikum haben die Ameisen: Sie tragen Harzkügelchen in den Bau. Mit Ameisensäure eingesprüht werden flüchtige Stoffe des Harzes frei, die die Vermehrung von Bakterien und Pilzen bremsen. Bis zu vier Kilogramm dieser Ameisenmedizin wurden schon in einem Nest gefunden. Leben in so einer »Megacity« der Waldameisen bis zu zwei Millionen Individuen, gibt es auch Arten, die deutlich kleinere Koloniegrößen ausbilden. Die Nylanders Schmalbrustameise etwa, bei der die Arbeiterinnen gerade einmal zwei bis drei Millimeter groß werden, begnügt sich oft mit einer einzelnen Eichel oder Haselnuss, in der das komplette Volk lebt. So einem XXS-Staat gehören selten mehr als 100 Arbeiterinnen an, was jedoch ausreichend für den Erhalt der Kolonie ist. Dabei beziehen sie von Rüsselkäferlarven, wie etwa dem Eichenbohrer oder dem Haselnussbohrer, leer gefressene Schalen. Die Schlupflöcher, aus denen sich die Käferlarven herausgefressen haben, dienen den kleinen Schmalbrustameisen als optimale Eingangspforte.

Man teilt die Ameisen eines Staates in mindestens drei Kasten ein: Die erste Kaste bilden die geschlechtlich aktiven Weibchen, die Königinnen, die die Nachkommen erzeugen und am größten sind. Die zweite Kaste bilden die flügellosen, unfruchtbaren Arbeiterinnen, die alle anderen Aufgaben übernehmen. Die dritte Kaste sind die Männchen. Diese werden auch gebraucht, aber eben nur zur Fortpflanzung. Sie sind die geflügelten Prinzen und verlassen zusammen mit den geflügelten Prinzessinnen im Frühjahr in Schwärmen den Bau. Nach der Paarung, die im Flug stattfindet, sterben die Männchen, die Weibchen werfen ihre Flügel ab und gründen eigene Kolonien, indem sie die ersten Larven selbst verpflegen und somit eine erste Generation an Arbeiterinnen heranzüchten. Oder sie erobern wie etwa Waldameisen ein anderes Nest von Feldameisen. Hier werden sie zu Parasitenköniginnen. Sie entwickeln eine chemische Tarnung, indem sie über Tage den Duft von einzelnen Feldameisen annehmen. Mit ihren Duftstoffen, den Pheromonen, betören sie die Feldameisenarbeiterinnen und haben so ein voll funktionsfähiges Nest für einen ersten Schwung Eier. Beim Hochzeitsflug empfängt die Jungkönigin viele Millionen Samenzellen, die für ihr ganzes Leben ausreichen müssen. Der Ameisenstaat besteht also nahezu ausschließlich aus Weibchen, die Männchen spielen lediglich eine Rolle bei der einmaligen Besamung.

Eine Königin ist eine eierlegende Hochproduktionsmaschine: Sie legt etwa dreihundert Eier pro Tag, im Jahr fünfzigtausend und im Laufe ihres Lebens etwa eine Million. Eine Ameisenkönigin kann für so ein kleines Tier unglaublich alt werden. In einem Terrarium wurde die Königin einer Schwarzen Waldameise über neunundzwanzig Jahre gehalten; dies ist der momentane Altersrekord unter allen sozialen Insekten.

Die Königin wird vom Hofstaat gepflegt und mit hochwertiger Nahrung gefüttert. Dies erledigen die Arbeiterinnen, die in jungen Jahren im »Innendienst« (im oder am Nest), als ältere Tiere im »Außendienst« tätig sind. Am Beispiel der Roten Waldameise konnte man zehn Innendienst- und acht Außendienstberufe feststellen. Denn Ameisen haben einen ausgereiften Arbeitseifer. Dieser Emsigkeit verdanken sie auch ihren Namen. Ihre althochdeutsche Bezeichnung »āmeiza« könnte von »emaz«, »ëmatîc« für emsig abgeleitet sein. Eine andere etymologische Theorie besagt aber, dass ihr Name von dem althochdeutschen »meizan« stammt, was so viel wie »meißeln«

bedeutet. Dann würden Ameisen ihren Namen der Tatsache verdanken, dass sie Blatt- oder Holzstücke abschneiden.

Der Innendienst besteht aus Weckerinnen, die ihre Winterstarre weit oben im Nest verbracht haben und daher zeitig von der Frühlingswärme geweckt werden. Sie transportieren die noch schlafenden Tiere nach oben, wo sie dann aufwachen. Im Frühjahr sind auch Wärmeträgerinnen tätig. Bei den ersten Sonnenstrahlen sieht man, wie sie sich zu Trauben auf dem Bau zusammenrotten. Sie ernten Sonnenlicht, lassen sich mit ihren dunklen Körpern von der Sonne aufwärmen und tragen anschließend diese gespeicherte Wärme in die tieferen Regionen des Nestes und wärmen so die Brutkammern. Des Weiteren gibt es Speichertiere. Diese wurden im Herbst gemästet, von den Speichertier-Pflegerinnen bewacht und umsorgt und dienen nun als lebender Futterspender für Prinz und Prinzessin, die im Frühjahr zeitig das Nest verlassen. Ist der Kropf der Speichertiere leer, dienen sie wieder als Arbeiterinnen.

Brutpflegerinnen haben die vielfältigste und zeitaufwendigste Tätigkeit. Sie kümmern sich um die Eier, Larven und Puppen, reinigen, füttern sie und transportieren sie in die Kammer mit der jeweils günstigsten Temperatur und Luftfeuchte. Dann gibt es noch spezielle Königinnenpflegerinnen mit großer Verantwortung, denn der Verlust der Königin kann zum Sterben des ganzen Staates führen. Nestreinigerinnen sind für die Sauberkeit zuständig. Diese Putzfrauen sammeln Speisereste und sonstige Abfälle und schaffen sie aus dem Nest oder verstauen sie in Müllkammern. Sie sind auch als Bestattungsunternehmen tätig. Wichtig sind auch die Nestbauerinnen, die Gänge offen halten oder schließen, für die Umschichtung des Baus sorgen und das Nest instand halten. Wenn vom Außendienst gelieferte Nahrung zu groß ist, wird sie von den Beutezerlegerinnen mundgerecht zerkleinert und dann an die Brutpflegerinnen abgegeben. Die Wächterinnen warnen bei Gefahr die Nestbewohner, die dann Brut und Königin in Sicherheit bringen und das Nest verteidigen. Sie kontrollieren ankommende Ameisen und können anhand des Körpergeruchs feststellen, ob es Nestangehörige sind.

Jeder Ameisenstaat hat einen ganz spezifischen Duftstoff. Treffen sich zwei Ameisen, so überprüfen sie gegenseitig, ob diese chemische Signatur identisch ist, ob sie also Geschwister sind. Ist der Test negativ, kommt es zu einem Kampf auf Leben und Tod. Jedes Jahr im Frühjahr gibt es wahre Massenschlachten, wenn die Reviergrenzen der einzelnen Königreiche abgesteckt werden. Dabei fallen zehntausende Arbeiterinnen an der Front. Ameisen haben aber auch das Potenzial, ihr Kriegsbeil zu begraben und gemeinschaftliche Superkolonien zu gründen, mit mehreren hundert Königinnen je Bau, die sich teilweise sogar ohne Jungfernflug direkt im Nest paaren. Im Schweizer Jura etwa gibt es auf einer Fläche von siebzig Hektar solch eine friedvolle Superkolonie, die aus über tausend Waldameisen-Bauten besteht, bevölkert von mehr als einer Milliarde Individuen.

Die per Gütertransport zu uns gekommene Argentinische Ameise lebt mittlerweile auf allen Kontinenten mit Ausnahme der Antarktis. Da nur wenige Individuen eingeschleppt wurden, existiert in ihrer neuen Heimat auch wenig genetische Vielfalt, aus der sich aber ein ganzes Volk bildet. Deshalb besitzt die gesamte Population ähnliche Anlagen für die Erkennung von Koloniemitgliedern und zeigt untereinander kein aggressives Verhalten. Die einzelnen Bauten kooperieren vielmehr, teilen zum Beispiel ihre Nahrung. Mit einer Länge von über sechstausend Kilometern ist die Superkolonie an der europäischen Mittelmeerküste die größte, sie reicht von Italien bis nach Portugal.

Im Außendienst haben Jägerinnen den mühsamsten und gefährlichsten Job. Sie greifen Beutetiere an, töten diese mit ihrer Ameisensäure und schleppen sie zum Nest. Weniger riskant haben es da die Sammlerinnen. Sie sammeln Blütennektar, Pollen und Samen. Dann gibt es noch Blattlausmelkerinnen und Blattlauswächterinnen. Diese sind als Hirten für die Blattlausherden zuständig. Blattläuse ernähren sich von Baumsäften. Überschüssige Flüssigkeit geben sie in Form von sogenanntem Honigtau ab. Ameisen lieben diese zuckerhaltige Lösung. Straßenbauerinnen legen Wege an, auf denen die Nahrung transportiert wird. Straßenwächterinnen stürzen sich bei Annäherung eines Feindes auf ihn und rufen Artgenossen zu Hilfe. Nestmaterialbeschafferinnen suchen überall nach Pflanzenteilen zum Bau der Nestkuppel. Trägerinnen sind Arbeiterinnen, die ihre Artgenossen ins Haupt- oder Nebennest transportieren. Dies dient zur Regulation der Mengenverhältnisse in den einzelnen Nestern.

All diese beeindruckenden Leistungen und Aufgabenteilungen, die ein Ameisenstaat vollbringen kann, werden als Schwarmintelligenz bezeichnet. Die einzelne Ameise ist neuronal sehr begrenzt ausgestattet und besitzt auch nur ein sehr überschaubares Verhaltens- und Reaktionsrepertoire. Gerade diese Begrenzung macht aber die erstaunliche Selbstorganisation von Ameisen erst möglich. Denn dadurch, dass die Ameisen ihre Aufgaben sehr zielgerichtet erledigen und nicht hinterfragen, behindern sie sich nicht untereinander, sondern unterstützen und ergänzen ihre Tätigkeiten. Auf diese Weise erschaffen sie im Verbund Nestkonstruktionen, die für eine einzelne Ameise absolut unmöglich wären. Das ganze System basiert nur auf einem regen Informationsaustausch zwischen den einzelnen Ameisen, der größtenteils über Pheromone stattfindet, die sie über ihre Antennen wahrnehmen können. Eine Oberbefehlshaberin, die alles leitet, gibt es nicht, das System organisiert sich also selbst. Die Natur selbst ist hier sozusagen das, was die Intelligenz besitzt.

Europäischer Maulwurf
(*Talpa europaea*)

SCHAUFELRADBAGGER MIT LEBENDFUTTER-KAMMER

Wie ein Schaufelradbagger legt er emsig mit seinen mächtigen Vorderpfoten ein rund zweihundert Meter langes Tunnelsystem an, samt unterirdischen Wohnräumen, wie Vorratskammer, Schlafzimmer und Brutkammer: der Maulwurf.

Sein Name bezieht sich keineswegs auf sein Maul, sondern stammt ursprünglich von dem alten Begriff »Molte«, was Erde bedeutet. Er ist also ein »Erdwerfer«. Sandige Böden meidet er, denn in ihnen fallen die Tunnel schnell zusammen. In wässrigen Böden ist das Graben wiederum für ihn zu anstrengend. Seine typischen Lebensräume sind Äcker, Wiesen und Wälder.

Der Maulwurf verbringt sein ganzes Leben unterirdisch und ist an dieses perfekt angepasst. Da wäre zunächst seine Größe: Mit nur zwei Zentimetern Körperhöhe nimmt er wenig Platz ein. Seine Augen und Ohren liegen gut geschützt unter seinem Fell. Die Augen sind sehr klein, sie haben sich im Laufe der Evolution zurückgebildet, denn unter der Erde würde er sowieso nichts sehen. Lediglich hell und dunkel kann er mit ihnen unterscheiden. Daher kommt auch die Redewendung »blind wie ein Maulwurf«. Auch die Ohren liegen unter dem dichten Fell verborgen und können mit einer Haut verschlossen werden. Im Gegensatz zum Sehsinn ist sein Hörvermögen jedoch ausgezeichnet ausgebildet. In seinem Gangsystem orientiert sich der Maulwurf mit seinem Geruchssinn, mit dem er Nahrung aufspürt. Zusätzlich helfen ihm feine Tasthaare im Gesicht und am

Schwanz, seine Umwelt zu erkunden. Seine lange und bewegliche Schnauze ist reich mit Tastsinneszellen ausgestattet, die ihn befähigen, nicht nur Tastreize, sondern auch elektrische Reize wahrzunehmen, die bei der Muskelbewegung seiner potenziellen Beutetiere entstehen. Darüber hinaus nimmt der Maulwurf auch kleinste Erschütterungen wahr.

Eine weitere Besonderheit sind seine Vorderpfoten, deren Innenflächen nach außen gedreht sind. Außerdem ist ein ehemals kleiner Knochen seines Handgelenks zu einem großen, langen Sichelbein umgebildet, das wie ein sechster Finger fungiert und ihm das Graben erleichtert. Kräftige Muskeln erlauben es ihm, Erdmassen, die das Zwanzigfache seines Körpergewichts ausmachen, zu bewegen. Ein emsiger Maulwurf schafft es so, bis zu sieben Meter Tunnelgänge pro Stunde zu graben. Der Erdaushub aus den Tunnelarbeiten wird am Ende der Tunnel ausgeworfen, sodass die allseits bekannten Maulwurfshügel entstehen. Bei optimalen Bodenbedingungen gelingt es einem Maulwurf, vier solcher Hügel pro Stunde anzulegen. Doch auch sumpfige oder durch Überflutungen gefährdete Gebiete kann der Maulwurf besiedeln. Hier legt er riesige Maulwurfshügel an, die im Volksmund auch »Sumpfburgen« genannt werden. Sie erreichen einen Durchmesser von bis zu hundertvierzig Zentimetern, sind rund siebzig Zentimeter hoch und bestehen aus bis zu fünfzig Kilogramm Erdaushub. In diesen Erdhaufen legt der Maulwurf nun raffinierterweise seine Wohnräume an und ist vor der Nässe geschützt. Die großen Erdmassen bieten zudem die notwendige Wärmeisolierung, ganz so, als wären sie unterirdisch.

Das Fell des Maulwurfs besteht nur aus Wollhaaren ohne Strich und ist daher besonders weich. Damit kann er in seinen engen Gängen gleich gut vorwärts wie rückwärts kriechen. Mit seinem Pelz verdichtet der Maulwurf automatisch die Tunnelwände, sodass Beutetiere nicht mehr so leicht wieder herauskommen. Die Luft unter der Erde ist sauerstoffarm, aber auch daran ist der Maulwurf optimal angepasst: Der Anteil des Sauerstoff transportierenden Hämoglobins ist in seinem Blut erhöht, und die Zellen werden ausreichend mit Sauerstoff versorgt. Dadurch ist der Stoffwechsel des Maulwurfs aber äußerst aktiv, und er braucht jeden Tag Nahrung: Täglich nimmt er etwa die Hälfte seines Körpergewichts zu sich. Schon nach etwas mehr als einem Tag ohne Nahrung stirbt der Maulwurf, da er fast keine Fettreserven aufbauen kann. Er ernährt sich insbesondere von Regenwürmern, kleinen Insekten, Larven und Lurchen. Entgegen landläufigen Meinungen ist der Maulwurf also kein Pflanzenschädling.

Seine Nahrungssuche ähnelt derjenigen der Spinne: Im stark verzweigten Tunnelsystem sitzt der Maulwurf in seinem Kessel und wartet auf Geräusche in seinem Labyrinth. Sobald er Insekten, Regenwürmer oder andere Tiere hört, die sein Gangsystem betreten haben, schlägt er zu und frisst die Beute oder legt sich Vorräte an. Nur wenn im Winter der Boden zu tief gefroren ist, jagt der Maulwurf auch über dem Boden, zunächst aber versucht er einfach tiefer in der Erde sein Glück. Der Maulwurf hält keinen Winterschlaf. Den Wintervorrat bilden vor allem Regenwürmer. Ihnen beißt er ganz clever in die Kopfregion, sodass sie gelähmt sind und sich nicht mehr bewegen können, aber dennoch weiterleben. Es wurden schon Vorratskammern mit über eintausendzweihundert Regenwürmern gefunden, was einem Gesamtgewicht von zwei Kilogramm entspricht.

In einem Tunnelsystem lebt immer nur ein Maulwurf, denn nur zur Paarungszeit, zwischen März und April, finden Männchen und Weibchen zusammen. Dazu verlassen männliche Maulwürfe ihren Bau und gehen auf Wanderschaft, um ein Weibchen zu finden. Dabei beweisen sie sich als erstaunlich gute Kletterer und Schwimmer. Einen Monat nach der Paarung bringen die Weibchen die Jungen auf die Welt. Die kuschelig warme Kammer ist mit Laub und Gras gepolstert, und vier bis fünf junge Maulwürfe finden in ihr Platz. Als Nesthocker sind die Jungen von der Mutter abhängig und werden zwischen vier bis sechs Wochen lang von ihr gesäugt. Nach sechs bis zwölf Monaten erreichen die jungen Maulwürfe die Geschlechtsreife und gründen ihr eigenes Tunnelsystem. Interessanterweise tragen weibliche Maulwürfe auch männliches Hodengewebe in ihren Eierstöcken. Obwohl sie wie alle weiblichen Säugetiere zwei X-Chromosomen besitzen, besteht das Geschlechtsorgan der weiblichen Maulwürfe aus beiden Gewebearten. Durch das Hodengewebe zirkuliert im Körper von weiblichen Maulwürfen fast ebenso viel Testosteron wie bei den Männchen. Maulwurfweibchen sind in diesem Sinne intersexuell. Dennoch funktionieren sie als fruchtbare Weibchen, denn das Hodengewebe produziert zwar Testosteron, aber keine Spermien. Tiere mit erhöhten Werten jenes Hormons im Blut bilden mehr Muskelmasse aus und sind aggressiver, was anscheinend ein Vorteil für die Einzelgänger ist.

Da es im Leben eines Maulwurfs aufgrund seiner unterirdischen Lebensweise immer dunkel ist, ist er im Unterschied zu anderen Säugetieren keinem ausgeprägten Tag-Nacht-Rhythmus unterworfen. Vielmehr hat er einen acht Stunden anhaltenden Schlaf-Wach-Zyklus und geht dreimal am Tag schlafen. So ist er immer etwa vier Stunden wach und schläft dann wieder vier Stunden.

Zu Beginn des zwanzigsten Jahrhunderts wurden Maulwürfe noch stark wegen ihres Fells gejagt. Da Maulwurfhaare bei starker Benutzung aber ausfallen, kamen die Maulwurfpelze zum Glück rasch wieder aus der Mode. Durch ihre bodenwühlenden Aktivitäten verursachen Maulwürfe Veränderungen in der Bodenstruktur und ermöglichen so vielen konkurrenzschwachen und lichtabhängigen Pflanzen eine Ansiedlung, wie etwa dem Wiesen-Sauerampfer, den man häufig in der Umgebung solcher Störstellen in der Vegetationsdecke findet. Auf diese Pflanzen sind wiederum andere Tiere spezialisiert. So dient der Wiesen-Sauerampfer etwa der Raupe des Kleinen Feuerfalters als Hauptnahrungspflanze. Maulwürfe sind also wertvolle Ökosystem-Ingenieure, die die Artenvielfalt erhöhen. Mittlerweile ist der Maulwurf gesetzlich unter Schutz gestellt und darf weder gefangen noch mit Fallen und Gift getötet werden. Außerdem sollte man bitte keine Maulwurfshaufen platttreten, denn dann bekommt der Maulwurf zu wenig Sauerstoff. Ästhetik ist immer auch etwas Subjektives, eine ankonditionierte Ansichtssache. Wir sollten die Maulwurfshügel als kleine kostenlose Land-Art-Kunstinstallationen ansehen und uns ihrer erfreuen.

Siebenschläfer
(*Glis glis*)

FROSTSCHUTZ-STRATEGIEN

Wenn die Tage kürzer werden und die Temperaturen sinken, klopft der Winter mit seinem erbarmungslosen Frost an die Tür. Um während der Wintermonate nicht zu erfrieren oder zu verhungern, haben viele Tiere raffinierte Strategien entwickelt.

Viele Vögel machen es ganz clever, sie entfliehen einfach dem lebensfeindlichen Winter, in dem sie kaum mehr Nahrung finden würden, verlassen ihre Brutgebiete und ziehen in den warmen Süden, wo es noch genug zu fressen gibt. Neben diesen Zugvögeln, wie etwa dem Kranich oder den Störchen, gibt es aber auch einige hartgesottene Genossen, sogenannte Standvögel, die den eisigen Winter bei uns ausharren. Vögel, die im Sommer vor allem Insekten fressen, steigen dann im Winter auf Samen und Körner um. So finden sie ausreichend Nahrung. Als »gleichwarme« Tiere müssen Vögel versuchen, ihre Körpertemperatur, die zwischen achtunddreißig und zweiundvierzig Grad Celsius liegt, aufrechtzuerhalten. Um dies zu gewährleisten, plustern sie ihr Gefieder so stark auf, dass sie wie eine dicke, runde Federkugel aussehen. Denn eine Kugel besitzt im Verhältnis zum Körpervolumen die geringste Oberfläche, über die somit auch am wenigsten Wärme verloren geht. Da Luft ein guter Isolator ist, wirkt das Gefieder dann zudem wie eine dicke Daunenjacke mit Warmluftpolster.

Doch warum frieren unsere gefiederten Freunde nicht an ihren nackten Beinchen? Dies verhindert ein raffiniertes Wärmeaustauschsystem. Im sogenannten »Wundernetz« der Vogelbeine liegen Blutgefäße dicht nebeneinander. Das warme Blut strömt über Arterien vom Körperinneren in Richtung der Füße. Dabei fließt es sehr nah an den Adern vorbei, die das abgekühlte Blut aus den Füßen wieder zum Körper zurückführen. So erwärmt das warme Blut das kalte, und es geht kaum Körperwärme verloren. Deshalb kühlen zum Beispiel Enten nicht aus, wenn sie im Winter auf dem Eis stehen. Die Füße sind dennoch gut durchblutet, allerdings mit kaltem Blut, das im Winter nur wenige Grad über null ist. Zudem schmilzt so auch nicht das Eis unter den Füßen der Enten weg: Das könnte zu einem Festfrieren führen.

Neben Zug- und Standvögeln gibt es noch sogenannte Strichvögel, die die Winter zwar in der Nähe ihrer Brutgebiete verbringen, ungünstigen Witterungszonen jedoch kleinräumig ausweichen. Andere Vogelarten sind Teilzieher. Das heißt, dass ein Teil der Population hierbleibt und ein anderer Teil im Winter wegzieht. Dazu gehören etwa Arten wie Buchfink, Star oder Rotkehlchen. Generell bleiben jedoch immer mehr Vögel im Winter in ihren Bruthabitaten, begünstigt durch die menschliche Zufütterung und die steigende Klimaerwärmung. Denn Zugvogel zu sein hat einen hohen Preis, und je nach Jahr überleben dreißig bis siebzig Prozent der Vögel die lange Reise nicht. Man geht sogar davon aus, dass wir in fünfzig bis hundert Jahren keine Zugvögel mehr haben werden, da es immer wieder auch Individuen in jeder Art gibt, die zugfaul sind und versuchen, den Winter hier zu überstehen. So kann man zuweilen auch klassische Zugvogelarten, wie etwa einen Weißstorch, im tiefsten Winter hier antreffen. Überleben aufgrund der globalen Erwärmung immer mehr Individuen, würde sich diese Zugverdrossenheit schnell durchsetzen, und Fernreisen wären out. Denn die Vorteile für den Vogel, der den Winter übersteht, liegen auf der Hand: Er würde sich so den mit Energie, Zeit und Risiko verbundenen Zug sparen, könnte die besten Brutplätze vor allen anderen Artgenossen besetzen und sogar mehrfach im Jahr brüten. Die Gene der Reisemuffel würden so rasch weitergegeben, und der Zugtrieb erlösche. Mikroevolution nennt man das: Evolution im Zeitraffer.

Für alle ungefiederten Tiere stellt der Winter allerdings noch eine größere Herausforderung dar. Der Boden ist hart gefroren und teilweise von Schnee bedeckt, Essbares ist für viele Tiere kaum noch zu finden. Die Natur hat für die schwierige Zeit eine simple, aber auch geniale Strategie entwickelt: Viele Säugetiere verschlafen einfach den lebensfeindlichen Winter in kuscheligen Höhlen. Bereits im Spätsommer fangen die Winterschläfer, wie Murmeltier, Igel und Mäuse, an, sich ordentliche Fettpolster anzufuttern. Während des Winterschlafs nehmen sie dann keine Nahrung mehr auf und verlangsamen drastisch Atmung, Herzschlag und Stoffwechsel, um Energie zu sparen. So fällt auch die Körpertemperatur der Säugetiere enorm. Der Igel etwa senkt seine Körpertemperatur während des fünfmonatigen Winterschlafs von dreiunddreißig Grad auf eineinhalb Grad herab, seinen Herzschlag von dreihundert auf nur noch achtzehn Schläge pro Minute.

Ein größerer Langschläfer ist der Siebenschläfer, ein zu den Bilchen gehörendes Nagetier, das seinen Namen dem langen Winterschlaf verdankt. Dabei schläft er in der Regel sogar länger als sieben Monate, von September bis Mai. Siebenschläfer vergraben sich bis zu einem Meter unter der Erde und sind hier gut vor dem Frost geschützt. Dabei senken sie ihren Puls auf fünf Schläge pro Minute. Erwachen sie aus ihrem Winterschlaf und finden kaum Baumfrüchte, so kann es sein, dass sie sogar nach kurzer Zeit gleich wieder in den Winterschlaf verfallen und so ganze elf Monate des Jahres verschlafen können. Denn Siebenschläfer ernähren sich hauptsächlich von ölhaltigen Baumfrüchten wie Bucheckern. Nur wenn es in verschwenderischen Mastjahren der Bäume genug zu fressen gibt, pflanzen sie sich fort. Das kann dann auch mal zu einer Nachwuchspause von mehreren Jahren führen. Denn nur wenn es genügend nahrhafte Bucheckern gibt, haben die Jungen überhaupt eine Chance, sich genügend Fettpolster anzufressen, um so ihren ersten Winter zu überleben. Siebenschläfer sind verblüffenderweise überhaupt nur in solchen Mastjahren befruchtungsfähig. Alleine in Jahren mit gutem Nahrungsangebot zur Herbstzeit sind bereits im Frühjahr die Hoden der Männchen deutlich vergrößert und zeugungsfähig. Woher sie schon im Frühjahr wissen, dass es ein Mastjahr wird, und wie diese vorausschauende Steuerung bei den Siebenschläfern zustande kommt, ist wissenschaftlich noch ein Rätsel.

Auch das in Gebirgen lebende Murmeltier ist ein wahrer Langschläfer, das bis zu neun Monate in kuscheligen Gruppen verschläft. Sein Herz schlägt statt hundertmal nur noch zwei- bis dreimal pro Minute, und Atempausen können bis zu einer Stunde betragen. Zwischen den Schlafphasen wachen die Winterschläfer immer mal wieder kurz auf, um ihre Schlafposition zu ändern und Darm und Blase zu entleeren.

Es gibt auch Tiere, die anstatt eines Schlafes eine sogenannte Winterruhe halten. Zu ihnen zählen der Bär, das Eichhörnchen oder der Maulwurf. Diese Tiere haben sich weniger Winterspeck angefressen beziehungsweise einen Vorrat gesammelt. Im Vergleich zu den Winterschläfern sinken Körperfunktionen und Körpertemperatur nicht ganz so drastisch herab. Sie erwachen öfter aus ihrer Ruhe, um Nahrung zu sich zu nehmen, die sie etwa wie das Eichhörnchen sorgsam versteckt haben. Sollte es aber besonders kalt sein oder ein extremer Mangel an Nahrung bestehen, fallen sie in eine tiefere Ruhe, um so Kräfte zu sparen und nicht zu verhungern.

Neben den Tieren, die ruhen und schlafen, gibt es noch eine weitere Gruppe von Tieren, die in eine sogenannte Winterstarre fallen; hier werden alle Lebensvorgänge auf null heruntergefahren. Dazu gehören Insekten, Amphibien, Reptilien sowie einige Fische. Da sie »wechselwarme« Tiere sind, sinkt ihre Körpertemperatur mit der Außentemperatur völlig herab. Frösche vergraben sich im Schlamm oder suchen sich ein geeignetes Erdloch, Fische erstarren im Wasser, und Insekten suchen unter Baumrinden Unterschlupf oder überdauern geschützt und inaktiv im Eigelege, als Larve eingebohrt im Baumholz oder eingegraben im Boden den Winter. Wechselwarme Tiere können ihren Körper nicht selbst erwärmen, nur mit dem Ansteigen der Außentemperatur erwachen sie wieder »zum Leben«. Dauert die Phase der Starre jedoch zu lange an oder erreicht der Winter zu tiefe Temperaturen, sterben sie und erwachen nicht mehr durch die wärmenden Sonnenstrahlen des Frühlings.

Viele Amphibien, Fische und Co. überdauern den frostigen Winter am Boden eines Gewässers. Dass dies möglich ist, verdanken sie einer besonderen physikalischen Eigenschaft des Wassers: Wasser hat bei etwa vier Grad seine höchste Dichte und sinkt deshalb zu Boden, kälteres Wasser dagegen ist leichter, bleibt an der Oberfläche und gefriert zu Eis. Dieser Umstand schützt das relativ wärmere Tiefenwasser vor einer weiteren Abkühlung und bietet so einen erträglichen Überwinterungsraum für die bei uns heimischen Wassertiere.

Manche Frösche und Insekten frieren gar im Winter mit ihrer Umgebung ein, ohne dabei zugrunde zu gehen. Normalerweise ist Frost tödlich: Friert das Wasser in Zellen und Gewebe der Organismen, bilden sich Eiskristalle, die die Zellstruktur sprengen. Manche Tiere besitzen jedoch eine Art Frostschutzmittel, das zum Beispiel aus Glukose besteht. Diese Anti-Frost-Moleküle haften sich an das Kristallgitter und ziehen freie Wassermoleküle an, die sich nun nicht mehr an der Kristallstruktur beteiligen können. Dieses Prinzip ist uns vom Salzstreuen auf den Straßen bekannt. So können Frösche auch Temperaturen weit unter dem Gefrierpunkt überstehen. Der Zitronenfalter toleriert gar Temperaturen bis unter zwanzig Grad. Zum einen hat er Glyzerin als körpereigenes Frostschutzmittel. Damit kann die Körperflüssigkeit kaum gefrieren. Der zweite Trick ist, dass der Zitronenfalter zu Beginn des Winters einen Teil seiner Körperflüssigkeit ausscheidet. Er trennt sich von allem Wasser, das er nicht unbedingt für seine Lebensvorgänge braucht. Wo kein Wasser ist, kann dann auch nichts gefrieren.

Diesen Trick nutzt auch die Raupe des Kleinen Eisvogels, einer heimischen Tagfalterart. Sie spinnt sich im Spätherbst mit Spinnfäden ein Tütchen aus Blättern zusammen und setzt sich hinein. Dann trocknet sie aus und übersteht so den Winter. Im Frühjahr saugt sie sich mit Wasser voll und beginnt, wieder zu fressen.

Kleiber
(Sitta europaea)

VON LEHMBAUERN, JESU BLUT, TURTELNDEN TÄUBCHEN UND MEERESRABEN

Der Kleiber kann als einzige heimische Vogelart kopfüber einen Baumstamm herunterlaufen. Dieses Kunststück verdankt er seiner besonderen Fortbewegungsmethode: Er setzt beide Beine rasch hintereinander, sodass sich immer abwechselnd ein Fuß mit den kräftigen Krallen festhält und der andere nachgezogen wird. In Rindenritzen und unter Flechten stochert er nach Insekten und Spinnen. Größere Insekten klemmt er in Rindenspalten, um sie besser verspeisen zu können. Auch größere Baumfrüchte wie Eicheln und Bucheckern zerkleinert er so schnabelgerecht. Findet er Nahrung im Überfluss, legt er Vorratslager an, indem er etwa Samen in Rindenspalten versteckt. Kleiber brüten in Baumhöhlen, die sie jedoch nicht selbst zimmern können. Sie beziehen ehemalige Spechthöhlen und mögen es dabei geräumig. Um größere Wohnraumkonkurrenten und Feinde auszusperren, zeigen Kleiber ein einzigartiges Verhalten in unserer heimischen Vogelwelt: Mit feuchtem Lehm kleben sie die Höhlenöffnung bis auf einen Durchmesser von ungefähr drei Zentimetern zu, sodass nur noch sie selbst hindurchpassen. Daher stammt ihr Name, denn Kleiber nannte man früher Handwerker, die im Hausbau Lehmwände bauten.

Rotkehlchen zeigen wenig Scheu vor uns Menschen, denn sie halten uns für große Weidetiere, die für sie köstliche Insekten aufscheuchen. Deshalb kann man sie oft aus nächster Nähe beobachten. Rotkehlchen sind eng mit virtuosen Arten wie der

Nachtigall verwandt. Dies erkennt man gut an ihrem variationsreichen Gesang mit bis zu zweihundertfünfundsiebzig Motiven, der sogar im Winter zu hören ist. Auch Weibchen singen und verteidigen eigene Reviere außerhalb der Brutsaison. Das Rotkehlchen ist bekannt für seine Reinlichkeit und badet jeden Tag, im Winter notfalls auch auf Eis. Rotkehlchen brüten in Bodennähe. Da die Nestlinge hier leichte Beute für Räuber sind, rühren sie sich bei Erschütterungen des Nestes nicht. Erst ein leise schnatternder Fütterruf des Altvogels löst wie ein geheimes Passwort das Aufsperren der Schnäbel aus. Der wissenschaftliche Name Rubecula ist die Verniedlichungsform von Rot: »Rötchen«. Seine rote Färbung verdankt der Vogel, dem Volksglauben nach, Jesus Christus höchstpersönlich: Der Vogel weinte, als er die stacheligen Dornen sah, die Jesu Haupt durchbohrten, der voller Schmerz am Kreuz hing. Daraufhin flog das Rotkehlchen zum Kreuz und löste einen Dorn aus der Krone. Dabei wurde seine Brust mit Jesu Blut besprenkelt.

Turteltauben heißen lautmalerisch nach ihrem »Turr turr«-Gurren. Zwei frisch verliebte Menschen nennt man auch Turteltauben, inspiriert von den zärtlichen Bewegungen, dem sanften Gurren und der wochenlangen Zweisamkeit eines Taubenpärchens. Turteltauben ernähren, wie alle Tauben, ihre Jungen mit speziell produzierter Kropfmilch, die sie schon auf dem Flug zum Nest aus den gesammelten Wildkräuter- und Baumsamen bilden: ein Unikum in der Vogelwelt. Dadurch wachsen die Jungen rasant. Die Turteltaube ist unsere kleinste heimische Taubenart, sie wird nur etwas größer als eine Amsel. Früher wurden Turteltauben häufig als Ziervögel gehalten. Zum einen aufgrund der Schönheit ihres Gefieders, zum anderen besagte ein Aberglaube, dass sie Krankheiten der Besitzer an sich ziehen und diese daraufhin gesunden. Als einzige Langstreckenzieherin unter unseren heimischen Taubenarten verbringt sie ihren Winter in Afrika. Doch durch Bejagung ist sie auf ihrem Zugweg massiv gefährdet. Millionen Turteltauben müssen jedes Jahr im Mittelmeerraum ihr Leben lassen. Auch die Intensivierung der Landwirtschaft ließ ihre Bestände hierzulande seit 1980 um neunzig Prozent einbrechen.

Der deutsche Name des Kormorans stammt von dem altfranzösischen »cormareng«, was so viel wie »Meerrabe« oder »Wasserrabe« heißt. Seine smaragdgrünen Augen erinnern an Edelsteine. Ein Kormoran ist ein Meistertaucher: Bis zu neunzig Sekunden lang und dreißig Meter tief kann er tauchen und erbeutet dabei pro Tag dreihundert bis fünfhundert Gramm Fisch. Um so tief tauchen zu können, saugen sich die äußeren Teile seiner Flügelfedern mit Wasser voll. Deshalb muss er sein durchnässtes Gefieder nach jedem Tauchgang von Wind und Sonne trocknen lassen, um wieder flugfähig zu sein. Dazu breitet er in charakteristischer Haltung auf einem sicheren Ruheplatz seine Flügel aus. Auch seine Knochen sind aus diesem Grund schwerer als bei anderen Vögeln, sie enthalten weniger Lufteinschlüsse. Man kann dies auch gut beim Schwimmen erkennen: Sein Körper liegt tief im Wasser, während der Schnabel schräg nach oben zeigt. Kormorane nisten gewöhnlich in großen Kolonien auf Bäumen. Ihr saurer Kot führt rasch zu einem Absterben der Koloniebäume. Der Kormorankot, der Guano, wird mancherorts als natürlicher Kunstdünger gewonnen, da er aus den Resten der Fischmahlzeiten besteht und somit reich an Stickstoff und Phosphor ist. Schon die Inka nutzten Guano zur Steigerung des Ertrags in der Landwirtschaft. Vor allem von der Westküste Südamerikas wurden Mitte des neunzehnten Jahrhunderts mehrere Millionen Tonnen Guano nach Europa abtransportiert. Die Bestände des Kormorans sind durch massive menschliche Verfolgung enorm dezimiert. Im mitteleuropäischen Binnenland war er zeitweise fast ausgerottet. Sein Bestand erholt sich jedoch in den letzten Jahrzehnten wieder deutlich.

Westliche Honigbiene
(*Apis mellifera*)

TIERISCHE NAVIGATIONSSYSTEME

Eine Grundeigenschaft von Tieren ist es, sich auf ganz unterschiedliche Art und Weise zu bewegen und nicht wie Pflanzen an einem Standort zu verweilen. Dadurch können sie zu Orten gelangen, die ihnen mehr Vorteile bieten. Gründe für solche Bewegungen sind etwa die Aussicht auf bessere Nahrungsquellen, Partner oder bessere klimatische Bedingungen. Spannend ist, mit welch unterschiedlichen Methoden Tiere navigieren und sich dabei orientieren. Einige solcher Fähigkeiten haben wir auch, andere sind uns aber vollkommen fremd, wie zum Beispiel der Bienentanz oder der biologische Kompass der Zugvögel.

Honigbienen können sich alleine mithilfe einer inneren Landkarte orientieren, die sie sich durch Erinnerungen und Zusammenfügen von Landmarken im Kopf zusammenbasteln. So finden sie immer wieder ihren Stock. Zusätzlich verfügen Bienen über einen Sonnenkompass. Dieser spielt eine wichtige Rolle, um ihren Stockgenossinnen die Entfernung und Richtung einer zuvor entdeckten Nahrungsquelle mitzuteilen. So unglaublich es klingt, aber eine Biene beschreibt ihren Mitbewohnerinnen den Weg zu neu entdeckten Blütenpollen, indem sie ein komplexes Tänzchen aufführt. Ist die Futterquelle weniger als hundert Meter entfernt, tanzt sie den sogenannten »Rundtanz«: immer im Kreis herum. In welcher Richtung sich die Nahrung befindet, gibt sie dabei nicht an. Je länger die Biene jedoch tanzt, desto ergiebiger ist die Futterquelle.

Bei weiter Entfernung führt sie den komplexen »Schwänzeltanz« auf, und schwingt mit dem Hinterteil hin und her. Mehrere Schritte schwingend geradeaus bezeichnen die Richtung der Futterquelle. Bei ihrem Tanz nutzt die Biene die Sonne als Kompass.

Auch mithilfe von Sternen, Mond und dem Magnetfeld der Erde können Tiere unabhängig von Landmarken ihr Ziel ansteuern. Nachtziehende Zugvögel und vermutlich noch andere nachtaktive Tiere besitzen zum Beispiel einen Sternenkompass. Hierbei dient der Polarstern als Fixpunkt, um den sich von der Erde aus gesehen alle anderen Sterne scheinbar drehen. Strandflohkrebse besitzen einen angeborenen Mondkompass. Tagsüber benutzen sie die Sonne und bei Nacht den Mond, um auf Stränden Zonen mit optimaler Nahrungsverfügbarkeit aufzusuchen.

Vor allem von Zugvögeln wird das Magnetfeld der Erde als Kompass benutzt. Seine Feldlinien verlassen die Erde am nördlichen Magnetpol und treten am südlichen wieder in sie ein. Anhand der Richtung und Neigung der Feldlinien können sich die Tiere orientieren.

Vögel, die einen Magnetkompass benutzen, können über lichtabhängige Zellen im Auge die Ausrichtung des Erdmagnetfeldes erkennen. Hierbei richten sich Moleküle relativ zur Richtung des Magnetfeldes aus. Im Oberschnabel von Tauben etwa fand man viele winzige Kristalle, die sensibel auf magnetische Reize reagieren. Über die örtlich recht unterschiedlichen Stärken und Neigungswinkel der magnetischen Feldlinien relativ zur Erdoberfläche können sie sich mit diesem »Magnetsinn« im Raum orientieren. Sie erzeugen quasi eine mentale »geomagnetische Landkarte« auf ihren bekannten Routen, anhand derer sie sich dann später wieder orientieren können. Mittels des im blauen Lichtspektrum sensitiven Proteins Cry4 können Vögel aber tatsächlich die Feldlinien auch optisch wahrnehmen.

Manche Vogelarten orientieren sich, selbst wenn man äußerlich keine Nase erkennt, mit ihrem Geruchssinn. Auch Vögel haben zwei, unter den Federn versteckte Nasenlöcher. Diese haben aber nichts mit den beiden Löchern zu tun, die manche Arten auf dem Schnabel tragen und die der Atmung dienen. Vögelgehirne weisen viele Geruchsrezeptoren auf, mit denen sie verschiedene Duftstoffe sehr gut erkennen können. Es gibt Geierarten, die damit aus großer Entfernung verwesende Tiere ausfindig machen können. Seevögel können dank des Moleküls Dimethylsulfid, das von Plankton gebildet wird, ergiebige Nahrungsgebiete erriechen. Weißstörche jagen mit Vorliebe auf frischgemähten Wiesen hinter den Landmaschinen aufgeschreckte Mäuse, Amphibien und Großinsekten. Solche Storchen-Schlaraffenländer finden sie dank ihres Geruchssinnes. Steht der Wind gut, können sie den Duft von frischgemähtem Gras selbst aus etlichen Kilometern Entfernung noch wahrnehmen.

Flussaale kannte man lange nur als ausgewachsene Tiere. In unseren Flüssen fand man einfach keine Jungtiere. Ihre Herkunft blieb deshalb ein großes Rätsel und führte in früherer Zeit gar zu der fantasiereichen Vermutung, Aale gingen aus den Schwanzhaaren von Pferden hervor. Erst nachdem man entdeckt hatte, dass Jungtiere vom Meer in unsere Flüsse schwammen und die geschlechtsreifen Tiere von den Flüssen ins Meer zogen, suchte man dort nach dem Laichplatz der Tiere. Man fand ihn tatsächlich, jedoch im Atlantischen Ozean an der Ostküste Amerikas, um die fünftausendfünfhundert Kilometer von Europas Küsten entfernt. Von diesen Kinderstuben ziehen die Jungaale nach Europa. Wenn sie die Flüsse hier erreicht haben, sind die Aale schon etwa vier Jahre alt. Sie finden den Weg hierhin mithilfe der Magnetfeldlinien. Wenn sie zur Küste gelangen, hilft ihnen die beste Nase im Tierreich, weiter die entsprechenden Flussmündungen zu finden.

Fledermäuse und Wale orientieren sich mithilfe eines Biosonars. Sie stoßen Schallwellen über ihren Mund oder ihre Nase aus, deren Echo sie die Welt über ihre Ohren »sehen lässt«, auch in absoluter Dunkelheit.

Spinnen nehmen ihre Umgebung über Erschütterungen, Geräusche und Düfte war. Zum Sehen haben die meisten Spinnen gleich acht Augen, die in zwei oder drei Reihen angeordnet sind. Mit den beiden Hauptaugen erkennen sie Bilder und nehmen wahrscheinlich auch Farben wahr. Die Nebenaugen bestehen aus lichtempfindlichen Zellen. Damit registrieren Spinnen Bewegungen. Obwohl eine Spinne keinen beweglichen Kopf hat, kann sie durch die obere und seitliche Anordnung der drei Nebenaugenpaare nahezu einen Rundumblick erhalten. Bei der Jagd von Springspinnen greifen die Funktionen der einzelnen Augen wie Zahnräder eines Uhrwerks ineinander. Zuerst registrieren die hinteren Seitenaugen eine Bewegung. Mit den Mittelaugen nimmt die Spinne das Opfer wie mit einem Fernglas ins Visier. Nun kann sie dank der Vergrößerung erkennen, ob es sich um lohnende Beute handelt. Ist dies der Fall, schleicht sie sich an, und die vorderen Seitenaugen kommen ins Spiel. Mit ihnen kann sie den Abstand zur Beute bemessen. Sobald ein Sprung möglich ist, hüpft sie los und startet ihre Attacke.

Wolfsspinnen sind Lauerjäger. Sie bewohnen Erdhöhlen, die sie mit Spinnseide auskleiden. Sobald Beute ihr Versteck passiert, rennt die Wolfsspinne los, verfolgt die potenzielle Mahlzeit, ergreift sie und schleppt sie auf direktem Weg in ihre Höhle zurück. Doch wie schafft sie es, den schnellsten Weg zurück zu finden, auch wenn sie bei der rasanten Verfolgungsjagd zickzack und Kreise gelaufen ist? Wir kennen dieses Problem, etwa wenn wir uns an nebligen Tagen im Watt verirren oder beim Pilzesammeln im Wald die Orientierung verlieren. Wir bräuchten einen Kompass, um den direkten Weg wiederzufinden. Der Kompass der Spinne ist polarisiertes Licht. Ihre Mittelaugen erkennen die Polarisationsmuster des Sonnenlichts. Doch erst in Kombination mit einem inneren Entfernungsmesser »rechnet« das Navigationssystem der Spinne den direkten Weg zum Versteck aus. Diese Streckenmessung übernehmen ihre Seitenaugen.

Viele Insekten verfügen über die Fähigkeit des UV-Sehens. Diese Spektralempfindlichkeit in dem sehr kurzwelligen Bereich des Sonnenlichts nutzen etwa Bienen, um sich auch an bewölkten Tagen am Polarisierungsmuster des Himmels zu orientieren. Denn das Sonnenlicht wird in der Atmosphäre gebrochen und reflektiert, es ist also polarisiert. Da Licht eine Welle ist, entstehen bei der Brechung für Bienen sichtbare Kreise um die Sonne. Diese Kreise stehen im rechten Winkel zu der Richtung, in der die Sonne steht. Bienen brauchen also nur nach oben zu schauen und können dank ihres Sehvermögens im UV-Bereich diese Polarisationsmuster am Himmel wahrnehmen. So wissen sie blitzschnell, wo gerade die Sonne steht, auch wenn man sie vor lauter Wolken nicht sehen kann. Auch bei der Nektarsuche profitieren sie von dieser Fähigkeit, da viele Blüten mit einem speziellen UV-Muster reiche Beute in den Blütenkelchen signalisieren. Früchte reflektieren im reifen Zustand im UV-Bereich deutlich stärker als unreife. Deshalb orientieren sich fruchtfressende Reptilien oder Vögel bei der Suche nach ihnen vor allem mithilfe des UV-Lichts. Aber auch bei der Partnerwahl spielt UV-Licht bei einigen Vogelarten eine Rolle: So weist das Gefieder unter UV-Licht bei manchen Arten ein besonderes Muster auf. Diese UV-Reflexionen geben Aufschluss über die Fortpflanzungsfähigkeit des Partners. Für uns Menschen sehen Herr und Frau Blaumeise relativ identisch aus. Schaut man sie sich aber mal unter einer Schwarzlichtlampe an, so sieht man das Männchen zur Brutzeit hell leuchten. Je strahlender seine Farben, desto fitter ist es, und umso höher ist auch die Wahrscheinlichkeit, dass es gesunde Nachkommen zeugen kann.

Gemeine Ameisenjungfer
(*Myrmeleon formicarius*)

MÖRDERGRUBEN IM SAND

Bei Wanderungen durch die wunderschöne Lüneburger Heide konnte ich vielerorts merkwürdige kreisförmige Trichter im Sand entdecken. Bei genauer Betrachtung erspähte ich zwei gefährlich anmutende Zangen am Grund des Bauwerks. Sie gehören einem skurrilen Wesen: dem Ameisenlöwen.

Der Ameisenlöwe ist jedoch nicht das erwachsene Insekt, sondern die räuberische Larve der libellenhaften Ameisenjungfer, die zu den Netzflüglern gehört. Der etwa eineinhalb Zentimeter große Minilöwe fängt Ameisen und andere kleine Tiere wie Asseln, Spinnen oder Tausendfüßler mit einer verblüffenden Methode: Er baut im sandigen Boden raffiniert konstruierte Trichterfallen. So konnte er seine ganz eigene ökologische Nische besiedeln. Schon Plinius, ein altrömischer Gelehrter, bezeichnete diese martialischen Kessel als »Mördergruben«. Zum Trichterbau benötigt der Ameisenlöwe etwa eine halbe Stunde. Zunächst wird dazu ein runder Graben gebuddelt, den er dann immer mehr nach innen vertieft. Dazu schleudert er mit seinen kräftigen Zangen Sand bis zu dreißig Zentimeter weit weg. Der Trichter muss so steil sein, dass lockerer Sand sich sofort in Bewegung setzt, wenn ein Insekt darauf tritt. Dieser sogenannte Reibungswinkel beträgt bei Sand in etwa dreißig Grad.

Wenn ein Beutetier den Trichterrand übertritt, gibt es so kein Zurück mehr, da es mit dem lockeren Sand der steilen Trichterhänge zum Grund rutscht. Nähert sich ein Beutetier dem

Rand der Grube oder versucht zu fliehen, so bewirft der Ameisenlöwe das Opfer gezielt mit Sand. Dies tut er aber nicht, um das Beutetier auszuknocken, sondern, um sein Abrutschen zu fördern. Am Boden des Trichters wartet eingebuddelt der gefräßige Ameisenlöwe mit seinen kräftigen Kieferzangen, die auf der Innenseite zusätzlich mit spitzen Greifdornen versehen sind. Damit packt er seine Beute und injiziert ihr zunächst ein lähmendes Gift, sodass sie nicht mehr fliehen kann. Danach bekommt sie eine Dosis Verdauungssaft, der ihr Inneres in Brei verwandelt. Diese Flüssignahrung saugt der Ameisenlöwe darauf aus. Die leere Hülle wird anschließend aus dem Trichter hinausgeworfen.

Die Körper-Außenhülle eines Ameisenlöwen ist nahezu vollständig geschlossen. Ausscheidungen gibt es nicht, da die Nahrung vollständig verwertet wird. Somit kann zum einen kein Sand in seinen Körper eindringen, zum anderen wird so der Verlust von Wasser in seinem trocken-heißen Lebensraum verhindert. Der Trichter dient dem Ameisenlöwen zudem als Hitzeschutz, da die in Richtung der Sonne liegende Wand in einem flacheren Winkel beschienen wird und sich deshalb nicht so stark aufheizt. Sein Körper ist mit Borsten überdeckt, die alle nach vorne gerichtet sind. Dadurch fixiert der Ameisenlöwe seinen Körper wie einen Pfropfen im lockeren Sand. Zudem lagern sich zwischen den Haaren Sandkörner ab, sodass er perfekt getarnt ist.

Die Killer-Larven häuten sich zwei Mal, bis sie sich unterirdisch in einen Kokon einspinnen und verpuppen. Die gesamte Entwicklung dauert etwa zwei Jahre. Im Sommer schlüpft dann die erwachsene Ameisenjungfer, die wie bei vielen anderen Insekten ganz anders aussieht als ihre Larve. Man mag kaum glauben, dass das filigrane und grazile Fluginsekt dasselbe Tierindividuum ist wie der bullige Ameisenlöwe.

Die Vorstellung eines im Sand verborgenen Lauerjägers hat

schon in der Antike und im Mittelalter die Fantasie der Menschen angeregt. So finden sich zahlreiche Mythen aus dieser Zeit und biblische Erwähnungen. Heutzutage sind es Filmmonster, deren Entstehung gelegentlich durch Ameisenlöwen inspiriert wurde. Ein bekanntes Beispiel ist der Sarlacc in »Star Wars: Episode VI – Die Rückkehr der Jedi-Ritter«, ein uraltes menschenfressendes Monster, das in einem Trichter eingegraben in der Wüste lebt und nach außen nur sein zahn- und tentakelbewehrtes Maul zeigt. Neben weiteren »Hollywoodauftritten« ist der Ameisenlöwe auch Inspirationsquelle für Charaktere vieler Computerspiele, wie etwa Final Fantasy oder Pokémon.

Hummel-Ragwurz (*Ophrys holoserica*)

DIE TÄUSCHUNGS-BLUMEN

Mit etwas Glück findet man in unseren Gefilden eine wunderschöne Orchidee mit prachtvollen Blüten: eine Ragwurz. Betrachtet man ihre farbenfrohen, großen Blüten genauer, meint man, in ihrer Mitte ein sitzendes Tier zu erkennen. Doch dies ist nur Teil ihrer raffinierten Bestäubungstaktik. Denn die Blütenlippe bildet ein weibliches Insekt nach. Männliche Insekten lassen sich täuschen und übertragen den Pollen während einer sogenannten Pseudokopulation von einer Pflanze zur nächsten. Dieses Phänomen wird Sexualtäuschung genannt. Verblüffende Details, wie Fühler und Flügel, werden dabei von der Orchidee nachgeahmt. Die Spiegel-Ragwurz imitiert zum Beispiel mit ihren glänzenden Blütenlippen sogar die blau schillernden Flügel der Campsoscolia-Wespenweibchen, ihrer Bestäuberart.

So besitzt jede einzelne Ragwurzart ein ganz spezielles Insekt oder eine Spinne, die für die Bestäubung sorgen. Das lässt sich schon an ihren Artnamen erkennen: Wespen-Ragwurz, Fliegen-Ragwurz, Spinnen-Ragwurz, Hummel-Ragwurz oder Bienen-Ragwurz. Nicht nur Form und Farbe des Insekts werden imitiert, sogar feinste Härchen werden nachgeahmt. Je nach Ausrichtung der Behaarung erkennt ein männliches Insekt, wo »vorne« und »hinten« bei einem Weibchen ist. Die Ausrichtung dieser Härchenimitation bei den Orchideenblüten entscheidet also darüber, von welcher Seite das Männchen die Blüte anfliegt, um seine Kopulationsversuche zu starten.

Neben diesen optischen Tricks werden die männlichen Insekten durch ganz spezifische Sexuallockstoffe geködert. Dabei imitieren die Sexualtäuschungsblumen exakt den Geruch von paarungsbereiten Weibchen und lösen das gleiche Such- und Kopulationsverhalten aus wie die entsprechenden weiblichen Düfte. Raffinierterweise nutzen die Orchideen die Tatsache aus, dass männliche Insekten aus Gründen der Revierabsteckung meist vor den Weibchen schlüpfen. So liegt ihre Blütezeit exakt in dieser Zeit des »Männerüberschusses«. Denn danach sind ihre Waffen wirkungslos, die männlichen Insekten begnügen sich dann nicht mehr mit den plumpen »Gummipuppen«-Blüten.

Nicht einmal einen Schluck Nektar bekommen die geneppten Männchen für ihren unfreiwilligen Einsatz in Sachen Fortpflanzung. Trotzdem fallen sie immer wieder auf die Täuschung herein. Denn eine weitere Cleverness der Ragwurz ist die, dass jede einzelne Pflanze unterschiedliche Blütenmuster besitzt, so, wie sich auch bei uns Menschen jedes Gesicht individuell sehr stark vom anderen unterscheidet. Dies hat zur Folge, dass die männlichen Insekten denken, »mit der hab ich's noch nicht versucht«, und so immer wieder auf die Täuschungsblumen hereinfallen.

Dennoch unterliegen viele »verführte« Männchen irgendwann nicht mehr dem Schwindel. So werden schätzungsweise nur zehn Prozent der jeweiligen Population bestäubt. Da aber jede Pflanze bis zu zwölftausend winzige Samen erzeugt, ist dies ausreichend, und die Geschichte von den Blümchen und Bienchen beginnt jedes Jahr von Neuem.

Eine andere heimische Orchideenart ist die Breitblättrige Stendelwurz. Sie hat sich zu meinem großen Erstaunen und zu meiner Freude sogar wild in meinem Garten angesiedelt. Auffällig ist, dass ihre Blüten fast ausschließlich von Faltenwespen besucht werden. Diese in Sozialstaaten lebenden Insekten ernähren ihre Brut mit fleischlicher Nahrung wie etwa Schmetterlingsraupen. Pflanzen, die von Raupen befallen sind, senden chemische Duftstoffe aus, um Alliierte anzulocken. Faltwespen etwa verstehen diese chemischen Botschaften und können so auf einfache Art und Weise Beute für ihren Nachwuchs lokalisieren, quasi ein »Fly-in« mit Leuchtreklame. Die Stendelwurz ist jedoch so raffiniert, dass sie diesen »Alarmduftstoff« imitiert und während der Blütezeit permanent in hohen Dosen aussendet. Sie täuscht also eine durch Larvenverbiss in Not geratene Pflanze vor, eine Form der chemischen Mimikry. Somit lockt sie clevererweise insektenjagende Wespen an, um ihre Blüten zu bestäuben. Statt eines fetten Proteinhappens bekommt die Wespe an der Blüte aber immerhin einen Nektarsnack. Somit waren der Weg und der Energieaufwand nicht umsonst, und die Wespen sind auch weiterhin motiviert, diese Pflanze anzufliegen.

Den etwa zwanzig bis vierzig Zentimeter hohen Gefleckten Aronstab kennt man gut von Spaziergängen in Laubwäldern. Im April und Mai kann man ihn an seinem großen, charakteristischen Blütenstand erkennen. In einem hellgrünen, tütenförmig eingerollten Hochblatt sieht man einen braunen Blütenkolben herausragen. Da die Pflanze einhäusig getrenntgeschlechtig ist, besitzt dieser weibliche und männliche Blütenabschnitte. Auch der Aronstab hat eine unglaublich raffinierte Taktik entwickelt, sich durch Täuschungen von Insekten bestäuben zu lassen. Diese unterscheidet sich völlig von dem, was man sich unter Blütenbestäubung durch Insekten so vorstellt.

Gleich acht Entwicklungsstufen der Blüte müssen in einem festen zeitlichen Abstand genau getimt hintereinander folgen, damit die Bestäubung funktioniert – wie in einer komplexen Choreografie. Öffnet sich die Blüte, verbreitet sie einen intensiven Geruch; eine Art Mischung aus beißendem Urin- und Aasgeruch. Dieser Duft fungiert als Lockstoff für Insektenarten, die sich etwa in stark belasteten Abwässern und Fäkalien fortpflanzen und hier ihre Eier ablegen, wie etwa die Schmetterlingsmücke. Landet die Fliege auf der Pflanze, rutscht sie sofort nach unten in den Blütenkessel, da die Blätter des Blütenstandes mit einem rutschigen Öl ausgestattet sind. Der Kessel der Blüte ist wie ein Gefängnis, denn die unteren Reusenhaare des Blütenstandes verhindern ein Entkommen. Damit die bis zu fünfzig »Gefangenen« in den noch kalten Frühlingsmonaten nicht frieren, besitzt die Pflanze eine Art Zentralheizung. Mithilfe von Wärmebildung durch Stoffwechselaktivitäten im stärkereichen Blütenstand, der sogenannten Thermogenese, kann die Pflanze Kesseltemperaturen von vierzig Grad erreichen und ist damit in einer kühlen Frühlingsnacht bis zu fünfundzwanzig Grad wärmer als die Umgebung. Zudem wird durch die Wärme der als Insektenpheromon wirkende Duftstoff doppelt so schnell abgegeben. Zunächst reift der weibliche Teil des Blütenstandes heran und nimmt mit einem »Empfängnistropfen« die an den Insekten haftenden Pollen auf. Im Laufe der Nacht öffnen sich die Staubgefäße und regnen den Pollen wie einen Konfettiregen auf die Insassen im Kessel herab. Am nächsten Morgen erschlaffen die Reusenhaare der Blüte, die Gitterstäbe, um in diesem Bild zu bleiben, lösen sich auf und geben die Gefangenen wieder frei. Auch die rutschigen Öltröpfchen sind verschwunden, und die Besucher können die Blüte wieder verlassen. Sie werden nun von anderen Aronstab-Pflanzen angezogen, und das Inhaftierungsspiel geht wieder von vorne los. Sie bringen nun aber den Pollen des vorherigen Gastgebers mit auf die neue Party und bestäuben somit die Pflanze.

Die Wilde Möhre ist ein Doldenblütler, ähnlich wie der Bärenklau. Man kann sie gut an den zusammengerollten Dolden vor und nach der Blüte erkennen, die wie kleine Vogelnester aussehen. Sie ist ein wahrer Insektenmagnet, der aber mit einem raffinierten Trick die sechsbeinigen Bestäuber anlockt: Sie täuscht bereits vorhandene Kundschaft vor. Inmitten der vielen kleinen weißen Teilblüten, aus der die Dolde besteht, befindet sich eine lila bis schwarz gefärbte Blüte, die »Mohrenblüte« genannt wird. Durch sie bekam die Möhre auch ihren Namen. Die kleine dunkle Blüte wird im Vorbeifliegen als anderes Insekt wahrgenommen und suggeriert eine reichhaltige Nahrungsquelle. Die Wilde Möhre ist eine der Stammpflanzen unserer heutigen Kulturmöhren. Ihre Wurzel ist jedoch weiß. Die orangefarbene Möhre, so wie wir sie aus dem Gemüsehandel kennen, ist übrigens erst durch eine menschliche Züchtung im siebzehnten Jahrhundert entstanden. Und diese stammt, wie konnte es auch anders sein, aus den Niederlanden. Als Hommage an Wilhelm von Oranien, der den Kampf für die Unabhängigkeit der Niederlande anführte, züchteten Bauern eine orangene Karotte. Sie ist also aus rein politischen Gründen orangefarben.

Kreuzotter (*Vipera berus*),
Äskulapnatter (*Zamenis longissimus*) &
Ringelnatter (*Natrix natrix*)

VON VIPERN UND NATTERN

In Volksmund und Bibel kommt die Schlange als hinterlistige Verführerin nicht gut weg. Aber sie kann auch positiv betrachtet werden: als diejenige, die die Erkenntnis in die Welt bringt. Hinterlistige Menschen werden jedoch auch heute noch als Schlange bezeichnet. Wie Schlangen auf Beutefang gehen und über welche außerordentlichen Fähigkeiten sie verfügen, hat vielleicht zu diesem schlechten Ruf geführt. Denn Schlangen lauern ihrer Beute aus einem Hinterhalt auf und greifen erst an, wenn die Beute nah genug ist. Mit Geschwindigkeiten von bis zu zehn Metern pro Sekunde schießen sie dann auf ihre Beute zu.

Man unterscheidet Schlangen in Gift- und Würgeschlangen. Vipern etwa greifen ihre Beute mit ihren Giftzähnen an, Nattern hingegen beißen sich mit ihren ungiftigen Zähnen in ihrem Opfer fest, um die Beute dann zu erwürgen. Nachdem eine Viper ihre Beute gebissen hat, lässt sie sie wieder los und wartet, bis das Gift seine Dienste verrichtet hat. Während das Beutetier versucht, sich in Sicherheit zu bringen, folgt ihm die Giftschlange. Da Schlangen einen nur schwach ausgeprägten Sehsinn haben, nutzen sie ihren vomeronasalen Sinn, den alle Schlangen besitzen: Mit der Zunge nehmen sie Duftstoffe auf und führen sie dann zum sogenannten Jacobson'schen Organ, das im Gaumen sitzt. Mit diesem Organ können sie ihre Beute unglaublich gut erriechen. Mit der gespaltenen Zunge ordnen sie darüber hinaus die Geruchsinformation räumlich ein. Schlangen hören nicht im gewöhnlichen Sinne, da sie kein Außenohr besitzen. Über ihr Innenohr können sie allerdings Erschütterungen des Bodens sehr sensibel wahrnehmen, die ihre Opfer bei ihren Bewegungen machen.

In Deutschland kommen sechs Schlangenarten vor: zwei Giftschlangenarten – Kreuzotter und Aspisviper – sowie vier Würgeschlangenarten – Ringelnatter, Äskulapnatter, Würfelnatter und Schlingnatter.

Die bei uns am weitesten verbreitete Schlangenart ist die Ringelnatter. Sie findet sich meist in der Nähe von Seen oder kleineren Flüssen, da sie im Wasser wie auch an Land lebt. Ringelnattern sind hervorragende Schwimmer. Schon ihr wissenschaftlicher Name »natrix« bedeutet so viel wie »Schwimmerin«. Man kann die ansonsten grau gefärbten Ringelnattern gut an ihren beiden typischen weißlich-gelben Nackenflecken erkennen. Dieser unvollständige Halsring gibt der Schlange ihren Namen. Weibchen können Längen von bis zu hundertfünfzig Zentimetern erreichen, Männchen werden bis zu achtzig Zentimeter lang. Um ihren Körper warm zu halten, »flachen« sie sich beim Sonnen ab, um so ihre Oberfläche zu vergrößern, oder ringeln sich ein, um weniger Wärme abzugeben. Ringelnattern ernähren sich größtenteils von Kröten und Fröschen, Eidechsen und manchmal auch von Kleinsäugetieren. Dabei verschlingen sie ihre Beute bei lebendigem Leib, ohne sie vorher durch Würgen zu ersticken. Als Eiablageplätze bevorzugen sie Stellen, an denen durch Verrottung von organischem Material Wärme entsteht, die zu einem schnelleren Ausbrüten der Eier führt. »Moderne« Ringelnattern nutzen gerne Fernwärmeleitungen zur Eiablage. Da geeignete Orte oft von zahlreichen Weibchen genutzt werden, sind hier mitunter tausende von Eiern zu finden, obwohl ein Weibchen nur zehn bis dreißig Eier legt.

Ringelnattern sind sehr scheu. Droht einer Ringelnatter dennoch unmittelbare Gefahr, hält sie mehrere Abwehrstrategien bereit. So kann sie etwa eine übelriechende Flüssigkeit aus ihren Analdrüsen absondern. Zur Abwehr vollzieht sie außerdem Scheinbisse in die Luft und zischt ihren Angreifer an. Hilft auch dies nicht, stellt sie sich tot, indem sie ihren Körper erschlaffen lässt, den Bauch nach oben wendet, die Pupillen verdreht und die Zunge aus dem geöffneten Maul heraushängen lässt.

Die Kreuzotter ist die bekannteste Giftschlange in unseren Gefilden. Kreuzottern gehören zu der Familie der Vipern, die fast alle ein Gift produzieren, welches das Gewebe des Opfers zerstört und sein Blut zum Gerinnen bringt. Das leichteste Erkennungsmerkmal dieser fünfzig bis achtzig Zentimeter langen graubraunen Schlange ist ein dunkles Zickzackband. Dieser markanten Zeichnung auf ihrem Rücken, beziehungsweise auf ihrem »Kreuz«, verdankt sie wahrscheinlich ihren Namen. Doch es gibt auch Ausnahmen: Die »Höllenotter« ist eine komplett schwarze Variation der Kreuzotter. Da sie im Alpenraum auftritt, wird sie auch Bergviper genannt. Auch eine rot gefärbte Variante gibt es: die Kupferotter. Die beiden Varianten sind aber nicht von Geburt an so gefärbt, sondern dunkeln beziehungsweise röteln erst mit der Zeit ein. Die Kreuzotter gehört wie die Aspisviper zu den wenigen Reptilien, die keine Eier legen, sondern ihre Jungen lebend gebären. Der lateinische Gattungsname Vipera weist als Verkürzung von »vivipara«, »lebend gebärend«, auf diese Fortpflanzungsweise hin. Der Kreuzotternachwuchs entschlüpft schon während der Geburt dem Ei und ist danach auf sich selbst gestellt.

Die Aspisviper hat ein noch stärkeres Gift als die Kreuzotter. Sie kann über zwanzig Jahre alt werden und eine Länge von neunzig Zentimetern erreichen. Man kann sie gut an ihrem dreieckigen Kopf, der deutlich vom Körper abgesetzt ist, erkennen. Ihr Vorkommen beschränkt sich auf den Südschwarzwald, insbesondere auf die höheren Lagen. Die Grundfärbung variiert stark von Hellgrau bis Orange, ebenso wie das Rückenmuster, das meist aus leicht versetzten rechteckigen Flecken besteht. Sie ernährt sich von kleinen Säugetieren, Eidechsen und Vögeln.

Die größte heimische Schlange ist mit einer Länge bis zu zweihundert Zentimetern die Äskulapnatter. Ihren Namen verdankt sie dem altgriechischen Gott der Heilkunst. Äskulap hielt einen Stab, um den sich eine Natter wickelte. Auch heute noch ist sie das Wappentier der Ärzte und Apotheker und so auch in dem allgemein bekannten Apothekensymbol zu sehen. Sie kann an die dreißig Jahre alt werden und kommt nur noch im südlichen Odenwald, am Rheingau und an der Donau vor. Ihre Grundfärbung ist sehr variabel von gelblich über bräunlich bis gräulich. Am besten erkennt man sie an ihrer glänzenden Oberfläche und an den hell umrandeten Schuppen. Sie kann ihre Schuppen abspreizen und dadurch wie mit kleinen Steigbügeln zur Nahrungssuche problemlos Bäume hochklettern.

Die kleinste heimische Schlange ist die Schlingnatter. Sie wird meist nicht mal siebzig Zentimeter lang und ist in Deutschland sehr selten geworden. Durch ihren grauen, gefleckten Rücken werden die Weibchen häufig mit Kreuzottern verwechselt. Sie hat im Gegensatz zur Kreuzotter jedoch runde Pupillen und einen vom Nasenloch bis zum Mundwinkel verlaufenden dunklen Wangenstreifen. Aufgrund ihrer glatten Schuppen wird sie häufig auch als Glattnatter bezeichnet. Anders als die anderen heimischen Natterarten ist die Schlingnatter lebend gebärend. Als Beute bevorzugt die Schlingnatter Eidechsen, Mäuse und andere junge Schlangen, die sie vorher umschlingt, woher auch ihr Name rührt.

Die Würfelnatter verlässt als Wasserschlange ihr Gewässer nur zum Sonnenbaden, zur Fortpflanzung oder zur Überwinterung. Leider hat die Wasserverschmutzung in Deutschland ihre Art stark minimiert, sodass sie vom Aussterben bedroht ist. Die letzten Populationen finden sich an der Lahn, der Mosel und der Nahe. Als flinke Schwimmer und Taucher erjagen sie vornehmlich Amphibien und Fische. Das charakteristische dunkle Würfelmuster auf ihrem gräulich bis bräunlichen Rücken verleiht der Würfelnatter ihren Namen. Als Wasserschlange kommt ihr ihre schlanke Gestalt zugute, die bis zu einem Meter lang werden kann. Bei Bedrohung ähnelt ihr Verhalten dem der Ringelnatter, das von Totstellen bis zum Ausscheiden eines übelriechenden Sekrets reicht.

Blaustirnamazone
(*Amazona aestiva*)

EXOTISCHE WELTEN IN HEIMISCHEN GEFILDEN

Ich liege entspannt im Stadtgarten Köln und genieße die Sonne des prächtigen Altweibersommers. Plötzlich vernimmt mein vogelstimmenkundiges Gehör unbekannte, exotische Rufe. Ein Schwarm knallgrüner Papageien mit schmalen, spitzen Flügeln, langem Schwanz und kräftigem roten Schnabel jagt plötzlich über mich hinweg. Papageien in Köln? Nein, das ist keine Nachwirkung der Trübung meiner Sinne vom letzten Wochenende, sondern Realität des modernen Vogeldeutschlands. Solche vom Menschen eingeschleppten und nun hier sesshaft gewordenen Tierarten nennt man Neozoen, analog zu den Neophyten bei den Pflanzen.

Mehr als achttausend dieser Papageien-Neubürger leben schätzungsweise derzeit in deutschen Städten, vermehrt im besonders milden Klima entlang des Rheins in Städten wie Düsseldorf, Köln, Bonn, Mainz, Wiesbaden, Mannheim/Ludwigshafen, kleinere Schwärme aber auch in Stuttgart, Berlin oder Heidelberg. Ihren Namen verdanken die bis zu fünfundvierzig Zentimeter groß werdenden Papageien einem charakteristischen dunklen Streifen um ihren Hals: Halsbandsittiche. Die ersten freilebenden Vertreter dieser Art wurden in Deutschland 1967 in Köln beobachtet. Schon zwei Jahre darauf folgte der erste Brutnachweis, ebenfalls in Köln. Halsbandsittiche waren damals sehr beliebte Haustiere. Manche sind wohl einigen Züchtern entflohen, vielleicht auch aus Überdruss freigelassen worden. Seitdem vermehren sie sich prächtig in unseren Gefilden, und der Klimawandel dürfte ihrer weiteren Verbreitung förderlich sein. Ursprünglich sind die Sittiche in Afrika und Asien beheimatet. Dort halten sie sich bis in die enormen Höhenlagen des Himalajas auf, weshalb unser Winter für sie keinerlei Problem darstellt.

Dass die Tiere vor allem mitten in großen Städten leben, ist nicht verwunderlich. Neben dem besseren Nahrungsangebot in den Stadtparks spielt auch das wärmere Mikroklima eine Rolle. Die Vögel schätzen zudem Straßenlaternen und menschlichen Lärm, denn solche Orte bieten Sicherheit vor Eule, Wanderfalke, Habicht und Co.

Halsbandsittiche finden bevorzugt in Platanen geeignete Nistplätze. Meist beziehen sie hier verlassene Spechtbauten oder natürliche Baumhöhlen. Die Sittiche sind vorwiegend Vegetarier. Sie fressen im Frühjahr Knospen, Triebe, Blätter und knabbern an Blüten. Im Sommer und Herbst ernähren sie sich von Früchten und Samen. Sehr zum Ärger vieler Schrebergartenbesitzer gehen die Sittiche verschwenderisch mit ihrer Nahrung um und lassen nicht selten die Hälfte einfach auf den Boden fallen. Ein kleiner Apfelbaum ist so schon mal rasch abgeerntet.

Im Winter finden sich genug Vogelfreunde, die den Sittichen mit Körnern, Erdnüssen oder Meisenknödeln über die Runden helfen. Auch wenn der Ornithologe ihnen eine »gewisse Durchsetzungsfähigkeit« bescheinigt – negative Folgen für die heimische Vogelwelt sind nicht beobachtet worden. Ein Grund dafür dürfte auch die asynchrone Brutsaison sein. Denn Halsbandsittiche fangen schon im Februar an zu brüten. Das heißt, sie sind nicht wirklich Wohnraumkonkurrenten zu anderen heimischen Arten, wie etwa der Hohltaube. Zentraler Treffpunkt aller Halsbandsittiche aus einer Region ist ihr Schlafbaum, an dem sie sich allabendlich versammeln und der auch als »Heiratsbasar« dient.

Neben den Halsbandsittichen gibt es mittlerweile etwa zehn freilebende Papageienarten in Deutschland; so auch die Blaustirnamazone. Sie alle machen unsere Städte etwas bunter.

Auch andere exotische Tiere sind bei uns heimisch geworden und bilden seit Jahrzehnten wildlebende Populationen, wie etwa der aus Südamerika stammende Laufvogel Nandu oder gleich drei verschiedene Flamingoarten.

Im Jahr 2000 gelang einigen Nandus der Ausbruch aus einer Zucht in der Nähe von Lübeck. Sie wanderten nach Osten in das ehemalige Grenzgebiet zwischen BRD und DDR. Hier, im »Grünen Band«, im äußersten Westen von Mecklenburg-Vorpommern, fanden die majestätischen Vögel optimale Lebensbedingungen. Da in dieser Region für die Biospritproduktion und die Speiseölgewinnung viel Raps angebaut und bereits im Spätsommer ausgesät wird, gibt es auch im Winter genügend Nahrung. Die Population ist fest etabliert und zählt deswegen mittlerweile zu den geschützten Wildtierarten. Bei den letzten Herbstzählungen stellte man an die fünfhundert Tiere fest. Ähnlich wie bei den Rothirschen bilden die kampfbereiten Hähne zur Paarungszeit ein Revier und scharen Weibchen zu einem Harem um sich. Nachdem der »Platzhahn« mit ihnen kopuliert hat, legen die Hennen ihre Eier in das Gemeinschaftsnest des Hahnes und ziehen weiter zum nächsten Liebhaber. Das Männchen bebrütet die Eier nun völlig alleine und ist dazu in der Lage, Eier und Jungvögel durch kräftige Schnabelhiebe eindrücklich zu verteidigen.

Der Nandu zieht jedoch immer wieder Ärger auf sich. Landwirte beklagen sich wegen Ernteausfällen, und auch Naturschützer befürchten eine Bedrohung für seltene heimische Insekten, Lurche und Kriechtiere durch den invasiven Immigranten. Es laufen gerade Studien, um auf Basis wissenschaftlicher Evidenz über das Bleiberecht des Südamerikaners zu diskutieren.

Im westlichen Münsterland, direkt an der niederländischen Grenze, befindet sich das Naturschutzgebiet Zwillbrocker Venn.

Unglaublich, aber wahr, hier befindet sich die nördlichste wildlebende Flamingokolonie der Welt. Seit dem Jahr 1982 brüten hier Jahr für Jahr Flamingos. Zunächst waren es sechs Chileflamingos, die aus der Tierhaltung entflogen waren. 1986 gehörte erstmals der Rosaflamingo zu der Flamingokolonie, und im Jahr 1994 tauchte auch der Kubaflamingo auf. Da tausende Lachmöwen am See brüten, lebt in dem flachen Gewässer eine Unmenge von Plankton, das sich von dem Kot der Möwen ernährt. Die Flamingos wiederum fressen diese Kleinstlebewesen und bilden so die gleiche leuchtende Rotfärbung des Gefieders aus wie Flamingos in südlicheren Kolonien. Bis zu sechzig Flamingos gleichzeitig kann man zur Brutzeit hier beobachten. Die Wintermonate verbringen sie am niederländischen Veluwemeer und am Rheindelta.

Die Erft ist auf den ersten Blick ein ganz gewöhnlicher Fluss Mitteldeutschlands. Sie entspringt im Ahrgebirge der Eifel und mündet bei Neuss in den Rhein. Doch eines Tages überraschten Zeitungen mit der Schlagzeile »Vorsicht! Piranhas in der Erft!«. Denn Angler sollen hier angeblich Vertreter dieser südamerikanischen Fischart aus dem Fluss gezogen haben. Aber wie kommen solche exotischen Tiere überhaupt in die Erft? Und wie können sie hier überleben?

Die Frage ist einfach zu beantworten: Weil Piranhas in vielen Zoogeschäften zum Kauf angeboten werden. Verliert man das Interesse an den Tieren, ist der Weg zum nächsten Gewässer meist nicht weit. Sind die ausgemusterten Haustiere einmal in der Erft gelandet, ist es durchaus möglich, dass sie zumindest eine Zeit lang überleben. Denn der Fluss führt ungewöhnlich warmes Wasser. Im Winter, wenn benachbarte Bäche bereits gefrieren, betragen die mittleren Wassertemperaturen der unteren Erft noch mollige fünfzehn Grad Celsius. Im Sommer kann die Temperatur auf achtundzwanzig Grad ansteigen. Der Grund: Die Erft fließt durch ein Braunkohleabbaugebiet, und ihr wird warmes Sümpfungswasser zugeführt. Das ist Grundwasser, das aus mehreren hundert Metern Tiefe zur Trockenhaltung des Braunkohleabbaus abgepumpt und mit Temperaturen von bis zu vierundzwanzig Grad Celsius in die Erft eingeleitet wird. Jährlich werden so fünfhundertzwanzig Millionen Kubikmeter aufgewärmtes Grundwasser aus dem Tagebau Hambach in den Fluss geleitet. Hinzu kommt noch weiteres aufgewärmtes Wasser aus dem Braunkohlekraftwerk Frimmersdorf. Dieses warme Wasser ermöglicht Pflanzen und Tieren aus den Tropen oder Subtropen das Überleben, teilweise sogar die Vermehrung. So wurden in dem Fluss etwa Populationen von zwölf exotischen Pflanzenarten nachgewiesen. Sie stammen ebenso wie die Piranhas aus Aquarien.

Auch unter den Tieren gibt es exotische Neubürger. Neben bunten Guppys, Mollys, Zebrabuntbarschen, Goldfischen, Getigerten Strudelwürmern, Schmuckschildkröten und Rotwangenschildkröten kann man auch Blaubandbärblinge oder den nordamerikanischen Sonnenbarsch finden. Weitere Zuwanderer sind chinesische Wollhandkrabben, Istrische Asseln, asiatische Körbchenmuscheln oder amerikanische Kamberkrebse. Die meisten schaffen es jedoch nicht, sich dauerhaft hier zu etablieren.

Das bunte Getümmel hat aber ein absehbares Ende, denn die Wassersituation des Flusses ist im wahrsten Sinne des Wortes »auf Pump«: Die Erft ist nur wegen des Sümpfungswassers ein üppig strömendes Fließgewässer. Aufgrund des jahrzehntelangen Abpumpens hat der Fluss seinen Anschluss an den gesunkenen Grundwasserspiegel längst verloren. Wenn der Tagebau eines Tages erlischt, wird die Erft zu einem kleinen Flüsschen mit zu wenig Wasser für ihr »aufgepumptes« Flussbett. Um nicht völlig zu versiegen, wird man ihr ein neues Bett anlegen müssen, in dem sie auch mit geringen Wassermengen weiter fließen kann. Dann wird sie wieder zu einem ganz gewöhnlichen Flüsschen Mitteldeutschlands, ohne exotischen Zauber.

Uhu (*Bubo bubo*)

DER KÖNIG DER NACHT

Er ist der »König der Nacht«: der Uhu. Der Uhu ist die größte Eulenart der Erde und wird bis zu siebzig Zentimeter groß, bei einer imposanten Flügelspannweite von bis zu 1,70 Meter. Weibchen werden deutlich größer als die Männchen. Sein Gefieder ist zur Tarnung in hellen und dunklen Brauntönen längs oder quer gemustert. Der Uhu besitzt auffällige Federohren, die auf dem Scheitel meist schräg nach oben abstehen. Sie werden anders, als man erwarten könnte, nicht zum Hören verwendet, sondern dienen ebenfalls der Tarnung und zusätzlich der Kommunikation. Ruht der Uhu auf einem Ast, stellt er die Federohren auf, beobachtet er aufmerksam ein Beutetier, werden sie nach unten eingeklappt.

Die tatsächlichen Ohren liegen seitlich am Gesichtsschleier, versteckt unter dem Gefieder. Als Gesichtsschleier bezeichnet man die um die Augen kreisförmig angeordneten Federn, die zum Sammeln und zur Verstärkung des Schalls dienen. Die schlitzartigen Ohren befinden sich nicht wie bei uns symmetrisch auf einer Höhe, sondern versetzt angeordnet: Die rechte Ohröffnung liegt etwas höher als die linke und etwas weiter hinten. Dadurch trifft der Schall zeitverzögert an beiden Ohren auf. Aus diesem Zeitunterschied kann der Uhu sehr genau den Aufenthaltsort seiner Beute bestimmen und sie so selbst in tiefer Dunkelheit orten. Im hohen Frequenzbereich ist die Empfindlichkeit des Uhu-Gehörs besonders stark ausgeprägt. Deshalb können Uhus eine Maus selbst noch unter einem halben Meter Schnee rascheln hören.

Markant sind auch seine riesigen, orange gefärbten Augen. Der Uhu besitzt auf seiner Netzhaut viele Sehzellen für die Hell-Dunkel-Wahrnehmung, aber kaum Rezeptoren fürs Farbsehen. Daher sieht eine Uhu-Welt hauptsächlich schwarz-weiß aus. Dafür sind seine Augen aber enorm lichtempfindlich. So kann er bei schlechten Lichtverhältnissen auf Beuteflug gehen. Wie andere Eulen kann auch der Uhu seine Augäpfel nicht bewegen. Dies gleicht er jedoch dadurch aus, dass er seine Halswirbelsäule in bemerkenswerter Weise bewegen und seinen Kopf so bis zu zweihundertsiebzig Grad drehen kann. Dieser Fähigkeit liegen vierzehn Halswirbel zugrunde, üblicherweise haben Wirbeltiere nur sieben.

Die Federn des Uhus sind sehr weich und haben ausgefranste Kanten. Dadurch bilden sich, statt eines großen, ganz viele kleine Luftströme beim Flügelschlag. So werden Fluggeräusche abgedämpft, weshalb der Flug des Uhus nahezu geräuschlos ist und er so seine ahnungslose Beute überraschen kann. Obwohl der Uhu einige Merkmale mit den Greifvögeln teilt, ist er aber nicht unmittelbar mit ihnen verwandt. Er hat zwar ebenfalls scharfe Krallen, Hakenschnabel und eine ähnliche Jagdweise wie Adler, Bussard oder Habicht, jagt aber im Gegensatz zu diesen in der Nacht. Außerdem hat er, anders als Greifvögel, eine Wendezehe: Eine seiner vier langen Zehen kann sowohl nach vorne als auch nach hinten gedreht werden. So kann der Uhu mit zwei Zehen nach vorne und zwei hinten sicher auf einem Ast hocken. Seine imposanten und rasiermesserscharfen Krallen sind eine echte Waffe. Beute, die einmal in diesen Klauen gelandet ist, entkommt so schnell nicht mehr. Uhus haben eigentlich recht lange Beine, sie sind aber aus Isolationsgründen bis zu den Zehen stark gefiedert. Rasierte man einem Uhu die Beine, würde das sehr lustig aussehen.

Obwohl der Uhu kaum natürliche Feinde hat, steht er auf der Roten Liste der bedrohten Tierarten. In den 1970er Jahren war sein Bestand auf unglaubliche zwanzig Brutpaare in Deutschland zusammengebrochen, durch vom Menschen verursachte Veränderung seines Lebensraums und durch Bejagung, da man ihn überraschenderweise als »Jagdkonkurrenten« ansah. Dank gezielter Schutzprogramme gibt es mittlerweile wieder stolze dreitausenddreihundert Brutpaare in Deutschland.

Uhus vollführen ihre Paarbildung schon während der Herbstbalz. Ab Oktober erklingen nachts die typischen Balzrufe, von denen sich sowohl der Name Uhu als auch seine wissenschaftliche Bezeichnung Bubo bubo ableiten. Während das Männchen ein »bu-hoo« kundtut, antwortet das Weibchen mit einem »uh-ju«. Häufig rufen auch Weibchen und Männchen nach der Paarbildung im Duett, um ihr Revier abzustecken. Gebrütet wird dann schon ab Februar. Hierzu werden keine Nester gebaut, sondern die Eier auf nacktes Gestein an einem Felsen gelegt. Bei mir hier im Westerwald ist mittlerweile fast in jedem Basaltsteinbruch ein Uhu-Paar ansässig. Die Jungvögel sind nach vier bis fünf Monaten in der Lage, sich selbst zu versorgen.

Uhus haben ein sehr breites Beutespektrum. Sie jagen entweder von einem Ansitz wartend aus oder im lautlosen Pirschflug, dicht oberhalb des Erdbodens. Sie erbeuten von Insekten über Frösche bis hin zu größeren Säugetieren wie Rehkitzen, Hasen und Füchsen eigentlich alles in dieser Größenordnung. Die häufigste Nahrung sind Mäuse, Ratten und Igel. Im freien Luftraum jagen sie aber auch andere Vögel mit sehr hohen Fluggeschwindigkeiten. So holen sie mit Leichtigkeit Raben, Krähen, Tauben oder kleinere Eulenarten im Flug ein. Auch Aas steht auf ihrem Ernährungsplan. Uhus haben keinen Kropf, und ihr Magensaft enthält zur Verdauung nur wenig Salzsäure bereit. Daher werden unverdauliche Bestandteile der Beute wie Knochen, Haare und Federn in Form eines Gewölles ausgewürgt.

Tagsüber verhält sich der Uhu ruhig, es ist nicht seine Zeit: Entspannt döst er auf Ästen und vertraut dabei auf seine Tarnung. Wird ein Uhu aber von anderen Vögeln trotzdem erkannt, reagieren diese mit Aggressionsverhalten, dem sogenannten »Hassen«. Dabei versammeln sich nicht selten mehrere potenzielle Beutevögel des Uhus, zuweilen eine Allianz unterschiedlicher Arten, in seiner Nähe und versuchen, ihn durch lautes Rufen und angedeutete Angriffe zu verscheuchen. Dieses Verhalten seiner »Hater« brachte dem Uhu früher auch den etwas sarkastischen Namen »Großherzog« ein. Der Uhu nimmt dann eine imposante Drohhaltung ein: Durch Absträuben der Federn macht er sich groß und legt die Flügel zu einem schildartigen Kranz zusammen. Außerdem wiegt er sich auf und ab und faucht, um seine Angreifer zu verscheuchen. Bemerkt der Uhu den Widersacher zuerst, nimmt er eine Mimese-Tarnstellung ein, indem er seine Federohren und seinen Körper maximal aufrichtet, sein Gefieder anlegt und die Augen geschlossen hält, um so wie ein Baumstumpf auszusehen.

Nur die Jung-Uhus sind ernsthaft durch Fressfeinde wie Füchse und Marder gefährdet, die sie bei ihren ersten Sprung- und Flugversuchen erwischen können. Die Sterblichkeitsrate der Jungvögel liegt im ersten Lebensjahr bei siebzig Prozent. Überwinden die Uhus einmal diese kritische Phase, können sie ein beachtliches Alter erreichen. Das maximal in freier Wildbahn festgestellte Alter beträgt siebenundzwanzig Jahre. In Gefangenschaft liegt der Rekord bei stolzen achtundsechzig Jahren.

Taubenschwänzchen (*Macroglossum stellatarum*) &
Distelfalter (*Vanessa cardui*)

MINIKOLIBRIS UND PAINTED LADIES IN UNSEREN GÄRTEN

Immer wieder berichten mir Leute ganz aufgeregt von »Minikolibris«, die sie schwirrend an ihren Balkonkästen oder in ihren Gärten gesichtet haben. Bei den vermeintlichen Besuchern aus Amerika handelt es sich allerdings um eine sehr schnell und wendig fliegende Nachtfalterart, die zu den Schwärmern gehört: das Taubenschwänzchen. Seinen Namen verdankt es seinen markanten Haarbüscheln am Ende des Hinterleibs, die an die Schwanzfedern einer Taube erinnern.

Tatsächlich stehen die tagaktiven Falter, einem Kolibri gleich, im raschen Schwirrflug vor den Blüten und saugen mit ihrem extrem langen Saugrüssel Nektar. Auch sie können rückwärts fliegen und gleichen durch Wind verursachte Pflanzenbewegungen perfekt durch ihren akrobatischen Flugstil aus, sodass ihre Position zur Blüte immer konstant bleibt. Dabei schlagen sie siebzig bis neunzig Mal in der Sekunde mit ihren Flügeln und erreichen bis zu achtzig Kilometer pro Stunde im Flug. In nur sechs Sekunden können sie von null auf siebzig Kilometer pro Stunde beschleunigen. Das bekommen sogar manche Autos nicht hin.

Durch ihr hektisches Flugverhalten ist ihr Energieverbrauch enorm hoch. Sie benötigen jeden Tag fast das Doppelte ihres Eigengewichts an Nektar. Um diese Menge zu saugen, müssen viele Blüten in kurzer Zeit angeflogen werden. Ein Taubenschwänzchen kann deshalb bis zu hundert Blüten in der Minute ausschlürfen. Die flinken Schwärmer sind nicht wählerisch und können zu jeder Zeit das jeweils vorliegende Angebot an Futterquellen optimal ausnutzen. Um jedoch einen Vorteil gegenüber der Insektenkonkurrenz zu haben, bevorzugen sie lange und schmale Blütenkelche, die sie aufgrund ihres langen Rüssels exklusiv nutzen können – sie passen zusammen wie Schlüssel und Schloss. Doch eingeschleppte Pflanzenarten können dieses uralte Gleichgewicht aus der Balance bringen: Die aus Amerika stammende Rosa Nachtkerze wird gern als hübsch anzuschauende Zierpflanze in Gärten angesiedelt. Doch immer wieder bleiben Taubenschwänzchen mit ihren Rüsseln in den Blütenkronröhren stecken, können ihren ausgefahrenen Rüssel nicht mehr zurückziehen und verenden so jämmerlich. Das Problem ist folgendes: Da die Rüssel der amerikanischen Schwärmerarten entweder deutlich dicker oder dünner sind, hat die Rosa Nachtkerze Widerhaken in der Blütenröhre implementiert, um Pollen für die Bestäubung besser abstreifen zu lassen. Der Rüssel unseres Taubenschwänzchens passt jedoch tragischerweise genau hinein und verhakt sich so beim Herausziehen.

Abgesehen von diesen ungeahnten Todesfallen lernen die pfiffigen Falter schnell, an welchen Blütenarten sie genügend Nektar finden können, sammeln also Erfahrungen. So kehren sie Tag für Tag an reichhaltige Nektarquellen zurück. Auch ihren Ruhe- und Schlafplätzen sind sie oft ein ganzes Falterleben lang treu. Die Anpassungsfähigkeit durch Lernen und ihr erstaunliches Erinnerungsvermögen werden damit begründet, dass Taubenschwänzchen im Laufe ihres etwa viermonatigen Falterlebens große Distanzen über mehrere Klimazonen zurücklegen und dabei mit Vegetationsänderungen zurechtkommen müssen. Da bleibt keine Zeit zum Experimentieren, sie müssen auf Nummer sicher gehen. Denn Taubenschwänzchen sind Wanderfalter und erschließen immer wieder neue Areale.

Die Tiere können dabei bis zu dreitausend Kilometer in weniger als vierzehn Tagen zurücklegen.

Auch der Distelfalter ist ein Wanderfalter mit einer ähnlichen Strategie. Und was für einer: Er ist die klare Nummer eins in puncto Langstrecke unter allen heimischen Wanderfaltern. Zudem sind Distelfalter einfach prächtige Wesen, deren wahre Schönheit man aber nur bei genauem Hinschauen erkennt. Sein englischer Name klingt eigentlich viel passender: »painted lady«. Seine Flügelaußenseiten sehen wahrlich wie gemalte Farbtupfer aus. Man könnte sie aber auch mit etwas Fantasie als Landmarken für die Lebensstationen des Falters innerhalb eines Jahres interpretieren: Ocker für das tropische Afrika, Gelb für den Sand der Sahara, Blau für das Mittelmeer und Weiß für die schneebedeckten Gipfel des Nordens.

Ein Distelfalterjahr beginnt irgendwo südlich der Sahara. Hier wird die erste Generation gezeugt, die im März schlüpft und sofort nach Norden strebt. Die meisten Falter landen im Mittelmeerraum, aber einige schaffen es mit ausgefransten Flügeln schon bis zu uns. Unmittelbar nach der Ankunft wird sich gepaart, um keine Zeit zu verlieren. Die zweite Generation schlüpft Ende Mai entweder im Mittelmeerraum und kommt dann als zweite Welle zu uns oder schlüpft in unseren Gefilden und zieht weiter nach Norden. Einzelne Tiere können es mit der zweiten oder dritten Generation sogar bis nach Norwegen schaffen. Die August-Generation kehrt dann wieder um und bricht nach Süden auf.

Innerhalb von maximal sechs Generationen legt der Distelfalter auf diese »Staffellauf-Weise« bis zu zehntausend Kilometern pro Jahr zurück. Dabei stellt er sogar einen Weltrekord auf: Mit bis zu viertausend Kilometern am Stück handelt es sich um den längsten ununterbrochenen Wanderflug eines Schmetterlings.

Wasserspitzmaus
(*Neomys fodiens*)

SPITZER –
LEBEN AM LIMIT

Spitzmäuse sind ziemlich nervös wirkende Tiere. Sie machen auf mich immer einen völlig aufgekratzten Eindruck, so als hätten sie etwas zu viele Energydrinks konsumiert.

Sie verdanken den ersten Teil ihres Namens der spitz zulaufenden Schnauze. Der zweite Namensteil leitet sich von ihrem mausähnlichen Erscheinungsbild her, sie sind aber, wie auch die Fledermäuse, keine Nagetiere. Vielmehr zählen Spitzmäuse zur Ordnung der Insektenfresser (Eulipotyphla), zu denen auch der Maulwurf gehört. 1942 gab es sogar schon einmal eine beschlossene Umbenennung in die taxonomisch sinnvollere und ältere Bezeichnung Spitzer. Diese schmetterte Adolf Hitler jedoch mit der Drohung ab: »Wenn die Mitglieder der Gesellschaft nichts Klügeres zu tun hätten als derartig blödsinnige Umbenennungen, dann könnte man sie vielleicht einmal längere Zeit in Baubataillonen an der russischen Front verwenden.« Schade, dass Hitler dazwischengrätschte, Spitzer hätte mir persönlich besser gefallen.

In unseren Gefilden gibt es sechs verschiedene Spitzmausarten, deren Namen meist schon verraten, welchen Lebensraum sie bewohnen: Wald-, Feld-, Haus-, Wasser-, Sumpf- und Zwergspitzmaus. Sie zählen zu den kleinsten Säugetieren der Welt. Die nordeuropäische Knirpsspitzmaus und die im Mittelmeerraum lebende Etruskerspitzmaus sind die kleinsten Vertreter. Sie werden kaum größer und schwerer als ein Maikäfer. Die Größe eines Säugetiers hat jedoch maßgeblichen Einfluss auf dessen Körperfunktionen. So steigt die Stoffwechselintensität mit abnehmender Körpermasse stark an. Deshalb haben Spitzmäuse eine unglaublich hohe Stoffwechselrate. Viele Arten müssen alle zwei bis drei Stunden etwas fressen, um nicht zu verhungern. Tag und Nacht durchstöbern sie mit ihrer rüsselartigen Schnauze den Boden und ihre Tunnel nach Fressbarem. Dabei verzehren sie hauptsächlich Würmer, Larven und Insekten. Mehr als das eigene Körpergewicht verzehren manche Arten gar an einem Tag. Sie rasten zwischen jeder Mahlzeit nur kurz, und schon geht es weiter. Das Herz einer Spitzmaus rast, schlägt achthundert- bis tausendmal pro Minute. Erschrecken sie sich, kann dies schnell tödlich enden, da ihre Herzrate dann so hoch ansteigt, dass ein Schock droht. Dieses Leben am Limit hat natürlich seinen Preis. Spitzmäuse werden nicht alt, im Schnitt nur dreizehn Monate. Um die hohe Sterblichkeitsrate und den zahlreichen Verlust durch Beutegreifer wie Raubvögel und Marder zu kompensieren, bringt ein Weibchen bis zu vier Mal im Jahr bis zu zehn Junge auf die Welt. Bei Gefahr bilden manche Spitzmausarten, wie Feld- und Hausspitzmaus, kurios anmutende Karawanen. Die Jungtiere verbeißen sich in den Schwanz ihres Vordertiers und das letzte Geschwisterchen in den Schwanz der Mutter. Sie kann so ihre Jungen sicher von einem Versteck zum nächsten transportieren. Möglicherweise werden durch diesen »In-den-Schwanz-Beißungs-Gänsemarsch« auch potenzielle Fressfeinde abgeschreckt, denn die kleinen Tiere wirken zusammen wie eine gefährliche Schlange.

Um ihr Revier zu markieren, besitzen Spitzmäuse an beiden Flanken eine Duftdrüse, die für einen starken, moschusartigen Körpergeruch sorgt. Deswegen werden sie von vielen größeren Raubtieren, wie etwa Katzen, als Nahrung verschmäht.

Wasser- und Sumpfspitzmaus sind die einzigen europäischen Säugetiere, die Giftdrüsen besitzen. Das Gift namens Blarina-

Toxin wird in den Unterkiefer-Speicheldrüsen produziert und über Kanäle in die Schneidezähne geleitet. Ein Biss kann selbst größere Beutetiere wie Frösche, Nager oder Fische lähmen. Für uns Menschen ist es jedoch harmlos und führt höchstens zu einem Hautausschlag. Wasser- und Sumpfspitzmaus sind hervorragend an die aquatische Lebensweise angepasst. An ihren Zehen befinden sich borstenartige Haare, die ähnlich wie Schwimmhäute ein schnelles Vorankommen im Wasser ermöglichen. Ihre Ohren sind klein und wasserdicht im Fell verborgen. Durch Reiben des Körpers an Pflanzen laden sie sich vor Tauchgängen elektrostatisch auf. Dies führt, zusammen mit einer feinen Zähnung der Haare, zur Einlagerung von Luftbläschen im Fell. Dieser Luftfilm sorgt dafür, dass die Spitzmaus weder nass wird noch friert.

Ähnlich wie bei ihrem nächsten Verwandten, dem Maulwurf, ist der Sehsinn bei Spitzmäusen schlecht entwickelt. Sie verlassen sich auf ihren hervorragenden Geruchssinn und ihr Gehör: Vergleichbar den Fledermäusen besitzen auch Spitzmäuse die Fähigkeit zur Echoortung. Sie senden dabei eine Abfolge von hohen, quietschenden Lauten aus und können mithilfe des Widerhalls ihren Lebensraum erkunden.

Wenn im Winter die Nahrung knapp wird, halten viele Säugetiere Winterschlaf. Nicht so die Spitzmäuse. Schlafen ist eh nicht so ihr Ding, sie geben auch im Winter weiter Vollgas. Dabei haben sie eine völlig eigene Strategie entwickelt, um mit der Nahrungsknappheit fertigzuwerden: Sie schrumpfen! Bis zu zwanzig Prozent werden sie im Winter messbar kleiner, bauen Organe, Gehirn und sogar Knochensubstanz ab. Ihre Herzgröße bleibt jedoch gleich und wird dadurch proportional leistungsfähiger, um den Energieverlust durch Kälte und Nahrungsknappheit gerade so zu kompensieren. Nach dem Winter wachsen sie dann wieder, auch die Knochenstruktur bildet sich wieder zurück. Dies ist quasi eine reversible Osteoporose, die sie jeden

Frühling spielend leicht betreiben. Könnten wir ihr Geheimnis auf uns Menschen übertragen, wäre dies ein wahres Geschenk.

Und noch ein kurioses Verhalten zeigen Spitzmäuse: das Enddarmlecken. Die Tiere rollen sich zusammen und nehmen eine eigenwillige Position ein: Sie halten sich mit den Vorderpfoten an den Hinterbeinen fest. Nun stülpt die Spitzmaus ihr Rektum durch Kontraktionen nach außen und beleckt es für einige Minuten. Es wird angenommen, dass dieses Lecken am eigenen Anus der Aufnahme von Spurenelementen und Vitaminen aus unverdauten Futterresten dient. Na, dann mal »bon appétit« ...

Buchdrucker
(Ips typographus)

BUCHE, BUCHSTABE, BUCH UND BUCHDRUCKER

Vor seiner Besiedlung war Deutschland vorwiegend mit riesigen Rotbuchenwäldern überzogen. Die Rotbuche ist in unseren Gefilden der konkurrenzstärkste Baum und bildet in hiesigen Klimata das Endstadium der natürlichen Sukzession. Ihre »Waffe« gegenüber anderen Baumarten ist das extrem dichte Laub ihrer weiten Kronen – die Blätter stehen auf Lücke –, weshalb nur wenige Prozent des photosynthesetauglichen Sonnenlichts auf den Waldboden treffen. Dadurch haben andere Baumarten kaum eine Chance, zu keimen. Die Rotbuche selbst ist aber in der Jugend relativ schattentolerant. Außerdem »stillen« die Mutterbäume ihren Nachwuchs über das Wurzelwerk mit Zuckerlösungen, die sie durch Photosynthese gewinnen. In dichten Wäldern sterben die unteren Äste aus Lichtmangel früh ab. Der Kronenansatz liegt hier deshalb häufig erst im obersten Drittel, also in zehn bis zwanzig Metern Höhe. In Zusammenhang mit dem dichten Blätterdach entstehen so schattige Hallenwälder. Viele Kirchenschiffe, wie etwa das des Kölner Doms, sind dieser Struktur nachempfunden.

In diesen dichten Wäldern lebten einst die Germanen. Sie schnitzten Scheite aus Buchenholz und ritzten dort ihre Schriftzeichen, die Runen, hinein. Diese Runenstäbchen, sogenannte »boks«, ließ man auf den Boden fallen, um sie dann aufzu*lesen* und als Orakel für wichtige Entscheidungen zu benutzen. Von diesen kultisch wichtigen Buchen-Stäben leitet sich das Wort

Buchstabe ab. Das Wort Buch kommt vom althochdeutschen »buoh«, einer Holzschreibtafel aus Buche.

Von dem Wort Buch und dem damaligen Herstellungsverfahren leitet sich wiederum der Name eines der bedeutendsten heimischen Baumkiller ab: Der Buchdrucker ist eine Borkenkäferart, die es jedoch hauptsächlich auf Fichten abgesehen hat. Die Fraßspuren der Larvengänge unter der Rinde erinnern an Schriftzeichen, daher rührt sein Name.

Der Borkenkäfer wird gerade als Sündenbock für das hiesige Nadelbaumsterben hingestellt. Doch in Wirklichkeit ist er natürlich nur der letzte Sargnagel für eine Baumart, die mit ihren flachen Tellerwurzeln eigentlich optimal an das Leben in den Alpen angepasst ist, wo die Bodenmächtigkeit aufgrund des anstehenden Gesteins sehr gering ist und es Sinn macht, mit den Wurzeln in die Breite zu gehen. Im Flachland würde sich die Fichte auf natürliche Art und Weise niemals durchsetzen können. Durch die vom Menschen verursachte Klimaerwärmung und daraus resultierende, aufeinanderfolgende Dürresommer geht der Fichte einfach »die Spucke aus«, da sie mit ihren flachen Wurzeln nicht mehr das Grundwasser erreichen und Harz bilden kann, um sich gegen den Borkenkäfer zu wehren. Der Mensch ist eben sehr erfindungsreich, wenn er versucht, von seiner Unfähigkeit abzulenken und die Schuld anderen in die Schuhe zu schieben.

Der Name Rotbuche rührt übrigens nicht daher, dass ihre Blätter im Herbst rot werden, denn das ist ja auch bei anderen Baumarten der Fall. Der Namensteil »Rot« bezieht sich auf die leicht rötliche Färbung des Buchenholzes. Es gibt aber tatsächlich auch Rotbuchen mit roten Blättern, diese gehen jedoch alle auf eine zunächst zufällige Mutation einer einzelnen Rotbuche aus Sondershausen in Thüringen zurück. Diese als Blutbuche bekannte Varietät erfreute sich großer Beliebtheit, wurde von dem dortigen Fürstentum weiter kultiviert, und Ableger davon wurden bis in alle Welt versandt. Seit dieser Zeit gilt sie als beliebter Parkbaum.

Doch warum kommt es überhaupt zu dem wunderschönen Farbspiel des Herbstes, der von Grün über Gelb, Ocker, Rot bis Braun die Blätter der Bäume bunt färbt? Laubbäume werfen jedes Jahr im Herbst ihre Blätter ab, um sich in erster Linie vor dem winterlichen Wassermangel zu schützen. Denn über ihre Blätter würden sie auch bei kalten Temperaturen und sogar bei Frost Wasser verdunsten, das sie aber bei gefrorenem Boden und Leitungen nicht mehr nachführen könnten. Der Baum würde also vertrocknen und sterben. Eine hundertjährige Buche benötigt etwa vierhundert Liter Wasser am Tag.

Außerdem schützen sich die Bäume so vor zu hoher Schneelast und können sich von Stoffwechselabfällen und Umweltgiften befreien. Dazu wird bei den meisten Laubbaumarten im Blattstiel ein Trenngewebe ausgebildet, das später verkorkt. Durch ihr Eigengewicht fallen nun die Blätter beim nächsten Windstoß ab. Buchen und Eichen lassen Zellen wachsen, die die Wasserbahnen verstopfen. Dadurch kann man häufig noch bis ins Frühjahr vertrocknete braune Blätter an ihren Ästen finden.

Im Frühjahr und Sommer sind die Blätter grün. Das Grün erhalten Blätter vom Chlorophyll, dem wichtigsten Farbstoff für Pflanzen, weil er das Sonnenlicht für die Photosynthese einfängt und dieses zusammen mit Kohlendioxid in Sauerstoff und den energiebringenden Traubenzucker umwandelt. Doch auch andere Farbstoffe befinden sich schon im Sommer in den Blättern: Karotinoide für Gelb, Orange und Rot, Xanthophylle für Gelb und Anthocyane für Rot, Violett und Blau. Das sind dieselben Farbstoffe, wie wir sie auch von Möhren und Kürbissen oder Brombeeren und Rotwein kennen. Sie werden im Sommer jedoch einfach durch das dominante Grün des Chlorophylls überdeckt. Blätter enthalten viele für den Baum wichtige Nährstoffe, die dieser dringend für sein Wachstum im nächsten Frühjahr braucht. Im Herbst wird deshalb das Chlorophyll in den Blättern abgebaut, die Bestandteile, vor allem die »Grundnahrungsmittel« Stickstoff, Phosphor, Kalium, Magnesium und Calcium, in speicherbare Verbindungen umgewandelt, über die Äste in den Stamm transportiert und dort gespeichert. Die gelb-roten Farbstoffe bleiben zurück und geben den Blättern nun ihre Farbe. Doch damit nicht genug: In den absterbenden Blättern werden nochmals Anthocyane neu gebildet, die den Zellsaft sogar tiefrot färben können. Warum die Bäume noch einmal diesen Kraftakt auf sich nehmen, ist bis heute nicht hundertprozentig geklärt. Es wird aber vermutet, dass sie als eine Art UV-Filter dienen, ähnlich wie eine Sonnenschutzcreme. Denn in den herbstlichen, schon kalten Morgenstunden ist ein Blatt Licht- und Kältestress ausgesetzt und durch den beginnenden Nährstoff-Abtransport eh schon geschwächt. Dieses Sonnenlicht könnte so nicht mehr energiebringend verarbeitet werden, sondern aggressive freie Radikale bilden, die das Blattgewebe zerstören. Durch die neuen Anthocyane hat es aber eine Schutzschicht vor zu viel Licht und vor diesen freien Radikalen. Dies bedeutet also für den Baum trotz dieses Kraftakts letztlich einen Energiegewinn. Denn die Vegetationsdauer ist in unseren Breiten von April bis September recht kurz, und er kann dank der bunten Schutzschicht nochmal drei Wochen zusätzliche Photosynthese betreiben, was rund zehn Prozent mehr Energie für den Baum bedeutet. Bunte Blätter lohnen sich also.

Warum auch immer, das zauberhafte Spiel der Herbstfarben lässt jedes Jahr von Neuem meine Augen leuchten. Ein festlicher Abschied des Lebens von der jährlichen Vegetationsperiode mit einem großen, bunten Feuerwerk.

Streifenwanze (*Graphosoma italicum*),
Gemeiner Rückenschwimmer (*Notonecta glauca*) &
Gemeine Feuerwanze (*Pyrrhocoris apterus*)

AUF DER MAUER, AUF DER LAUER …

Fast jeder kennt das Kinderlied »Auf der Mauer, auf der Lauer sitzt 'ne kleine Wanze«. Und die meisten Menschen könnten eine Wanze auch problemlos identifizieren. Dennoch halten viele Wanzen für Käfer. Doch gehören sie zur Ordnung der sogenannten Schnabelkerfe. Sie sind also am nächsten mit Zikaden und Blattläusen verwandt. Im Gegensatz zu Käfern vollführen sie keine vollständige Metamorphose, sondern kommen schon als fertige Insekten mit sechs Beinen und ohne klares Larvenstadium auf die Welt. Diese sogenannten Nymphen häuten sich in der Regel fünf Mal in ihrem Leben und wachsen so von Miniwanzen zu erwachsenen Wanzen heran. Die Anlage der Flügel, insofern sie als erwachsenes Tier flugfähig sind, wächst bei den Nymphen in den sogenannten Flügelscheiden stetig mit. Flugfähig ist jedoch erst die fertige Wanze. Eine Verpuppung wie bei Käfern findet also ebenfalls nicht statt.

Wanzen haben im Gegensatz zu Käfern keine Beiß- und Kauwerkzeuge, dafür aber einen mehrteiligen Rüssel, das Rostrum, der aus zwei hauchdünnen Röhrchen besteht. Mit diesem Rüssel wird ihre Beute angestochen, und durch eins der Röhrchen wird Verdauungsflüssigkeit injiziert. Den Nahrungsbrei saugt die Wanze dann durch das andere Röhrchen wieder ein. Sie nimmt also nur Flüssignahrung zu sich. Je nach Spezies schlürfen die etwa tausend bei uns vorkommenden Wanzenarten Pflanzen, Insekten oder sogar Pilze aus. Manche Wanzen trinken so schnell, dass sie in wenigen Minuten ihr eigenes Körpergewicht mehr als verdoppeln und sich äußerlich sichtbar in eine dicke, runde Kugel verwandeln.

Es gibt sogar Raubwanzen, die sich auf Spinnen als Beute spezialisiert haben. Dazu imitieren sie kleine Insekten, die in ihr Netz geflogen zu sein scheinen. Um die Spinnen anzulocken, zupfen die Wanzen mit ihren Vorderbeinen an den Netzfäden, dehnen sie und durchschneiden sie schließlich sehr langsam. Die dabei entstehenden leichten Erschütterungen imitieren perfekt die Vibrationsmuster von Beute im Spinnennetz. Sie veranlassen die Spinne, sich ihrer vermeintlich erschöpften Mahlzeit in aller Ruhe zu nähern, und dabei werden diese selbst zur Mahlzeit der Raubwanze.

Die Staubwanze, auch »Maskierter Strolch« genannt, ist eine Raubwanzenart, die an toten trockenen Bäumen lebt. Sie ist jedoch auch ein Kulturfolger und findet sich regelmäßig in Häusern. Ihren Namen verdanken die Staubwanzen ihren Nymphen, deren Körperoberfläche spezielle Drüsenhaare mit klebrigem Sekret aufweisen. Nach jeder Häutung bekleben sie ihre Körperoberfläche neu mit feinem Staub. An den toten Bäumen ist dies feinstes Bohrmehl von Totholzinsekten und in Häusern eben Hausstaub. Mitunter lagert die Staubwanze abstruse Mengen davon auf ihrem Körper ab, um sich zu maskieren – eine Strategie zur Tarnung vor Fressfeinden. Und so gibt es nicht selten den Fall, dass ratlose Menschen herumlaufende »Staubknäuel« in ihren Behausungen entdecken und sich hilfesuchend in Internetforen erkundigen, um was es sich denn dabei handelt.

Wanzen kommunizieren über Duftstoffe, die für unser menschliches Empfinden oft eher Stinkstoffe heißen sollten. So nutzen sie ihre Duftdrüsen etwa zur Verteidigung: Kommt ihnen ein Feind zu nahe, besprühen sie ihn mit einer stinkenden und manchmal sogar giftigen Flüssigkeit. Wanzennymphen geben ein Gemeinschafts-Pheromon ab, das zur Gruppenbindung führt. Bei drohender Gefahr sondern sie eine Art Alarmduftstoff aus, der dazu führt, dass die einzelnen Individuen schnell in alle Richtungen fliehen. Die Kontaktduftstoffe mancher Wanzenarten riechen aber auch für uns sehr angenehm, nach Birne, Kirsche, Zimt oder Vanille.

Eine Wanzenpaarung kann Tage dauern. An den Hinterleibern miteinander verkoppelt laufen sie so im Tandem durch die Gegend, wie man es etwa häufig bei den auffällig gefärbten Feuerwanzen oder Streifenwanzen beobachten kann. Die größeren Weibchen haben hier ganz klar die Hosen an: Bei Störungen schleppen sie die Männchen hinter sich her in ein Versteck. Viele Wanzenarten betreiben regelrechte Brutpflege. Die Gefleckte Brutwanze bewacht etwa nicht nur ihre Eier, sondern kümmert sich sogar rührend um den ausgeschlüpften Nachwuchs.

Kein anderes Insekt hat so viele Lebensräume erobert wie die Wanzen. Auch im Wasser findet man sie: Wasserläufer, Rückenschwimmer und Wasserskorpione sind ebenfalls Wanzen.

Wasserläufer sind extreme Leichtbaumodelle und können aufgrund vieler winziger eingefetteter Härchen an ihren Füßen und Beinsegmenten wie Jesus über das Wasser laufen, der physikalischen Oberflächenspannung sei Dank. Deshalb nennt man sie im Volksmund, auch wenn sie natürlich keine Käfer sind, Jesuskäfer. Die hinteren vier Beine sind permanent auf der Wasseroberfläche und fungieren als Stabilisator, Antrieb und Steuer. Mit speziellen Sensoren in ihren Beingelenken können sie die Wellen von ins Wasser gefallenen Insekten erspüren und zielsicher dorthin manövrieren, um sie dann auszusaugen.

Es gibt sogar eine Art, die ihr komplettes Leben auf dem offenen Meer verbringt: der Meerwasserläufer. Diese Wanzen ernähren sich von Fischeiern, winzigen Meerestieren oder toten Quallen. Ihre Eier legen sie an Gegenständen ab, die im Meer umhertreiben, wie Treibholz, Vogelfedern, Schneckenhäusern oder Plastik. Da der Meerwasserläufer auf offener See ununterbrochen der prallen Sonneneinstrahlung ausgesetzt ist, verfügt er über eine besondere Substanz, die wie eine Super-Sonnencreme funktioniert und vor schädlicher Strahlung schützt. Vielleicht können wir von ihm die Rezeptur für die ultimative Sonnencreme abschauen?

Der Rückenschwimmer, der auch auf dem Buchcover zu bewundern ist, schwimmt hingegen stets mit der Bauchseite nach oben. Dabei liegt sein Körper im Gegensatz zum Wasserläufer unterhalb der Wasseroberfläche. Diese merkwürdig wirkende Schwimmposition entsteht, weil er auf seiner Bauchseite einen auftriebgebenden Luftvorrat quasi als Schwimmhilfe mitführt. Den benötigten Sauerstoff holen sich die Wasserwanzen aus der Luft: Dazu strecken sie ihren Hinterleib aus dem Wasser und speichern den größten Teil der Atemluft in zwei Luftrinnen. So können sie wie ein Taucher mit Sauerstoffflaschen unter Wasser jagen. Die extrem langen Hinterbeine fungieren dabei als perfekte Ruder. Ihre Körperoberfläche ist mit winzigen Härchen übersät und dadurch superhydrophob, das heißt Wasser kann aufgrund seiner Oberflächenspannung nicht anhaften. So umgibt das kleine Tauchinsekt immer eine dünne Luftschicht, die Reibungskräfte zwischen ihm und dem Wasser minimiert und es so schnell durchs Wasser flitzen lässt. Rückenschwimmer sind gute Flieger, die stets neue Gewässer erkunden. Damit ihre Flügel nicht nass werden, sind die Flügeldecken durch nacheinander einrastende Nuten und Noppen wasserdicht fixiert. Dieses uralte Reißverschluss-Prinzip verwenden wir Menschen bei Jacken und Taschen erst seit 1851.

Eine heimische Wasserwanzenart sieht auf den ersten Blick aus wie ein Skorpion, mit gefährlichen Zangen und langem Stachel am Hinterleib. Die Ähnlichkeit hat dieser Wanze tatsächlich auch den Artnamen Wasserskorpion beschert. Bei genauerer Betrachtung erkennt man jedoch, dass die vermeintlichen

Zangen nichts anderes als zu kräftigen Fangapparaten umgebildete Vorderbeine sind und der bedrohliche Stachel am Hinterleib ein langes Atemrohr.

Ich habe erst kürzlich entdeckt, dass Wanzen auch abgefahrene Sounds machen, Stridulationslaute. Diese niederfrequenten Zirpgeräusche dienen der Kommunikation und werden meist erzeugt, indem sie ihren Rüssel über den Lautapparat, eine quergeriefte Rinne zwischen den Vorderhüften, bewegen. Auch Ruderwanzen machen Stridulationslaute, die für uns deutlich hörbar sind. Auf der Innenseite der Vorderschenkel befindet sich ein Schrillfeld mit Borsten, das über scharfe Seitenkanten des Kopfes gestrichen wird. Aufgrund des zirpenden Geräusches nennt man sie auch Wasserzikaden.

Wanzen besitzen zwar keine Antikörper wie Wirbeltiere, verfügen jedoch über ein angeborenes Immunsystem mit antimikrobiellen Peptiden, die sehr effektiv gegen Bakterien wirken können. Dies ist auch für die Humanmedizin ein spannendes Forschungsfeld, da man hofft, aus solchen Substanzen neue Wirkstoffe gegen multiresistente Keime entwickeln zu können.

Zeit also, die Wanzen nicht als Plagegeister anzusehen, wie die aus eigener Erfahrung zugegebenermaßen unbekömmliche Bettwanze, sondern sie wieder mehr lieben zu lernen. Denn schon der viel zitierte Goethe schrieb: »Die Flöhe und die Wanzen gehören auch zum Ganzen.«

Nachtigall
(*Luscinia megarhynchos*)

WARUM MUSIK UNS GLÜCKLICH MACHT

Schon Friedrich Nietzsche sagte: »Ohne Musik wäre das Leben ein Irrtum.« Und tatsächlich ist Musik für die Menschwerdung und unsere Vorgeschichte unabdingbar. Denn Musik ist älter als Sprache. Wir wissen heute, dass beim Musizieren der älteste Teil unseres Gehirns, der Hirnstamm, aktiv ist. Beim Sprechen hingegen nur ein jüngerer Seitenlappen. Wir haben ein Stimmorgan, das es uns ermöglicht, über drei bis vier Oktaven Töne von uns zu geben, zum Sprechen brauchen wir aber gerade einmal eine. Schlaganfallpatienten können häufig nicht mehr sprechen, aber noch musizieren. All diese Indizien verweisen darauf, dass der Mensch schon musizierte, bevor er die Sprache entwickelte. Emotionen und Gefühle wurden mit Tonfolgen aus dem Kehlkopf mitgeteilt, ähnlich wie Tiere das heute noch machen. Nichts wirkt so beruhigend auf Neugeborene wie der Klang der Stimmen ihrer Eltern, die Wiegenlieder singen. Kleinkinder erlernen ihre Sprache ebenfalls zunächst über die Sprachmelodie statt über einzelne Vokabeln.

Unser tonales Langzeitgedächtnis ist auch heute noch der Grund, warum manche Musik uns glücklich und manche Musik uns traurig macht. Moll-Tonfolgen empfinden wir meist als düster, Dur-Tonfolgen als klar, strahlend und fröhlich. Heute besitzen wir zwar eine hochkomplexe Sprache und modernste Kommunikationskanäle wie Handy, E-Mail und Internet, doch verstehen wir diese Botschaften immer noch. Diese Wahrnehmung ist so in unsere Gene übergegangen, dass sogar Menschen, die nie Kontakt zur westlichen Musik hatten, sie verstehen. Musik ist also eine globale Sprache, die auf der gesamten Welt ähnlich verstanden und zu verschiedenen Anlässen in ähnlicher Weise und bemerkenswerter Universalität eingesetzt wird.

Ein weiteres Beispiel für unser evolutionäres Langzeitgedächtnis der Töne ist das Geräusch, das entsteht, wenn man mit einer Gabel über einen Teller kratzt oder Kreide an der Tafel abbricht. Es stellen sich uns die Nackenhaare auf, und ein Gefühl des Unbehagens tritt ein. Der Grund dafür liegt weit zurück: Als der Mensch noch in Wäldern und Savannen lebte, gab es eine Affenart, die bei Gefahr durch Raubtiere ein Geräusch absonderte, das einer kratzenden Gabel sehr ähnelte. Der Mensch wurde darauf konditioniert: Gefahr, aufpassen und in Fluchtstellung gehen!

Musik kann darüber hinaus als sozialer Klebstoff unserer Gesellschaft angesehen werden. Durch das gemeinsame Singen, Musizieren und Tanzen wurde und wird das Gruppengefühl gestärkt, die Basis unserer Gesellschaft. Der Mensch ist ein Herdentier, das gesehen werden möchte und mit seiner Gruppe verschmelzen möchte. Sogar die Gehirnwellen der Musizierenden schwingen im Gleichklang. Unser Körper belohnt dies mit Ausschüttungen der Glückshormone Endorphin und Dopamin. Nach einer Weile kommen noch Serotonin und Noradrenalin hinzu, die eine antidepressive Wirkung haben. Auch geringere Mengen des Stresshormons Cortisol werden produziert. Musik entspannt, bringt die Emotionen ins Gleichgewicht, macht wacher, leistungsfähiger und aufmerksamer, glücklicher. Zudem kommt es zu einer Bildung von Abwehrstoffen, wie etwa Immunglobulinen, die zu einer Stärkung des Immunsystems führen. Musik hat auch nachgewiesenermaßen schmerzlindernde Wirkungen. Patienten, die sich einer Operation mit Teilnarkose unterziehen, brauchen weniger Narkosemittel, wenn sie bei der OP Musik hören.

Sogar am Folgetag eines Konzertes oder einer anderen intensiven Musikerfahrung sind unsere Dopaminrezeptoren noch aktiver als sonst und verlangen förmlich nach mehr Musik. Musik erzeugt bei uns einen regelrechten Hunger nach noch mehr glücklich machender Musik. Musik kann also wahrlich süchtig machen wie eine Droge. Das Glückshormon Dopamin, das beim Musikhören so reichlich ausgeschüttet wird, wird nur dann von unserem Körper als Belohnung produziert, wenn wir Dinge tun, die für unser Überleben essenziell sind und die Weitergabe unserer Gene sichern – also etwa beim Essen oder beim Sex. Daraus kann man schließen, dass Musik evolutionsbiologisch gesehen überlebensrelevant ist.

Doch auch traurige Musik kann uns glücklich machen. Sie kann wie eine Katharsis wirken, bei der wir unsere negativen Emotionen rauslassen. Denn bei dem Rezipieren von Moll-Klängen bildet unser Stammhirn Beta- und Gammawellen, die für starke Aufmerksamkeit und Konzentration sorgen. Wir lauschen empathisch dem vermeintlich leidgeplagten Gegenüber und hören uns seinen Kummer an. Wir bilden dabei das tröstende Hormon Prolaktin, das etwa auch ausgeschüttet wird, wenn wir herzlich umarmt und gedrückt werden. Dieses Hormon nimmt uns den seelischen Schmerz. Musik ist also ein hervorragendes Antidepressivum.

Auch das Gefühl und die Freude für Rhythmus wohnen uns allen inne. So findet man auf der ganzen Welt Kulturen, die alle unabhängig voneinander dem Viervierteltakt frönen. Die Freude an diesem monotonen Rhythmus, zu dem man sich stundenlang bewegen möchte, rührt wohl daher, dass wir im Mutterleib als Erstes den gleichförmigen Herzschlag der Mutter hören. Der gerade Rhythmus erinnert uns also an eine ganz ursprüngliche Glückseligkeit. Die Konditionierung darauf liegt in unseren Genen. Und sie hat uns erst zur Hochkultur gemacht. Der Mensch ist das einzige Wesen auf diesem Planeten, das sich im Kollektiv zu einem externen Impuls synchronisieren kann. Dadurch ist es uns möglich, die Kraft vieler Menschen zu einem gleichzeitigen Energieimpuls zu bündeln. So haben wir damals überhaupt die großen Gebäude, wie etwa die Pyramiden, bauen können. Durch einen Taktgeber, etwa mit einer Pauke, haben alle Arbeiter im selben Moment gezogen. Nur so konnten die riesigen Felsbrocken bewegt werden. Ähnliches galt für große Ruderboote, bei denen alle auf das Kommando eines Steuermanns hörten. Auch in Kriegen spielte diese kollektive Synchronisation eine große Rolle. Nichts anderes machen wir im Grunde genommen bei einem Techno-Rave. Es ist also kein sinnloser Hedonismus, sondern das Zelebrieren und Repetieren der tiefen Natur des Menschen.

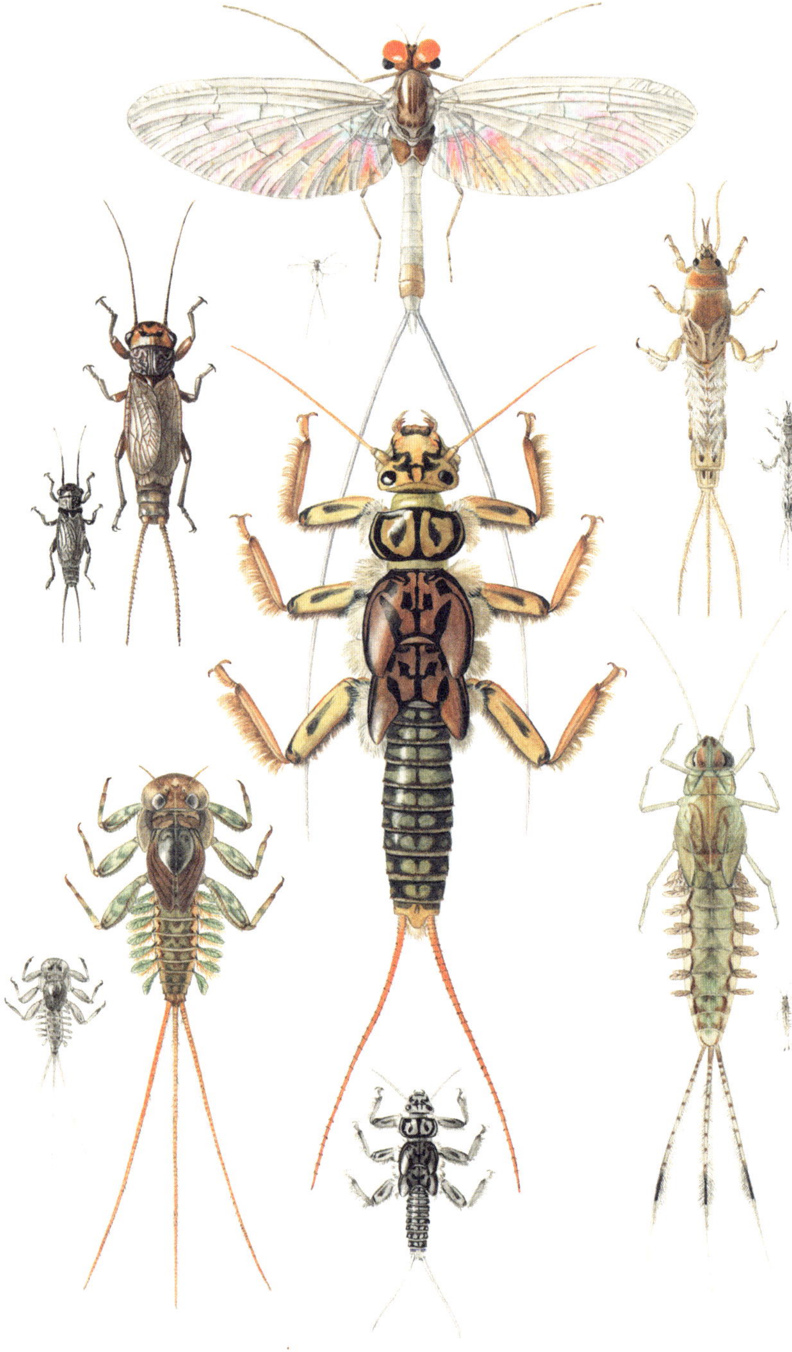

Verschiedene Arten der Ordnungen
Steinfliegen (Plecoptera) & Eintagsfliegen (Ephemeroptera)

PLANET DER INSEKTEN

Eigentlich leben wir auf einem Planeten der Insekten. Sie waren die ersten Lebewesen, die den Luftraum erobert haben. Seit mehr als vierhundert Millionen Jahren bevölkern sie unsere Erde und werden dies wohl auch bis an ihr Ende tun. Ob Wüste, Hochgebirge, Ozean oder Antarktis, es gibt keine ökologische Nische, die sie nicht erobert haben. Mit mehr als einer Million beschriebenen Arten sind über sechzig Prozent aller Tierarten Insekten. Es gibt etwa elf Trillionen Insektenindividuen, das sind 1,4 Milliarden Mal mehr als Menschen. Rund neunzig Prozent der landlebenden tierischen Biomasse sind Insekten. Würde man eine riesige Waage bauen, alle Insekten der Erde auf eine Seite packen und alle anderen Lebewesen auf die andere, so wären Ameisen, Schmetterlinge und Kollegen tatsächlich schwerer als Elefanten, Wale und Konsorten. Alleine die Ameisen bringen es zusammen auf etwa die gleiche Biomasse wie alle Menschen zusammen.

Insekten sind emsige Dienstleister unseres Ökosystems. Ohne sie würde es nicht mehr funktionieren. Sie bereiten uns den Boden auf, sind unsere Müllabfuhr und für die Bestäubung der meisten Pflanzen unabdingbar. Ohne Insekten würden wir nicht einmal sechs Monate überleben, haben schlaue Köpfe berechnet. Etwa achtzig Prozent aller Pflanzen sind auf die Insektenbestäubung angewiesen. Sie sind eine Art Überlebensversicherung für uns, wir sollten ihnen unendlich dankbar sein. Dankbar auch, dass wir »ihren« Planeten mit ihnen teilen dürfen. Doch sie bekommen nicht den Respekt und die Achtung, die sie verdienen. Wir töten sie mit Giften, zerhäckseln ihre Heimat, zerschmettern sie martialisch mit der Tageszeitung am Frühstückstisch. Was der Asteroid für die Dinosaurier war, sind für die Insekten wir Menschen. Um 2,5 Prozent schrumpft ihre Biomasse jährlich. Jahrzehntelang haben wir schon Insektenvernichtungsmittel auf die Felder ausgetragen und wundern uns jetzt, dass die Insekten vernichtet sind. Der Philosoph Richard David Precht brachte diese unreflektierte, anthropozentrische Hybris trefflich auf den Punkt: »Es gibt zwei Kategorien von Tieren. Die eine glaubt, dass es zwei Kategorien von Tieren gibt, und die andere, die darunter leidet.«

Der Begriff Insekt stammt übrigens von dem lateinischen Wort »insectum« ab, was so viel wie »eingeschnitten« bedeutet. Dies bezieht sich auf die drei deutlich abgetrennten Körperteile von Insekten: Hinterleib (Abdomen), Brust (Thorax) und Kopf (Caput). Wegen dieses eingeschnittenen oder eingekerbten äußerlichen Erscheinungsbilds nennt man Insekten auch Kerbtiere.

Für den enormen Erfolg der Insekten kann man mehrere Eigenschaften verantwortlich machen. Zum einen haben sie ein sehr festes Außenskelett, den Chitinpanzer, der die Insekten verhältnismäßig zur Größe sehr kräftig und widerstandsfähig macht sowie vor Austrocknung schützt. Zum anderen ermöglicht ihre geringe Körpergröße, in Lebensräume vorzustoßen, die für Wirbeltiere unzugänglich sind. Auch mit Futtermangel kommen sie besser zurecht, da sie einen sehr geringen Energieverbrauch haben. Insekten waren die ersten Lebewesen, die sich den Luftraum zunutze machten. Durch diese Fähigkeit können sie sich über weite Strecken verbreiten und vor bestimmten Problemen einfach fliehen. Ein weiteres Erfolgsgeheimnis der kleinen Sechsbeiner ist, dass sie sich schnell fortpflanzen können. Einige Insekten können sich bei günstigem

Klima und guten Nahrungsverhältnissen innerhalb weniger Wochen vertausendfachen.

Auch ihr vielfältiges Nahrungsspektrum ist ein Grund, warum sie allen anderen Tieren zahlenmäßig so sehr überlegen sind. Viele Insekten sind Allesfresser, nicht wählerisch und verspeisen einfach alles, von Pflanzen und Fleisch über Aas bis hin zu Kot. Auch den unverdaulichen Holzstoff Zellulose können einige Insektenarten dank spezieller Darmbakterien abbauen. Außer etwa Borkenkäfern, Termiten oder Holzwürmern nutzt kein anderes Tier Holz als Nahrungsquelle. Selbst vor Bienenwachs, einem widerstandsfähigen Naturstoff, quasi einer Art Natur-Plastik, machen einige zähe Burschen nicht halt: Die Larven der Wachsmotte fressen sich genüsslich durch die Waben. Diese Widerstandsfähigkeit brachte Wissenschaftler auf die Idee, ihnen andere Nahrung anzubieten. Und tatsächlich konnten sich die Darmbakterien auf das Abbauen von Polyethylen einstellen, dem Stoff, aus dem Plastiktüten sind. Mehlwürmer schaffen Ähnliches, sie können den Kunststoff Polystyrol, aus dem etwa Styropor besteht, vollständig abbauen. Vielleicht können uns Insekten ja auch hier wieder den Allerwertesten retten, bevor wir vollends unter unserem eigenen Berg aus Plastik ersticken?

So oder so, wir sollten uns klarmachen, dass Insekten unsere unglaublich genialen und wertvollen Verbündeten sind. Wir sollten uns bewusst werden, dass Ekel ihnen gegenüber nur Ausdruck unserer völlig verschobenen, verrückten Wahrnehmung ist. Insekten sind unsere Freunde, und wir sollten anfangen, ihnen wieder auf Augenhöhe zu begegnen. Jedes noch so kleine Geschöpf ist ein kostbares Element in einem System, in dem auch wir nur ein Rädchen sind. Insekten sind die Basis, das stabilisierende Gerüst dieses Systems. Geht es ihnen schlecht, geht es auch uns schlecht. Höchste Zeit, sie lieben zu lernen und ihnen wieder den Raum und Respekt zu schenken, den sie verdienen. Lasst uns Freund sein von allem, was lebt.

Großtrappe (*Otis tarda*)

WEISSE FEDERKUGELN MIT NEUNHUNDERT BPM UND GOLDIGE HÄHNCHEN

Die heimische Vogelwelt ist trotz ihrer nur knapp zweihundertfünfzig Brutvogelarten in ihrer Formen-, Farben-, aber auch Größenvielfalt ungeheuerlich mannigfaltig. Unsere schwerste Vogelart, die Großtrappe, wiegt bis zu achtzehntausend Gramm, also in etwa so viel wie ein Dachs oder ein kleines Reh. Unsere leichteste Vogelart, das Sommergoldhähnchen, wiegt mit seinen vier bis sieben Gramm in etwa so viel wie ein Bleistift, oder eben ein Viertausendstel einer Großtrappe.

Die Großtrappe ist aber nicht nur wegen ihrer Größe eine äußerst imposante Erscheinung. Wer einmal das Glück hatte, die spektakuläre Balz der Großtrappen zu beobachten, wird dieses Naturschauspiel nicht mehr so leicht vergessen. Ein Großtrappenhahn kann achtzehn Kilogramm schwer werden. Damit zählt die Großtrappe zu den schwersten flugfähigen Vögeln der Welt. Die Flügelspannweite kann bis zu zweieinhalb Meter betragen. Solch ein enormes Gewicht will beherrscht sein: Großtrappen starten generell gegen den Wind. Mit einigen beidbeinigen Sprüngen startet die Trappe ihren Flug, sie nimmt also keinen Anlauf. Weil sie nicht sehr hoch fliegt, kann das zu Problemen führen, da das freie und flache Land heutzutage gerne mit Windparks und Ähnlichem zugestellt wird. Die Hennen sind erheblich kleiner und leichter als die Männchen. Der Größenunterschied zwischen Männchen und Weibchen ist deutlicher ausgeprägt als bei allen anderen heimischen Vogelarten. Während das Männchen über einen Meter groß wird, ist das Weibchen meist nur halb so groß und wiegt nur bis zu fünf Kilogramm. Die Großtrappe ist braun gescheckt und hat stämmige Beine und einen kräftigen Hals. Ältere Hähne haben einen Federbart, der am Schnabel beginnt und bis zur Mitte des Halses reicht. Großtrappen können zwanzig bis fünfundzwanzig Jahre alt werden.

Außerhalb der Paarungszeit leben die Trappen meist in Gruppen, getrennt nach Geschlecht. Die Jungtiere bleiben bei den Weibchen. In diesen Gruppen überwintern sie von Oktober bis Januar. Die Balzzeit kann bereits im Februar beginnen und dauert bis Juni an. Dann fliegen die Hähne- und Hennengruppen mehrere Kilometer, um zu dem alljährlichen Balzplatz zu gelangen. Die Balz ist ein unglaubliches Schauspiel: Der Hahn kehrt dabei die braun gemusterten Flügel um, sodass die weiße Unterseite nach oben zeigt. Den Schwanz klappt er ebenfalls nach oben, sodass auch hier nur das weiße Gefieder zu sehen ist. Den Hals krümmt er ein, bläht den Kehlsack auf, und die langen Bartfedern spreizt er nach oben ab. Letztlich weiß man nicht mehr, wo vorne und hinten ist. Von Weitem wirkt der Hahn plötzlich wie verwandelt, wie ein großer Federball oder wie eine aufgegangene Riesenblume. Die Herzschlagrate erhöht sich bei der Balz bis auf neunhundert Schläge pro Minute. Die Hähne kämpfen einen »Schiebkampf«, bei dem sie sich auch mit ihren Schnäbeln attackieren und nicht selten ein paar Federn lassen. Die Hennen suchen sich dann den kräftigsten Hahn für die Befruchtung ihrer Eier aus. Die Paarung erfolgt kurz und schnell.

Für die Brut verlassen die Weibchen die Männchen und fliegen in ihr Revier zurück. Die Eier legt die Henne in eine Mulde ohne auspolsterndes Nistmaterial. Während die Weibchen mit etwa zwei Jahren geschlechtsreif sind, dauert es bei den Männchen noch etwa zwei bis drei Jahre länger. In besonders strengen Wintern verlassen die Großtrappen ihre Brutgebiete gen

Westen. Doch solche Wanderungen bedeuten auch immer Verluste im Bestand, denn nicht selten werden ihnen Freileitungen und fehlendes Nahrungsangebot zum Verhängnis. Die Klimaerwärmung könnte daher einen positiven Einfluss auf die Zahl der hiesigen Großtrappen haben.

Der ursprüngliche Lebensraum der Großtrappen waren Steppenlandschaften. Die im Mittelalter durch Rodungen entstandenen Kultursteppen wurden von den Trappen zahlreich besiedelt. Noch im neunzehnten Jahrhundert waren die Großtrappen in den Agrarlandschaften Europas weit verbreitet. Die heutigen intensiv benutzten Ackerlandschaften eignen sich nicht mehr für die großen Vögel. Auch das in Deutschland weit verbreitete hohe und dichte Hochertragsgrasland bietet kaum Überlebenschancen. Denn Großtrappen brauchen weite und übersichtliche Lebensräume. Sie ernähren sich von Körnern, Samen, Früchten, Insekten, Spinnen, Würmern und Kleinsäugern. Doch in der auf Ertrag getrimmten Kulturlandschaft finden sie kaum Nahrung. Gerade in den ersten Lebenswochen benötigen die Küken zehntausende Insekten von ihrer Mutter zum Überleben. Viele Insekten finden sich vor allem dort, wo die Pflanzenvielfalt groß ist. Doch bei der intensiven Landwirtschaft ist das Gegenteil der Fall. Dank Unmengen an Dünger wächst das Gras üppig und dicht. Dies schafft ein feuchtkaltes Bodenklima, in dem kaum Insekten überleben können, denn sie brauchen Wärme und Trockenheit. So finden sich für Großtrappen ungestörter Lebensraum und Nahrung nur noch in wenigen Schutzgebieten mit extensiv genutzten Wiesen und Brachen. Damit gehören Trappen zu den anspruchsvollsten Vögeln, was den Lebensraum betrifft. Dies gilt insbesondere für die Brut- und Aufzuchtzeit. Von der Eiablage bis zum Flüggewerden vergehen immerhin fast drei Monate. Doch die ertragsorientierte Nutzung von Ackerflächen und Wiesen lässt den Großtrappen nicht ausreichend Zeit. Bis zu fünf Mal wird dieses Intensivgrünland pro

Jahr gemäht. Als Wiesenbrüter kommen ihr Gelege oder die gut getarnten Jungvögel, die sich bei Gefahr bücken, nicht selten unter die Räder.

Von 1930 bis 1997 hat sich die Zahl der Großtrappen hier von siebentausend auf siebenundfünfzig Tiere minimiert. Von etwa dreißig Großtrappen-Gebieten sind nur noch drei in Brandenburg übrig geblieben: Hier leben nun dank Naturschutzbemühungen wieder rund dreihundertvierzig Tiere.

Unsere kleinste Vogelart, das Sommergoldhähnchen, ist ein Zugvogel, der sich im Gegensatz zu seiner Schwesterart, dem Wintergoldhähnchen, hier ausschließlich im Sommer aufhält. Sein gelbrot gestreifter Scheitel erinnert an einen Hahnenkamm, weshalb es »Hähnchen« heißt. Der mittlere Teil seines Namens erklärt sich durch seine teilweise goldene Färbung. Obwohl das Sommergoldhähnchen zu den Top 20 unserer häufigsten Brutvogelarten zählt, registrieren viele Spaziergänger*innen es nicht. Zum einen liegt das natürlich an seiner winzigen Größe, zum anderen aber auch daran, dass sein Gesang zu den höchsten Vogelstimmen unserer Gefilde zählt. Gerade ältere Menschen können ihn häufig nicht mehr wahrnehmen. Außerdem hält es sich meist in den Kronenbereichen der Bäume auf. Hier turnt es artistisch umher und sammelt kleine Insekten oder Spinnen.

Das Nest des Sommergoldhähnchens ist ein wahres Kunstwerk: Es gleicht einem tiefen Napf mit einer kleinen Öffnung nach oben. Die Brut ist darin bestens geschützt und wärmeisoliert. Bei Regen kann sich das Außennest vollsaugen und dabei das Fünffache des ursprünglichen Gewichts annehmen. Diese Stabilität wird durch das Einflechten von Spinnstoff in das Nestmaterial ermöglicht.

Wanderfalke
(Falco peregrinus)

TIERISCHE SUPERREKORDE

Durch permanente Selektion in der Natur kommt es im Tierreich zu immer extremeren Anpassungen; eine Art »Wettrüsten« findet statt. Die beachtlichen Meisterleistungen dürfen wir auch vor unserer eigenen Haustür als ehrfürchtige Bewunderer bestaunen.

So halten etwa die hierzulande auf dem Durchzug zu beobachtenden Pfuhlschnepfen den Rekord im längsten Flug ohne Pause: bis zu neun Tagen Flug, ohne einen Fuß auf den Boden zu setzen, ohne Futter, ohne Trinken oder Schlaf – nonstop von Alaska nach Neuseeland, circa zwölftausendzweihundert Kilometer. Den Rekord der längsten Zugstrecke hält die auch bei uns brütende Küstenseeschwalbe. Sie macht zwar Pausen während ihrer Wanderung, legt aber jährlich von ihren Brutgebieten, die teilweise in Nordpolnähe liegen, bis zu ihren Winterquartieren in Südpolnähe über neunzigtausend Kilometer zurück. Sie erlebt somit zwei polare Sommer und dürfte daher mehr Tageslicht abbekommen als jedes andere Lebewesen auf unserem Planeten. Vögel halten auch noch einen anderen Rekord: Der Wanderfalke ist das schnellste Tier der Welt. Wenn er aus großer Höhe mit angelegten Flügeln im Sturzflug auf seine Beute zudonnert wie eine Rakete, erreicht er eine Spitzengeschwindigkeit von dreihundertzweiunddreißig Stundenkilometern.

Während manche von uns eine Brille benötigen, um in einem Buch zu schmökern, könnte dies der Turmfalke noch aus einer unglaublichen Entfernung von dreißig Metern tun; wenn er denn lesen könnte. Er kann sogar aus eineinhalb Kilometern Entfernung eine Maus erspähen. Zudem können Turmfalken selbst aus großer Höhe noch die Urinspuren von Mäusen erkennen. Deren Urin reflektiert UV-Licht, und Turmfalken können diesen kurzwelligen Anteil des Sonnenlichts wahrnehmen. Da Wühlmäuse ständig ihre Territorien mit Kot und Urin markieren müssen, können Falken dank dieser ultravioletten »Leuchtreklame« abschätzen, wo es sich lohnt, genauer hinzuschauen. Dabei helfen ihnen auch ihre »Rüttelflüge«, bei denen sie in der Luft an einer Stelle stehen können. Ähnlich gute Augen haben natürlich die Adler. Der Begriff »Adleraugen« kommt nicht von nichts.

Auch was den Geruchssinn angeht, schneiden wir Menschen im Vergleich zu tierischen Supernasen eher mittelmäßig bis schlecht ab. Bereits Hunde können viel besser riechen als der Mensch und werden nicht umsonst als Spürhunde eingesetzt: Während der Mensch bis zu zehn Millionen Riechsinneszellen hat, verfügt ein Hund über zweihundert Millionen, also zwanzigmal mehr. Das beste Riechorgan hat jedoch der Aal: Würde man einen Tropfen Blut in ein Gewässer mit dem dreifachen Volumen des Bodensees geben, so könnte der Aal, auch wenn er sich genau am anderen Ende befindet, diesen einzelnen Tropfen immer noch wahrnehmen.

Das stärkste Tier auf der Welt ist nicht etwa ein Raubtier oder ein Elefant. Betrachtet man die Kraft, die Tiere aufbringen können, in Relation zu ihrer Körpergröße, dann sind bereits Ameisen stärker als Elefanten: Sie wiegen selbst nur wenige Milligramm, können aber das Dreißig- oder Fünfzigfache ihres eigenen Gewichts tragen. Ermöglicht wird diese enorme Kraft durch ihre geringe Körpergröße. Auch bei Gewichthebern im Sport sieht man das: Schwergewichtler können nur etwa das Doppelte ihres Körpergewichts stemmen, Fliegengewichtler bereits das Dreifache. Das liegt daran, dass die Muskelkraft proportional zu der Querschnittsfläche eines Muskels ist. Kleinere Tiere haben damit relativ zu ihrem Körpergewicht stärkere Muskeln. Dieser Relation Beachtung schenkend, ist das stärkste Tier unserer Breiten der Nashornkäfer. Er kann das Achthundertfünfzigfache seines Körpergewichts tragen.

Im Verhältnis zur eigenen Körpergröße kann kein Lebewesen der Welt so hoch springen wie die heimische Schaumzikade, sie übertrifft sogar den Floh. Das Insekt ist einen halben Zentimeter lang und erreicht aus dem Stand heraus unglaubliche siebzig Zentimeter Höhe. Menschen müssten umgerechnet auf unsere Körpergröße etwa zweihundert Meter hoch springen können, um mit den Zikaden gleichzuziehen. Diese enorme Sprungenergie liefert das hinterste Beinpaar. In diesen Beinen kann die Wiesenschaumzikade wie in einem Katapult Spannung aufbauen und dann schlagartig entladen.

Im Weitsprung ist, wie der Name es schon ahnen lässt, der heimische Springfrosch die Nummer eins. Mit zwei Metern springt er in Relation zur Körperlänge die dreiunddreißigfache Distanz. Ein 1,70 Meter großer Mensch müsste mindestens sechsundfünfzig Meter weit springen, um ein vergleichbares Ergebnis zu erzielen. Die Silbermedaille geht an die Waldmaus, die mit siebzig Zentimetern das Achtfache ihrer Größe springt. Bronze gewinnt das kleinste Raubtier der Welt, das Mauswiesel. Mit 1,20 Metern springt es das Sechsfache seiner Körperlänge.

Das lauteste Tier der Welt in Relation zur Körpergröße ist die heimische Ruderwanzenart Micronecta scholtzi. Sie wird nur reiskorngroß, also etwa zwei Millimeter. Dennoch erreicht ihr Zirpen Lautstärken eines Motorrades. Mit etwa hundertfünf Dezibel locken männliche Ruderwanzen Weibchen an. Sie erzeugen das Geräusch, indem sie ihren gerippten Penis über Kanten auf dem Bauch reiben.

Schwarzblauer Ölkäfer
(*Meloe proscarabaeus*)

BIENEN-TAXI-LOTTERIE UND ZIGARRENWICKLER

Der schwarz-blau-metallisch glänzende und bis zu fünf Zentimeter große Ölkäfer sieht mit seinem extrem langen Hinterkörper aus, als käme er nicht von diesem Planeten. Man nennt den Käfer im Volksmund auch Maiwürmchen, aufgrund seines langgezogenen Erscheinungsbilds sowie der Tatsache, dass er flugunfähig und meist von April bis Juni zu beobachten ist. Ölkäfer brauchen zwei Jahre zur Entwicklung und leben nur einen einzigen Monat davon als Käfer. Wie bei einer Lotterie entscheidet pures Glück, wer ein Käfer wird, mehr noch als bei anderen Arten. Damit sich genügend Larven entwickeln können, müssen die Weibchen große Mengen Eier produzieren, bis zu zehntausend kommen da zusammen. Denn nur aus einem von tausend Eiern entwickelt sich tatsächlich auch ein Käfer. Der auffällig üppige Hinterleib der Weibchen lässt schon ahnen, dass sie wahre Eierproduktions-Maschinen sind. Sie verbuddeln ihre Gelege in kleinen Häufchen in der Erde, wo sie bis ins nächste Frühjahr verweilen. Aus den Eiern entwickeln sich dann orange-gelb gefärbte Larven, die umgehend auf erste Frühblüher klettern. Dort warten sie, bis pollensammelnde Insekten vorbeikommen, speziell haben sie es auf im Boden brütende Solitärbienen, wie Seiden- und Erdbienen, abgesehen. Sind nicht genug Blüten vorhanden, rotten sie sich zu dichten Klumpen zusammen und geben sich durch ihre Färbung einfach selbst als Blüten aus. So schleusen sie sich als blinde Passagiere in die

Bruthöhlen von Solitärbienen ein. Sie brauchen jedoch bodenbrütende Wildbienenarten. Larven, die ein falsches Bienen-Taxi nehmen, sterben; erwischen sie etwa eine Honigbiene, werden sie von den Arbeiterinnen im Bienenstaat ausgemustert. Genau wie die, die zwar mit ins richtige Nest gelangen, dort aber nicht auf, sondern neben einem Bienen-Ei landen – auch sie gehen ein, da sie im umgebenden Honig-Pollen-Brei ertrinken. Im Biennest fressen die Ölkäfer-Larven zunächst das Ei der Biene, häuten sich und vertilgen danach den für den Bienennachwuchs vorgesehenen Nahrungsbrei. Nach weiteren Häutungen verlassen sie das Nest und ziehen sich in den Erdboden zurück, wo sie sich zu einer sogenannten Scheinpuppe häuten, einem Phänomen, das nur bei den Ölkäfern vorkommt. Bewegungslos und ohne Nahrungsaufnahme verbringt die Scheinpuppe den Winter. Im Unterschied zu einer echten Puppe, in der das fertige Insekt entsteht, schlüpft aus dieser Scheinpuppe im Frühjahr wieder eine Larve. Diese verpuppt sich in der Erde, und erst danach schlüpfen zwischen März und Mai die fertigen Käfer.

Der Ölkäfer ist ein wehrhaftes Tier, denn er hat giftiges Blut. Fühlt er sich bedroht, sondert er aus Poren in den Kniekehlen ein Sekret ab, das den Wirkstoff Cantharidin enthält. Es wird bei der Kopulation vom Männchen als »Hochzeitsgeschenk« an das Weibchen übertragen. Diese lassen nur solche Männchen zur Paarung zu, die in ihren Anhangsdrüsen reichlich Cantharidin besitzen. Die Weibchen prüfen während der Balz den Cantharidingehalt durch Biss in eine Drüse an den Flügeldecken des Männchens. Durch die Weitergabe an die Eier, Larven und Puppen dient das Cantharidin dem Schutz der Entwicklungsstadien vor räuberischen Feinden.

In geringen Mengen soll Cantharidin die Potenz steigern. In Honig gerührt wurde es in der Antike als Liebestrank verabreicht. Noch vor hundertzwanzig Jahren wurden getrocknete Ölkäfer in Gläschen als Potenzmittel in unseren Apotheken verkauft. Auch heute gibt es Präparate in homöopathischen Dosen, die als »Spanische Fliege«, eine andere Ölkäferart, verkauft werden. Häufig kam es jedoch auch zu tödlichen Überdosierungen, da schon ein einziger Käfer für einen Menschen tödlich sein kann. Im antiken Griechenland wurde der Käfer für Hinrichtungen eingesetzt, und so mancher Mord wurde mit der tödlichen Wirkung des Käfersekrets begangen. Aber auch in der Natur dient die Kraft des Cantharidins nicht nur dem Ölkäfer selbst. Andere Insekten können geringe Dosen des Giftes aufnehmen und sind so gegen Fressfeinde geschützt. Früher, als Käfer noch weiter verbreitet waren, starben auch häufiger Rinder am Verzehr von Ölkäfern. Sie blähten stark auf, und Ölkäfer erhielten ihren Spitznamen »Rinderbläher«.

Ab Mitte April kann man mit etwas Glück etwa einen halben Zentimeter kleine bunte Käfer am frischen Laub von Pappeln entdecken. Diese Käfer mit rüsselartigem Kopf glänzen prachtvoll metallisch und schillern in satten Farben zwischen Grün, Blau und Rot. Wie kleine Glitzerperlen oder Süßigkeiten schauen sie aus und turnen emsig in dem zarten Blattwerk herum. Der Name dieser Käferart deutet auf ihre besondere Brutpflege hin: Pappelblattroller heißen die bunten Kerlchen. Sie rollen Pappelblätter straff der Längsachse nach zusammen und legen ein bis drei Eier zwischen zwei Lagen des Wickels, die dann als geschützte Brutaufzucht-Kammern dienen. Da die langen und schlanken Blattwickel des Pappelblattrollers wie Zigarren aussehen, nennt man ihn auch Zigarrenwickler. Für die Fertigung eines Wickels benötigt ein Weibchen ungefähr zwei Stunden. Zunächst werden dabei die Blattstiele angestochen oder durchbohrt, was zu einer Unterbrechung des Saftstromes führt und ein Welken des Blattes verursacht. Nun verlässt das Weibchen für etwa zwanzig bis vierzig Minuten das Blatt und fängt erst anschließend mit dem Aufrollen vom Blattrand her an, da der einsetzende Welkungsprozess diese Rollarbeit erleichtert. Rollt sich das Blatt dennoch nicht gut genug, wird gewartet oder das genagte Loch im Stängel nochmal vergrößert. Die antirutschbeschichteten Füße auf einer Seite des Käfers haften auf dem bereits gerollten Blattteil, die Füße der anderen Körperseite auf dem noch nicht gerollten Teil, dann werden die Beine zusammengeführt und der Wickel so weitergerollt. Der Rüssel drückt durch ständiges Klopfen wie ein Klöppelhammer mit einer Frequenz von zwei Klopfern pro Sekunde die oberste Lage auf die darunterliegende. Auch der Hinterleib wird zum Anpressen der neuen Lage eingesetzt. Ist die Arbeit »abgewickelt«, werden die Ränder der Rolle noch an zwei bis fünf Stellen mit Ausscheidungen aus dem Hinterleib verklebt. Oftmals schließen sich mehrere Weibchen bei der Fertigung einer Brutstätte zusammen, denn im Team wickelt es sich bekanntlich leichter.

Zu Beginn der Vegetationsperiode, wenn die Blätter noch nicht kräftig und stabil genug sind, werden auch Wickel aus mehreren Blättern gefertigt. Dabei werden nicht die Blattstiele, sondern die Triebe im oberen Bereich angebohrt, sodass nun eine ganze Reihe an Blättern welken. Bis zu acht Blätter werden dann zu einem Multi-Wickel zusammengedreht. Pro Tag schafft eine fleißige Zigarrenwicklerin bis zu vier Wickel, und in ihrem ganzen Käferleben zwanzig bis dreißig. Wenige Tage nach dem letzten »Dreh« sterben die erschöpften Weibchen. Die Larven sind im Wickel gut vor Fressfeinden geschützt und verzehren einen Teil der inneren Lagen des Wickels. Nach etwa zwei Wochen fallen die nun völlig welken Blätter auf den Boden. Hier vergraben sich die Larven im Erdreich und verpuppen sich. Bei optimaler Witterung schlüpfen die fertigen Käfer noch im Oktober, bei ungünstigem Wetter überwintert ein Teil in der Puppenkammer.

Neben dem Pappelblattroller gibt es noch verwandte Blattrollerarten, die alle auf eine Laubholzart spezialisiert sind. So gibt es etwa noch den Birkenblatt-, Eichenblatt- oder den Haselblattroller. Einige Arten wickeln das ganze Blatt quer, andere verwenden nur Teile des Blatts, die sie entsprechend herausschneiden. Doch nur eine Art verwendet das ganze Blatt längs gewickelt und dreht so hübsche Zigarren wie der Pappelblattroller.

Kuckuck
(Cuculus canorus)

ÜBERRASCHUNGSEIER

Jedes Kind kennt diesen Vogel, der so keck seinen eigenen Namen ruft. Ab Mitte April kann man die unverwechselbaren Werberufe der männlichen Kuckucke in unseren Gefilden hören. Dann sind sie aus ihren Überwinterungsquartieren in Afrika heimgekehrt. Da der Ruf so eingängig wie kaum eine andere Vogelstimme ist und auch Nicht-Ornithologen ihn direkt wahrnehmen, gibt es zum Kuckuck unzählige Sprichwörter und Volksaberglauben. So glaubte man etwa, wenn man den ersten Kuckucksruf des Jahres vernehme und dabei viel Geld im Portemonnaie habe, so werde es ein finanziell gutes Jahr. Man unterstellte ihm wahrsagerische Fähigkeiten, etwa, dass er einem Menschen die noch vor ihm liegenden Lebensjahre vorhersagen könne. Daher stammt die Redewendung: »Weiß der Kuckuck«. Schon sehr früh war bekannt, dass er anderen Vögeln »Kuckuckseier« ins Nest legt und seine Jungen von fremden Eltern aufziehen lässt, weshalb er als böse, herzlos oder gar teuflisch galt. Aus anderen Redensarten weiß man aber: »Wenn man den Teufel nennt, dann kommt er gerennt«, weshalb man auch »den Teufel nicht an die Wand malen« soll. Deshalb ruft man also lieber »zum Kuckuck«, wenn man sich über etwas ärgert.

Der Kuckuck ist tatsächlich die einzige heimische Vogelart, die Brutparasitismus betreibt und seine Eier nicht selbst ausbrütet, sondern sie unfreiwilligen Zieheltern unterjubelt. Damit dies möglich ist, hat der Kuckuck im Laufe der Evolution verschiedenste bemerkenswerte Tricks und Täuschungen entwickelt. Doch auch die Wirtsarten reagieren auf den Schwindler, wodurch ein regelrechter Wettkampf stattfindet.

Kuckucke haben nur auf den ersten Blick eine gewisse Ähnlichkeit mit Singvögeln, die sie ausschließlich parasitieren. Bei Singvögeln zeigt immer die erste Zehe nach hinten, und die drei anderen nach vorne. Beim Kuckuck sind die erste und die vierte Zehe nach hinten gerichtet, die zweite und dritte nach vorne. Laut neuesten Genanalysen sind Kuckucke übrigens kurioserweise am ehesten mit Trappen, wie unserer bis zu achtzehn Kilogramm schweren Großtrappe, einem Schreitvogel, verwandt. Ein Kuckuck erinnert im Flug auf den ersten Blick an einen Greifvogel. Auch die markante Brustbänderung und die gelbe Iris lassen an einen Sperber denken. Und genau das soll es auch, denn es ist schon der erste Täuschungstrick des Kuckucks, eine Form von Mimikry, um den Wirtsvögeln die Anwesenheit eines gefährlichen Greifvogels vorzugaukeln und diese so von ihrem Nest zu vertreiben. Weibliche Kuckucke gibt es in zwei Farbvariationen, eine graue Sperber-Morphe, die dem Männchen ähnelt, und eine rostbraune Morphe, die wie eine komplett andere Vogelart aussieht und an einen Turmfalken erinnert. Dieser »Tarnmantel« irritiert die Wirtsarten zusätzlich und verhindert die Einprägung eines klaren »Feindbilds«.

Die Weibchen legen bis zu fünfundzwanzig Eier in einer Brutsaison. Minuziös beobachten sie Tag um Tag von hohen Ansitzen aus potenzielle Kinderstuben für ihre Kuckuckskinder. Denn sie müssen nicht nur eine geeignete Wirtsart finden, sondern auch das Timing muss stimmen. Liegt noch kein Ei im Nest, würde der Parasitierte stutzig. Ein zu weit fortgeschrittenes Brutgeschäft wäre auch suboptimal, da der Jungkuckuck womöglich zu spät schlüpfen würde und nicht mehr so leicht die Stiefgeschwister über Bord werfen könnte. Zu weit entwickelte Gelege plündern Kuckuckweibchen auch immer wieder, um bei der Zweitbrut wieder bessere Karten zu haben. Deshalb sind ein bis zwei Eier im Nest optimal. Im geeigneten Moment fliegt die Kuckucksdame zum Nest ihrer Wahl, nimmt ein Ei in den Schnabel, legt in Sekundenschnelle ein eigenes Ei ins Nest und entschwindet mit dem stibitzten Ei. Um den Zeitpunkt des Schlüpfens zu optimieren, bebrüten Kuckucke ihre Eier schon bei vierzig Grad im Mutterleib. Dadurch haben ihre Jungen einen evidenten Entwicklungsvorsprung gegenüber den Wirtsvogeljungen und schlüpfen früher als diese.

Da Kuckucke deutlich größer werden als ihre Wirtsart, etwa der kleine Zaunkönig, ist auch ihr Ei immer ein bisschen größer. Dennoch sind Kuckuckseier eine wahre Meisterleistung der Evolution. Ausgewachsene Kuckucke werden in etwa so groß wie Tauben. Ihre Eier erreichen aber nur etwa ein Drittel der Größe von Taubeneiern, eine geniale Kompressionsanpassung, um im Singvogelnest nicht aufzufallen. Das Volumen wird sogar auf die jeweilige Eigröße der Wirtsart angepasst. Zusätzlich beherrschen Kuckucke einen noch viel verblüffenderen Trick: Sie imitieren mit erstaunlicher Genauigkeit die Farbe und Musterung der Wirtsvogeleier. So sind Gartengrasmücken-Kuckuckseier beige mit den markanten Sprenkeln, Neuntöter-Imitate rotbräunlich und Gartenrotschwanz-Duplikate leuchtend türkis. Bei dieser Form von Mimikry wird die Pigmentierung der Eischalen in ihrer chemischen Zusammensetzung perfekt nachgebildet. Es gibt immer wiederkehrende wirtsspezifische Linien bei den Weibchen, die auf eine bestimmte Wirtsart konditioniert sind: die, von denen sie selbst aufgezogen wurden. Dies ist unter anderem möglich, weil die Ausprägung der Eischalenform und -farbe genetisch alleine vom weiblichen Chromosomensatz definiert wird. Es gibt aber auch Kuckucke, die nicht die Wirtseier imitieren, sondern Farbe und Struktur des Nestes. Auch diese Eier werden häufig von den Wirtsarten nicht als

Fremdkörper interpretiert, obwohl sie völlig anders ausschauen als ihre eigenen Eier. Sollten einem Wirtsvogel doch mal Zweifel kommen, ob dies auch wirklich sein Ei ist, das da im Nest liegt, und würde er versuchen, es aufzupicken und zu beseitigen, so macht es ihm die deutlich dickere Schale der Kuckuckseier sehr schwer. Ein weiterer Trick des Kuckucks.

Dennoch haben auch Wirtsarten ein paar Kniffe auf Lager, um den Schwindel vor dem Schlüpfen des Jungen zu enttarnen. Neben dem exakten Einprägen der Beschaffenheit der eigenen Eier merken sich manche Arten wie Singdrossel und Amsel die exakte Anordnung der Eier in ihrem Gelege. Ist diese nach Wiederankunft am Nest durcheinandergebracht, schrillen ihre inneren Alarmglocken, und sie geben das Gelege auf.

Zaunkönige sind die drittkleinste heimische Vogelart. Sie bauen kugelförmige Nester mit einem seitlichen Eingang. Legt ein Kuckuck ein Ei hinein, kommt es aufgrund seiner Größe zur Deformation des Einfluglochs. Dies registrieren Zaunkönige und fangen dann häufig eine neue Brut an. Manche Schwindelaufdecker, wie etwa der Drosselrohrsänger, bauen einfach ein neues Nest auf das alte und begraben so das parasitierte Gelege.

Baumpieper haben noch einen ganz besonderen Trick. Bei ihnen legt jedes Weibchen in Farbe und Fleckenmusterungen ganz individuelle Eier und hat also eine ganz eigene »Handschrift«, die wie eine Art Wasserzeichen fungiert. Die Wahrscheinlichkeit, dass ein Kuckuck rein zufällig einen ähnlichen Eier-Duktus trifft, ist somit gleich null, und die Schwindeleier können problemlos als solche identifiziert werden.

Schafft es ein Kuckucksei, ausgebrütet zu werden, so hat das Küken erstmal bemerkenswerte Kraftakte vor sich. Schon das Aushämmern der dickeren Eischale verlangt dem Kleinen viel ab, und es braucht im Schnitt zweihundertfünfzig heftige Hiebe dazu. Nach dem Schlüpfen ist das Küken so erschöpft, dass es vierundzwanzig bis sechsunddreißig Stunden ruhen muss.

Dann fängt das noch blinde Etwas direkt an, andere Eier oder Küken aus dem Nest zu bugsieren. Mit hochsensiblen Nervenenden an den Flügelspitzen ertastet es die hinauszuwerfenden Objekte. Dann stemmt es sich gegen sie und klammert seine Füße fest ins Nest. Eine besonders raue Haut und ein konkaver Rücken helfen ihm bei seiner Operation. Nach vollbrachter Tat ist es so entkräftet, dass es erst einmal kaum Nahrung aufnehmen kann. Dies holt es aber rasch wieder auf, da Jungkuckucke einige Tricks auf Lager haben, die Eltern bei der Stange zu halten. Ein leuchtend roter Rachen ist ein unwiderstehliches Reizsignal für die Zieheltern. Darüber hinaus imitieren Jungkuckucke den arttypischen Bettelruf der jeweiligen Wirtsvogeljungen. Sie haben ein ganzes Repertoire an Bettelrufen auf Lager. Der Ruf, auf den die Zieheltern am besten reagieren und füttern, setzt sich mit der Zeit bei ihnen fest. Ein erstaunlicher Lernprozess. Zudem betteln Kuckucksjungen lauter und häufiger als andere Jungvögel und stimulieren so die Zieheltern immer wieder. Außerdem sind ihre Bettelrufe extrem schnell und klingen dadurch wie eine ganze Horde von Nestlingen. Diese Tricks sind für den Kuckuck überlebensnotwendig, da er im Schnitt so viel Futter benötigt wie zwei komplette Bruten der Wirtsvogelart zusammen. Den nimmersatten Schlund des kleinen Monsters zu stopfen bringt so manches Ziehelternpaar an den Rand seiner Leistungsfähigkeit. Es kommt aber auch immer wieder vor, dass das noch nicht flügge Kuckucksküken auf der Zielgerade aufgegeben wird und es verhungert: Manche Wirtsarten, wie der Teichrohrsänger, besitzen eine Art innere Uhr und stellen das Füttern nach vierzehn Tagen ein, obwohl Kuckucksküken einige Tage länger als die Wirtsvogeljungen der Fürsorge bedürfen.

Man kann sich nun berechtigterweise fragen, warum der Kuckuck denn selbst keine Nester baut und wie er überhaupt auf die Idee gekommen ist, seine Eier von anderen Eltern aufziehen zu lassen. Kuckucke sind tatsächlich nicht mehr in der

Lage, eigene Nester zu bauen, sie haben irgendwann voll und ganz auf den Brutparasitismus gesetzt; anders ausgedrückt: Die Parasitismus betreibenden Individuen hatten evidente Vorteile, konnten sich durch diese Vorteile stärker vermehren, und die Parasitismusgene setzten sich durch. Die oben beschriebenen Täuschungsmanöver müssen also positive Aspekte aufweisen, sonst wären sie nicht dominant geworden. Ein Vorteil ist natürlich, dass das Weibchen keinerlei Energie für Nestbau und Jungenversorgung aufbringen muss. Zudem sammelt es durch das Verzehren von Wirtsvogeleiern wertvolle Nährstoffe wie Calcium. Durch diese beiden Faktoren kann ein Kuckuck also erheblich mehr Eier produzieren als ein Vogel von ähnlicher Größe. Tauben etwa legen nur zwei bis drei Eier, Kuckucke das Vielfache, nämlich bis zu fünfundzwanzig, im Schnitt zehn pro Saison. Außerdem konnte der Trickser mit der Weggabe des Elterngeschäfts eine ökologische Nische erschließen: Kuckucke fressen im Vergleich zu anderen Vögeln viele haarige und giftige Raupen. Dies ist möglich, da sie in der Lage sind, die Magenauskleidung mitsamt den darin feststeckenden giftigen Raupenhaaren abzuheben und auszuwürgen. Diese Raupen haben zwar einen geringen Nährwert und wären für die Jungenaufzucht ungeeignet, aber der Kuckuck kann diese Nahrungsquelle durch die Weggabe der Elternschaft nahezu für sich alleine beanspruchen.

Kuckucke brüteten vor dem Durchsetzen ihres Parasitismus wohl in Gemeinschaftsnestern. Jedes Weibchen dürfte maximal zwei Eier abgelegt haben, die dann zusammen ausgebrütet wurden. Da es in diesen Gemeinschaften soziale Hierarchien gab, kam es immer wieder vor, dass Weibchen einen nicht zu stillenden Legedruck hatten. Sie mussten noch ein Ei loswerden, die Mitbrütenden duldeten es aber nicht. So kam es wohl dazu, dass die verstoßenen Weibchen in ihrer Not die Eier in fremde Nester ablegten.

Kartoffel-Rose
(*Rosa rugosa*)

NEOPHYTEN – NEUBÜRGER IN DER PFLANZENWELT

Neulinge sind in unserer Pflanzenwelt nichts Neues. So wanderten die meisten Pflanzen nach der letzten Eiszeit wieder zurück nach Mitteleuropa ein. In der Jungsteinzeit brachte der Mensch mit dem Getreide auch Ackerwildkräuter hierher. Die Vegetation Mitteleuropas ist geprägt von ursprünglich nicht einheimischen Arten.

Besonders aber nach der Entdeckung Amerikas wurden viele gebietsfremde Arten bei uns eingeführt. Pflanzen, die nach 1492 nach Europa importiert wurden, nennt man Neophyten, was aus dem Griechischen stammt und so viel wie »neue Pflanzen« bedeutet. Sie wurden zum einen bewusst als Zier- oder Nutzpflanzen eingeführt, wie Walnuss, Pfefferminze oder Estragon. Zum anderen kam etwa die Hälfte aller Neophyten unbeabsichtigt über Handelswege nach Europa, wie etwa über Saatgut, im Tierfutter oder als blinde Passagiere auf Handelsschiffen. Nur wenige Neulinge können in unserem Klima selbständig dauerhaft überleben, und noch weniger sind hier ausbreitungsstark. In Deutschland zählt man heute dreihundertachtundzwanzig fest eingebürgerte Pflanzenarten, von denen sich etwa zehn bis fünfzehn invasiv entwickeln.

Neophyten sind zum Teil in ökologischer Hinsicht problematisch, da sie sich in der neuen Umgebung ohne Konkurrenten oder an sie angepasste Schadinsekten stark ausbreiten können, zu Monokulturen neigen und so großflächig die ursprüngliche einheimische Vegetation verdrängen. Zu solch aggressiven Problempflanzen zählen etwa der Japanische Staudenknöterich aus Asien, die Kanadische Goldrute aus Nordamerika oder das Drüsige Springkraut aus Indien. Dieses auch Himalaja-Springkraut genannte mannshohe Gewächs mit den großen, markanten purpurroten, rosafarbenen oder weißen Blüten wird als kritische Bedrohung für heimische Pflanzenarten, ja ganze Pflanzengesellschaften eingestuft. Sein Ausbreitungstrick: Es produziert vierzigmal so viel Nektar wie eine vergleichbare heimische Pflanze. Der Pollen ist ebenfalls extrem zuckerhaltig. Mit dieser Ausstattung und seinem intensiven Duft »fliegen« die Insekten quasi auf das Indische Springkraut und lassen heimische Pflanzen links liegen. Um seine Samen weiträumig zu verteilen, hat es, ähnlich wie das heimische Springkraut, einen speziellen Schleudermechanismus entwickelt. Er wird schon durch Regentropfen ausgelöst und schleudert die Früchte seiner Samen bis zu sieben Meter weit.

Vor allem an den Küstenregionen der Nord- und Ostsee hat man vermehrt die standortsanspruchslose Kartoffel-Rose angepflanzt, benannt nach ihren dicken, kartoffelförmigen Hagebutten. Sie gedeiht problemlos auf dem sandigen Boden, kommt mit dem Meeresarm gut klar und wurde als immergrüne Pflanze etwa als Windschutz eingesetzt. Auch Mittelstreifen von Autobahnen sind häufige Anpflanzungsorte. Im Zweiten Weltkrieg führte man sie, etwa auf der Ostfriesischen Insel Wangerooge, zahlreich ein, um Bunkeranlagen und Flakstationen zu tarnen. Da sie sich über unterirdische Ausläufer rasch vermehrt, entstehen schnell große, landschaftsbildprägende Flächen. Ihr ursprüngliches Verbreitungsgebiet ist Ostasien, etwa die russische Halbinsel Kamtschatka, weshalb man sie auch Kamtschatka-Rose nennt.

Einige gebietsfremde Pflanzenarten gefährden sogar die menschliche Gesundheit, wie etwa der bis zu vier Meter hohe

Riesenbärenklau. Der auch Herkulesstaude genannte Doldenblütler stammt ursprünglich aus dem Kaukasus. Er wurde im neunzehnten Jahrhundert als Zierpflanze nach Europa eingeführt. Wegen seines Blütenreichtums wurde der Riesenbärenklau als Nektarpflanze für Honigbienen empfohlen und in der freien Natur durch Imker ausgesät. Jäger brachten ihn wegen seiner Größe als Versteckmöglichkeit für das Wild aus, und man war der Überzeugung, mit dieser Pflanze Böschungen befestigen zu können.

Der Saft des Riesenbärenklau enthält jedoch phototoxische Stoffe. Wenn die Haut nach Benetzung mit Pflanzensaft der Sonne ausgesetzt wird, entstehen Hautentzündungen. Mögliche Folgen sind Juckreiz, Rötung, Schwellung und Blasenbildung. Diese können großflächig sein und Verbrennungen ersten bis zweiten Grades hervorrufen. Die Hautreizungen können wochenlang anhaltende, nässende Wunden verursachen und mit anhaltenden Pigmentveränderungen einhergehen. Auch wenn die zackigen und behaarten Blätter einem schon signalisieren, dass man besser die Finger von ihnen lassen sollte, genügt bei empfindlichen Menschen bereits ein einfacher Kontakt mit der Oberfläche der Blätter.

Stockente
(*Anas platyrhynchos*)

DAS IST JA EIN DICKER HUND!

Ein ganzer Zoo an tierischen Redewendungen tummelt sich in unserem alltäglichen Wortschatz. So haben wir mal Schwein, mal war alles für die Katz, mal schießen wir den Vogel ab, und mal haben wir Schmetterlinge im Bauch. Manche Menschen haben einen Vogel, sind Angsthasen, hässliche Entlein oder schwarze Schafe. Wir haben einfach manchmal Bock darauf, diese affengeilen und sauguten Redewendungen in unseren Sprachgebrauch zu integrieren, auch wenn manche auch mal ein dicker Hund sein können. Schauen wir uns deshalb einige genauer an.

Jeder hat manchmal »null Bock«, etwas zu tun. Hiermit ist nicht das Desinteresse an männlichen Ziegen gemeint. Das Wörtchen Bock stammt von dem Wort »bokh«, was in der Sprache der Roma so viel wie »Hunger« bedeutet. »Null Bock« zu haben heißt also eigentlich, dass man gerade keinen Hunger hat. Im Laufe der Jahrzehnte fand eine Bedeutungsverschiebung zu »keine Lust auf etwas haben« statt.

Stur wie ein Esel. Esel sind wohl dank dieser Eigenheit in das Sprachbild der Eselsbrücke eingegangen. In vielen Überlieferungen wird beschrieben, dass Esel sich oftmals weigerten, über Holzbrücken zu gehen, durch deren Bretter sie die Tiefe unter sich sehen konnten. Erst wenn man diese Zwischenräume zudeckte, ließen sich die Tiere überreden, die Brücke zu passieren. Diese Hilfestellung übertrug man im Laufe der Jahre auf Merksätze, die auch dem sturen Schüler etwa das Gründungsjahr Roms in Erinnerung riefen.

»Da wird doch der Hund in der Pfanne verrückt!« Mit dieser Redewendung drücken wir unser großes Erstaunen aus, wenn ein völlig unvorhersehbares Ereignis auftritt. Wir haben diesen Ausspruch dem berühmten Schalk Till Eulenspiegel zu verdanken. Einst war dieser Spaßvogel bei einem Bierbrauer beschäftigt, der ihm beibrachte, wie er aus Gerste, Wasser und Hopfen Bier zu brauen hatte. Besonders deutlich wies er Eulenspiegel darauf hin, den Hopfen ordentlich zu kochen. Da der gute Till jemand war, der alles beim Wort nahm, tat er genau so wie ihm geheißen. Nur leider hatte der arme Bauer auch einen Hund, und dieser trug den Rufnamen Hopf. Till nahm also guten Gewissens den Hund und warf ihn in die große Braupfanne. Glücklicherweise kam der verärgerte Bauer rechtzeitig zurück, um den Hund zu retten, der in der Pfanne wie verrückt hin und her sprang.

»Das ist ja wohl ein dicker Hund!« Ein Ausdruck, mit dem wir unsere große Verwunderung über etwas kundtun, meist gemischt mit einer Prise Empörung. Diese Redewendung geht zurück auf das Mittelalter, wo es viele Hungersnöte gab und Beleibtheit ein begehrtes Zeichen des Wohlstandes war. Hunde hatten es in diesen kargen Zeiten natürlich noch schwerer, da sie sich meist nur mit den mageren Essensresten begnügen mussten. Übergewichtige Hunde waren etwas Unvorstellbares. Und sah man doch mal einen dicken Hund, mischte sich die Verwunderung mit Empörung, da das Herrchen wohl sehr wohlhabend war und sich diesen »Luxus« leisten konnte, während der Großteil der Bevölkerung Hunger leiden musste.

Jahrhundertelang wurden bei uns Vögel wenig mühselig gefangen, indem man Äste von Bäumen mit einer klebrigen Substanz, wie etwa heißem Pech, bestrich und abwartete, bis ein Vogel sich zu einer Ruhepause dort niederließ. Da das arme

Tier mit beiden Füßen im klebrigen Pech wenig Chance hatte, zu entkommen, ließ es sich relativ einfach fangen. Der arme Vogel hatte somit Pech, sich den falschen Baum ausgesucht zu haben. Ein echter Pechvogel! Doch einer Vogelart wurde damals keinesfalls nachgestellt: dem Weißstorch. Denn dieser überbringt vielen europäischen Sagen zufolge bekanntlich unsere Babys. Es erschien den Menschen damals also ziemlich dumm und wenig nachhaltig, den Überbringer unseres Nachwuchses zu verspeisen. Daher rührt heute noch die Redewendung »Da brat mir doch einer einen Storch« für etwas Unvorstellbares.

Schmetterlinge im Bauch! Das enterische Nervensystem, ein Geflecht von Abermillionen Neuronen, befindet sich in unserem Magen-Darm-Trakt. Ursprünglich diente es uns dazu, in Flucht- und Kampfsituationen schnell und instinktiv handeln zu können, indem es Blut aus dem Bauch in die Muskeln pumpt. Es ist aber genauso verantwortlich für das sogenannte »Bauchgefühl« und beeinflusst eine Vielzahl von intuitiven Entscheidungen. Gerade in der Liebe ist oftmals die Rationalität des Gehirns fehl am Platz, weswegen man lieber auf den Bauch hört. Im Englischen umschreibt das Wort »flutter« das Gefühl, das man beim ersten Rendezvous verspürt. Auf Deutsch würde man es wohl mit »flattern« übersetzen. Und da man so liebliche Tiere wie den Schmetterling mit dem Flattern assoziiert, stellt man sich bildlich vor, dass dort nicht gerade Millionen Neuronen zwischen den dünnen Muskelschichten aktiv sind, sondern bunte Schmetterlinge umherflattern.

Manchmal fallen wir auf Zeitungsenten rein. Im Französischen steht das Wort »canard«, das Ente bedeutet, schon lange auch als Synonym für Lüge. Der Ursprung hierfür liegt bei dem früher oft gebräuchlichen Satz »jemandem eine halbe Ente geben«, was bei lebenden Tieren ja nicht geht und somit gleichwertig für Betrug stand. Mit der Entwicklung der Printmedien wurde dieser Ausdruck für Flugblätter oder Sensationsmeldungen benutzt, die oft maßlose Übertreibungen benutzten, um Käufer zu locken. Durch steigende Popularität wurde der Begriff auch in andere Länder übernommen und ist uns heute bekannt als die für Falschmeldungen stehende Zeitungsente.

Tollpatschige, vermeintlich unattraktive Personen tun wir als hässliche Entlein ab. Bekannt ist diese Allegorie auch aus Hans Christian Andersens berühmtem gleichnamigen Kunstmärchen. Im Gegensatz zu ihren Geschwisterküken, die alle weißes Gefieder haben, schlüpft ein »Entlein« mit grauem Gefieder. Es wird als hässlich verspottet und durchlebt eine Jugend aus Ablehnung, Außenseitertum und Einsamkeit. Doch plötzlich stellt es nach einem traurigen Winter als Eremit im nächsten Frühjahr mit Erstaunen fest, dass es auch zu einem stattlichen strahlend weißen Schwan geworden ist, und bekommt plötzlich größte Anerkennung. Na ja, so sind sie halt, diese normopathischen Vögel, die nur aufs Äußere schauen. Der Ursprung dieses Märchens liegt jedoch in einer wahren biologischen Gegebenheit. Eigentlich sind alle Schwanenküken grau gefärbt, also hässliche Entlein. Bei der hellen Farbvariante, die man auch Immutabilis-Morphe nennt, fehlt der Farbstoff Melanin, sodass die Dunenküken und Jungvögel weiß erscheinen. Diese Morphe hat man früher bewusst gezüchtet, zum einen, weil man strahlend weiße Küken als hübscher empfand, und zum anderen, weil diese Form schneller geschlechtsreif wird und man sie so eher »nutzen« konnte, etwa zum Handel mit Schwanenhäuten. Noch heute kann man die Immutabilis-Morphe bei Schwanen-Jungvögeln erkennen. So sind immer wieder einige Küken leuchtend weiß, auch wenn ihre Geschwister grau sind. Es lohnt sich also, bei der nächsten Schwanenfamilienbegegnung einmal genauer hinzusehen.

Den Haussperling kennt wohl jede:r. Die meisten nennen ihn einfach nur liebevoll Spatz. Das Wort Sperling wie auch seine Koseform Spatz leiten sich vom althochdeutschen »sparo« ab und bedeuten soviel wie »zappeln«, da sein Verhalten und sein beidbeiniges Umherhüpfen auf uns unruhig wirken. Wie kaum ein anderer Vogel ist der gesellige und geschwätzige Kerl an das Leben der Menschen angepasst. Seine Häufigkeit und geringe Scheu dürfte auch der Grund sein, warum es zu kaum einer anderen Vogelart mehr Redewendungen gibt als zu ihm, die zudem recht unterschiedlich konnotiert sind: »mein Goldspatz«, »lieber den Spatz in der Hand als die Taube auf dem Dach«, »mit Kanonen auf Spatzen schießen«, »die Spatzen pfeifen es von den Dächern" oder aber »ein Spatzenhirn haben«.

Spatzen sind sehr reinliche Vögel, die mehrmals am Tag baden oder ein Staubbad nehmen. Diese Eigenart hat ihnen irrtümlicherweise auch den Namen »Dreckspatz« eingebracht. Selbst das Wort Spätzle leitet sich von dem Vogel ab: Es ist die schwäbische Verkleinerung von »Spatz«, da die Form der Teigwaren wohl mit der von Spatzen verglichen wurde.

Kleiner Leuchtkäfer
(*Lamprohiza splendidula*)

DER TANZ DER GLÜHWÜRMCHEN

In lauen Sommernächten um die Sommersonnenwende herum kann man vielerorts das wundervolle, feenhafte Spiel der Leuchtkäfer beobachten. Mit ihrem Hinterleib können die Käfer ein schwaches, kaltes Licht erzeugen, das etwa ein Tausendstel so hell ist wie das einer Kerze. Es gibt bei uns drei Leuchtkäferarten: den Kleinen Leuchtkäfer, bei dem Männchen und Weibchen leuchten, das Weibchen aber flugunfähig ist; den Großen Leuchtkäfer, bei dem nur das Weibchen leuchtet, aber flugunfähig ist; sowie den Kurzflügeligen Leuchtkäfer, bei dem beide Geschlechter schwach leuchten, beide aber nicht fliegen können. Umherfliegende Glühwürmchen, die leuchten, gehören in unseren Gefilden also immer zur Art der Kleinen Leuchtkäfer.

Ihr missverständlicher Name Glühwürmchen rührt daher, dass die Weibchen keine Flügel besitzen und eine wurmartige Gestalt aufweisen.

Das grünliche Leuchten, Biolumineszenz genannt, entsteht durch eine chemische Reaktion von Proteinen, Enzymen und Sauerstoff. Dabei werden fünfundneunzig Prozent der Energie in Leuchtkraft umgesetzt; eine Effizienz, von der jeder Leuchtmittelhersteller nur träumen kann. Der Wirkungsgrad altbekannter Glühlampen liegt bei gerade einmal fünf Prozent der eingesetzten elektrischen Energie. Die restlichen fünfundneunzig Prozent werden als Wärme in die Umgebung abgegeben. Der

Wirkungsgrad moderner Leuchtmittel liegt bei dreißig bis fünfzig Prozent.

In den meisten Fällen werden die Leuchtsignale ausgesendet, damit männliche und weibliche Tiere zur Paarung zueinanderfinden. Als erwachsene Tiere nehmen die meisten Leuchtkäferarten keinerlei Nahrung mehr zu sich und sterben unmittelbar nach der Eiablage oder der Befruchtung. Manche Arten blinken, andere senden Dauerlicht aus. Die Signale sind arttypisch und unterscheiden sich in Länge und Rhythmus. Somit kann jeder Käfer artspezifische »Morsezeichen« in die Luft malen. In der Welt der Leuchtkäfer gibt es auch Arten, bei denen alle Individuen ihre Blinksignale synchronisieren, sodass ganze Busch- oder Baumreihen im gleichen Takt blinken.

Das Wunderwerk der Biolumineszenz hat jedoch auch einen hohen Preis. Denn das auffällige Leuchten finden nicht nur die potenziellen Partner toll, sondern auch Fressfeinde. Jede Nacht begibt sich der Leuchtkäfer somit auf ein dünnes Drahtseil zwischen Sex und Tod.

Zudem können die Weibchen einer bestimmten Leuchtkäfergattung die Blinksignale von Weibchen anderer Arten nachahmen. Damit locken sie Männchen der fremden Art an, um sie zu verspeisen. Einige dieser gewieften Killer besitzen gar ein ganzes Repertoire von Signalen unterschiedlicher Arten, je nachdem, wer gerade unterwegs ist.

Doch Leuchtkäfer sind nicht die einzigen Insekten in unseren Gefilden, die die zauberhafte Fähigkeit zur Biolumineszenz haben. Viele kennen bestimmt die unglaublichen Aufnahmen etwa aus der Waitomo-Höhle in Neuseeland, in der, einem Sternenhimmel gleich, Pilzmückenlarven an der Höhlendecke ihr grünliches Licht absondern. Mit den Lichtsignalen locken sie ihre Beute an, die sich dann in Klebefäden verfängt. Doch auch in Deutschland leben Verwandte von ihr: Ceroplatus testaceus. Ihre Larven fressen die Pilzsporen von Röhrlingen. Auch sie sondern ein schwaches Leuchten ab, das von eingelagerten Fettreserven ausgeht. Selbst während der Verpuppung ist dieses faszinierende Leuchten noch zu erkennen, es verschwindet aber beim ausgewachsenen Insekt, weil die Fettreserven nun aufgebraucht sind.

Buntspecht
(*Dendrocopos major*)

HÖR MAL, WER DA HÄMMERT

Es ist ein schöner Spätsommertag. Ich spaziere durch den Wald und vernehme das maschinengewehrartige Trommeln eines Buntspechts. Doch warum trommeln die Kletterkünstler überhaupt?

Spechte sind optimal an ihren Lebensraum im Wald angepasste Vögel. Beim Klettern an Bäumen bieten spezielle Kletterfüße Halt. Die kurzen Füße besitzen in der Regel paarig gestellte Zehen mit kräftigen Krallen, von denen also zwei nach vorne und zwei nach hinten gerichtet sind. Eine davon ist eine Wendezehe, die, je nachdem, ob der Vogel herauf- oder hinunterklettert, wie ein Schweizer Taschenmesser umgeklappt werden kann. Der Schwanz ist keilförmig mit steifen, spitzen Federn und dient beim Klettern als stabiler Stützschwanz, so etwas wie ein dritter Fuß, der dem Specht am Stamm Sicherheit und Halt gibt. Der kräftige Meißelschnabel dient zum einen zur Nahrungssuche, zum anderen zum Trommeln, aber auch zum Bau von Höhlen. Findet sich in einer Ritze ein Insekt, fahren die Spechte ihre lange Schleuderzunge aus und spießen die Beute mit Widerhaken auf.

Schon sein lateinischer Name weist auf seine hämmernden Tätigkeiten hin, denn Dendrocopos major bedeutet so viel wie »großer Baumhämmerer«. Seine Größenangabe in diesem Namen ist ein Vergleich gegenüber seinen kleineren schwarz-weiß-roten »Brüdern« Klein- und Mittelspecht. Wenn Buntspechte wirbelnd auf den Ast trommeln, dann tun sie es nicht, um Insekten oder Käferlarven aufzuscheuchen. So wie Amsel, Drossel, Fink und Star ihren Gesang einsetzen, so benutzt der Buntspecht das Trommeln als Signal. Trommeln bedeutet: Hier bin ich zu Hause, oder: Ich suche einen Partner. Getrommelt wird nämlich von weiblichen und männlichen Buntspechten. Um sich Gehör zu verschaffen, benötigt man ein weithin tönendes Instrument. Im Wald sind das meist dicke Äste mit einem guten Resonanzkörper, gelegentlich kann es auch ein Baumstamm sein. Es kommt aber auch mal vor, dass ein Specht eine Dachrinne oder einen Rollladen als geeignetes »Megaphon« missbraucht. Man nennt diese Hausdrummer auch Fassadenspechte. Die Trommelwirbel der verschiedenen Spechtarten sind sehr unterschiedlich. Rhythmus, Länge, Schlagzahl der Wirbel sowie der zeitliche Abstand zwischen den Schlägen ist charakteristisch für die einzelnen Arten. So klingen etwa die knurrenden, oft unterbrochenen, sehr langen Trommelwirbel des Kleinspechts ganz anders als die kurzen Wirbel des Buntspechts.

Buntspechte sind nicht nur Symbol für den lebendigen Wald. Spechte schließen für viele Tierarten den Wald überhaupt erst auf. Sie spielen eine extrem wichtige Rolle im Ökosystem Wald, da sie jedes Jahr eine neue Bruthöhle zimmern. Über sechzig Tierarten nutzen diese Behausung der Spechte als Nachmieter: Meisen, Kleiber, Hohltauben, Eulen, aber auch Fledermäuse, Siebenschläfer, Marder, Eichhörnchen, Waldmaus oder Hornissen. Nistkästen, wie wir sie uns gerne im Garten aufhängen, sind letzten Endes nichts anderes als künstliche Baumhöhlen, sie werden überall dort gebraucht, wo es nur noch wenige bis keine alten Bäume und damit auch nicht ausreichend Spechthöhlen gibt. In einem intakten (Ur-)Wald wären sie überflüssig.

Bis zu zwölftausend Mal pro Tag schlägt ein fleißiger Specht seinen Schnabel auf Holz, und es erstaunt, dass sein Gehirn durch diese Schläge keinen Schaden nimmt. Ein Specht kann bis zu zweiundzwanzig Schläge pro Sekunde ausführen, jeder Schlag ist vergleichbar mit einem Aufprall des Schnabels mit fünfundzwanzig Stundenkilometern gegen eine Wand, wobei Abbremsungskräfte von bis zum Tausendzweihundertfachen der Erdbeschleunigung wirksam werden können. Doch warum zum Kuckuck bekommen Spechte trotz alldem keine Kopfschmerzen? Dafür sind gleich eine ganze Reihe und im Zusammenwirken hocheffektive Sicherheitsausstattungen im Körperbau des Spechts verantwortlich. Zunächst fängt eine gelenkartige Verbindung am Ende des sehr harten Schnabels wie ein Stoßdämpfer bereits einen großen Teil der Energie ab. Dies geschieht dadurch, dass der obere und der untere Teil des Schnabels nicht gleich lang sind. Zum anderen sind Teilbereiche des Schädelknochens des Spechts, dort, wo die größte Aufprallenergie auftritt, deutlich poröser als normal. Was zunächst nachteilig klingt, ist in Wirklichkeit eine äußerst raffinierte Anpassung. Denn die schwammartige Knochenstruktur federt die Stöße hervorragend ab, ähnlich wie eine Gummimatte. Zwischen Schnabel und Schädel befindet sich das absolut ungewöhnliche und in der Vogelwelt einmalige Zungenbein des Spechts. Dies ist eine Führschiene, in der die extrem lange Zunge »geparkt« ist, wenn sie nicht gebraucht wird. Diese Zungen-Röhre windet sich vom Schnabel über den Nacken einmal um den ganzen Schädel, teilt sich zwischen den Augen und erstreckt sich bis hin zum Nasenloch. Da sie sehr elastisch ist, leitet sie ebenfalls viel Energie ab und fungiert zudem als eine Art Sicherheitsgurt für das Gehirn. Außerdem ist das Gehirn der Spechte von besonders wenig Gehirnflüssigkeit umgeben, sitzt somit starr im äußerst stabilen Schädel und wird so durch die entstehenden Schockwellen nicht von innen gegen die Schädeldecke geschleudert, wodurch eine Gehirnerschütterung vermieden wird. Extrem starke Muskeln rund um den Schädel dienen als zusätzliche Dämpfer. Ähnlich wie ein Boxer, der einen Schlag herannahen sieht, werden diese

Muskeln kurz vor dem Aufprall gegen das Holz angespannt und absorbieren einen Großteil der Energie. Zu guter Letzt schließt ein Specht eine Millisekunde vor dem Aufprall die Augen und schützt sie so vor umherfliegenden Holzspänen.

Buntspechte ernähren sich zur warmen Jahreszeit hauptsächlich von Insektenlarven. Diese hacken sie mit ihrem Meißelschnabel aus morschen Holzstellen heraus und sammeln sie mit ihrer langen, klebrigen Zunge ein. Im Herbst und Winter jedoch, wenn die Insekten fort sind und die Ameisen sich in der Erde verbergen, dann muss der Buntspecht andere Nahrung suchen. Im Gegensatz zu allen anderen Spechtarten ernährt er sich hauptsächlich von Nadelbaumsamen. Dafür legt er sogenannte Schmieden an: In gemeißelte Kuhlen klemmt er, der Größe nach passend, die Zapfen ein, um die Samen besser herauszupicken – eine Leistung, die ein hohes Maß an Intelligenz und Lernvermögen erfordert.

Die größte heimische Spechtart ist der krähengroße Schwarzspecht. Im Gegensatz zu den kreisrunden Eingängen der Buntspechthöhlen haben seine Behausungen eine ovale Öffnung. Die Nahrung des Schwarzspechts besteht zu achtzig Prozent aus Ameisen, die er unter Rinden oder im Holz findet.

Im Frühjahr, wenn in den Baumrinden der Saft steigt, schlagen Spechte die Saftbahnen an. An warmen Tagen fließen dann bei Birken, Eschen oder Hainbuchen ganze Ströme den Stamm hinab, die die Vögel gierig aufnehmen. Traut man dem Volksmund, dann sind Buntspechte wahre Schluckspechte. Aber bitte keine Unterstellungen, der konsumierte Baumsaft ist frisch, süß und unvergoren. Die Geschichten von betrunkenen Schluckspechten sind nichts anderes als Fake News und üble Nachrede.

Schneckenkanker
(*Ischyropsalis hellwigii*)

VOM BUNGEE-JUMPING-KAMASUTRA UND LIEBESPFEILEN

In Deutschland leben etwa zweihundertsechzig Arten Landlungenschnecken. Manche von ihnen sind Gehäuseschnecken, manche Nacktschnecken, wobei dies keine systematische Unterscheidung ist. Früher hatten alle Schneckenarten ein Gehäuse, denn sie gehen alle auf eine gemeinsame Stammart mit Haus vor über fünfhundert Millionen Jahren zurück. Landlungenschnecken leben, wie ihr Name schon sagt, dauerhaft an Land – im Gegensatz zu den Wasserlungenschnecken, die im Süßwasser und auch an Meeresküsten leben.

Landlungenschnecken kriechen im allseits bekannten Schneckentempo auf ihrem schleimigen Fuß durch die Gegend. Dieser ist ein großer Muskel, bei dem die Fußsohle wellenförmig zusammengezogen wird, was Schnecken zusammen mit dem Schmierfilm des Schleims den Vortrieb verschafft. Der Schleim gibt ihnen auch Haftung, wodurch sie sogar senkrechte Wände hochkriechen können. Außerdem schützt er sie vor Schnittverletzungen durch scharfe Gegenstände. So können sie etwa schadlos über eine Rasierklinge kriechen. Auch vor Austrocknung schützt er die Tiere. Gut ein Drittel ihrer Energie benötigen sie für die Produktion des Schleims, der gleichzeitig auch zur Feindabwehr dient, denn Schnecken können ihn bei Gefahr zu Schaum aufschlagen. In Stresssituationen, etwa wenn ein Igel sich für sie interessiert, sondern sie den unappetitlichen, bitteren Schleim ab. Der Schriftsteller Hermann Löns beschreibt seinen Selbstversuch bezüglich der Bekömmlichkeit des roten Nacktschneckenschleims wie folgt: »Erstens gebärdete ich mich, zweitens mußte ich einen Kognak trinken, und als auch das nichts half, einen Bitteren und dann noch einen, drittens verlor ich für drei Tage den Appetit.« Eine Erfahrung, die ich übrigens aus eigenem Erleben nur bestätigen kann.

Schnecken haben kein Gehirn im streng genommenen Sinne. Stattdessen befinden sich in wichtigen Regionen des Körpers Rezeptoren in Nervenknoten. Sie haben also mehrere »Minigehirne«. Ihre Körper sind unglaublich flexibel. Selbst die größten heimischen Nacktschnecken können ihren Körper so lange strecken, dass er am Ende nur noch zwei bis drei Millimeter dick ist. Mit über tausend kleinen Zähnchen, die auf ihrer Raspelzunge sitzen, der sogenannten Radula, können sie hervorragend Blätter zerhäckseln. Doch viele Schnecken sind Allesfresser, manche Arten fressen sogar andere Schnecken. Auch Kot steht auf dem Speiseplan. Da in England das Klima feuchter ist als bei uns, leben dort mehr Schnecken. Dies ist der Grund, warum man an britischen Wegen signifikant weniger Hundekot findet; er wird von der Schneckenpolizei beseitigt.

Landlungenschnecken sind Zwitter, die einen hoch entwickelten Genitalapparat mit männlichen, weiblichen und zwittrigen Teilen besitzen. Ihre Paarungspraktiken wirken von daher auf uns, sagen wir einmal vorsichtig, faszinierend. Die spektakulärste Darbietung geben dabei wohl die auf den ersten Blick an eine Raubkatze erinnernden Tigerschnegel. Die hell- und dunkelbraun gestreiften Nacktschnecken verfolgen zunächst die Schleimspur eines Artgenossen. Haben sich Fortpflanzungswillige gefunden, kriechen sie etwa einen Baum hoch und vollführen im Rausch der Hormone ein artistisches Bungee-Jumping-Kamasutra. Sie bilden große Mengen klebrigen Schleims, seilen sich am daraus entstehenden zähen Faden kopfüber ab und vollführen umeinander verschlungen den freischwebenden Liebesakt. Aus einer Art Tasche neben dem Kopf packen sie beide ihre mehrere Zentimeter langen, wild pulsierenden Penisse heraus, die sie ebenfalls umeinanderwickeln. In diesem Liebesknäuel werden nun Samenpakete ausgetauscht.

Es gibt verrückt erscheinende Genitalienausbildungen unter Schnecken. In den Südalpen lebt eine Nacktschneckenart namens Limax redii, ein Verwandter des Tigerschnegels, dessen Penis eine Länge von bis zu fünfunfachtzig Zentimetern erreichen kann. Diese bläulichen Genitalien wickeln sich bei der bis zu zwölf Stunden andauernden Paarung umeinander, dabei werden Spermapakete hin- und hergegeben. Ackerschnecken haben zungenartige Penisse, mit denen sie sich stundenlang streicheln und so in Stimmung bringen.

Die Weinbergschnecke ist unsere größte heimische Gehäuseschnecke. Bei der Fortpflanzung richten sich die Partner, Fuß an Fuß, aneinander auf. Nun rammen sie sich erstmal gegenseitig sogenannte Liebespfeile in die Körper. Diese Liebespfeile bestehen wie das Gehäuse der Schnecke aus Kalk und werden in einem Pfeilsack gebildet, der zum weiblichen Teil des Genitalapparats gehört. Der Name Liebespfeil ist dabei eine Anspielung auf Amor, den Gott der Liebe in der römischen Mythologie, der mit seinen Pfeilen ins Herz trifft und dadurch die Liebe erweckt. Der Liebespfeil der Schnecken überträgt ein hormonhaltiges Sekret, das den Genitalapparat der Empfängerschnecke stimuliert und dadurch die Chance auf einen Befruchtungserfolg verdoppelt. Ihre Eier verbuddelt die Weinbergschnecke wie andere Schnecken auch in einer mithilfe ihres Fußes und Gehäuses geschaffenen Erdgrube, die nach der Eiablage wieder verschlossen wird.

Den Winter überdauert die Weinbergschnecke im Boden eingegraben. Sie verschließt die Öffnung ihres Hauses mit einem Kalkpfropfen und fällt in eine Starre. Weinbergschnecken können ein stattliches Alter erreichen. In Gefangenschaft wurden schon dreißig Jahre beobachtet.

Der Mensch hat ihr auf zweierlei Weise zur Ausdehnung nach Norden hin verholfen. Zum einen entstanden durch Rodungen größere Habitate für sie. Zum anderen wird sie seit jeher als Delikatesse angesehen. So sind bei Ausgrabungen haufenweise Weinbergschneckenschalen aus der Zeit des Römischen Reichs dokumentiert worden, und beim spektakulären Fund einer antiken »Imbissbude« in Pompeji entdeckte man Tontöpfe voller Schnecken. Der englische Name für Weinbergschnecke, »Roman snail«, zeugt von dieser Vorliebe. In Klöstern züchtete man im Mittelalter Weinbergschnecken als Fastenspeise in eigens dafür angelegten Schneckengärten. Auf Feldzügen war die Verpflegung der Truppen stets eine der größten Herausforderungen. Napoleons Soldaten führten daher eingedeckelte Weinbergschnecken als natürliche Konservendosen mit sich. Noch heute werden alleine in Frankreich jährlich annähernd zehn Millionen Kilogramm Weinbergschnecken verzehrt, die jedoch größtenteils aus Züchtungen stammen.

Aber auch viele andere Tiere haben Schnecken zum Fressen gern. Neben Blindschleichen, Kröten, Igeln oder Laufkäfern gibt es auch Arten, die sich mit ihrem besonderen Körperbau auf die Schneckenjagd spezialisiert haben – wie etwa die Schneckenkanker. Diese Spinnen sind mit ihren gewaltigen Kieferklauen perfekt für die Schneckenjagd ausgestattet. Mit einer ihrer beiden riesigen Scheren halten sie die Schnecke fest und brechen mit der anderen ihr Gehäuse Stück für Stück auf. So können sie immer weitere Häppchen vom Körper der Schnecke herausschneiden und verspeisen. Oder auch der Schwarze Schneckenjäger, ein Käfer, der Schnecken mit seinem hervorragenden Geruchssinn aufspürt. Mit seinem schmalen, schnauzenartig abstehenden Kopf dringt er in das Gehäuse der Schnecke vor, saugt ihren Abwehrschleim auf, tötet sie mit einem Giftbiss und injiziert ein Sekret, das die Weichteile verflüssigt. So kann er das Schneckenhaus ausschlürfen, ohne es aufbrechen zu müssen.

Auch die Larven der Glühwürmchen ernähren sich von Schnecken. Haben sie eine gefunden, beißen sie zu und geben dabei ein Gift ab. Angeschlagen zieht sich die Schnecke in ihr Haus zurück. Die Glühwürmchenlarve setzt sich auf das Gehäuse und wartet, bis die Schnecke wieder herauskommt. Dann beißt sie erneut zu. Das geht so lange, bis die Schnecke sich nicht mehr bewegen kann. Anschließend kriecht die Glühwürmchenlarve ins Gehäuse und frisst es leer. Die Larve von Schneckenhauskäfern treibt es sogar noch weiter. Sie reitet zuerst eine Zeit lang auf dem Häuschen mit, verspeist dann die Schnecke und häutet sich danach im Schutz des Schneckenhauses. Für die nächste Häutung sucht sie sich darauf ein neues Opfer.

Verwaiste Schneckenhäuser bleiben jedoch nicht lange leer. Springspinnen sind die häufigsten Nachmieter. Viele von ihnen überwintern in dem sicheren Heim. Eine heimische Art benutzt die Häuser auch als Eiablageplatz. Sie befestigt das Häuschen an einem Seidenband und zieht es in die Höhe, bis es ein bis drei Zentimeter über dem Boden schwebt. In »luftiger Höhe« ist die Brut vor Ameisen und großer Hitze auf dem Sandboden sicher. Ihre noch blind schlüpfenden Jungen bewacht die Springspinne hier, bis diese nach der zweiten Häutung voll entwickelte Augen haben. Auch die Tönnchenwegwespe nutzt ein schützendes Schneckenhaus für ihre Brut und baut in das Gehäuse tonnenförmige Brutzellen aus Lehm. Anschließend fängt sie eine Spinne, trennt ihr die Beine ab, damit sie nicht fliehen kann, steckt sie in die Brutzelle und befestigt ein Ei am bewegungsunfähigen Opfer. Die schlüpfende Larve ernährt sich nun von der noch lebenden Mahlzeit. Die Zweifarbige Schneckenhausbiene geht bei der Einrichtung einer Kinderstube in einem Schneckenhaus deutlich liebevoller und fast schon rührend fürsorglich vor: Zunächst lagert sie üppige Vorräte an Pollen und Nektar im Gehäuse. Dann legt sie ein Ei dazu und errichtet davor eine Schutzwand aus zerkauten Blättern. Den vorderen

Teil des Schneckenhauses füllt sie nun mit Steinchen und Holzstückchen und baut davor eine zweite Schutzwand. Anschließend dreht sie das Haus so, dass die Öffnung nach unten zeigt. Um den Eingang noch besser zu verstecken, unterkellert sie das Schneckenhaus etwas, bis es leicht im Boden versinkt. Zu guter Letzt tarnt sie das Schneckenhaus mit hunderten von Halmen, Nadeln und Ästchen sorgsam von außen. Für diese bombensichere Kinderstube benötigt die Mauerbiene volle zwei Tage.

Mit etwas Glück, besser gesagt mit großem Glück, kann man einen sogenannten Schneckenkönig entdecken. Die relative Wahrscheinlichkeit für einen solchen Überraschungsfund liegt bei der Weinbergschnecke bei etwa eins zu vierzigtausend. Als Schneckenkönig bezeichnet man ein Schneckenindividuum, dessen Gehäuse in die spiegelverkehrte, nicht arttypische Richtung gewunden ist. Bei solchen Schnecken sind alle Organe, wie etwa Herz oder Atemöffnung, seitenvertauscht. Da auch die Geschlechtsorgane entgegengesetzt angelegt sind, können sich Schneckenkönige nicht paaren. Es sei denn, sie treffen auf einen Gleichgesinnten, wofür die Wahrscheinlichkeit aber gegen null geht. Dieses als »Situs inversus« bezeichnete Phänomen kommt übrigens auch bei uns Menschen vor: Beim Kartagener-Syndrom sind die inneren Organe von Geburt an seitenverkehrt angelegt.

Weißbeerige Mistel
(*Viscum album*)

EIN BAUMBEWOHNER FÜR ZAUBERTRÄNKE UND LIEBESSCHWÜRE

Vor allem in den Wintermonaten, wenn die Bäume kahl sind, entdeckt man in den Baumkronen kugelförmige strauchartige Pflanzen. Es sind Misteln, die im Gegensatz zu den Bäumen im Winter ihre Blätter nicht verlieren; sie sind immergrün. Hier oben in der Baumkrone ist ihnen stets ein Platz an der Sonne sicher. Sie haben umgangssprachlich viele Namen: Druidenfuß, Immergrüne, Kreuzholz, Hexenkraut, Wintergrün, Bocksbutter, Albranke oder Vogelkraut.

Doch wie kommt die Mistel überhaupt da oben auf den Baum? Im Winter sind die erbsengroßen weißen bis gelblichen Beeren in den laubfreien Kronen besonders gut zu erkennen, auch für Vögel. Arten wie Misteldrossel oder Seidenschwanz fressen die Beeren und scheiden die unverdaulichen Samen im Geäst eines anderen Baumes wieder aus. Die Samen sind von einer sehr klebrigen Flüssigkeit umhüllt und bleiben so am Ast haften. Mönchsgrasmücken heften die Samenkerne mit ihrer Innenschleimhülle gleich direkt mit ihrem Schnabel an einen Ast, um dann nur die Außenteile der Beere zu fressen. Die Römer stellten mit den klebrigen Beeren sogar einen Leim her, der für das Fangen von Vögeln verwendet wurde. Daher stammt die Redewendung »jemandem auf den Leim gehen«, und auch der botanische Name der Mistel: »viscum« ist lateinisch und bedeutet Leim oder Klebstoff. Von »viscum« leitet sich wiederum der Begriff der Viskosität ab, ein Maß für die Zähflüssigkeit von

Substanzen. Ihr wissenschaftlicher Artname »album« bedeutet weiß und bezieht sich auf die weißen Beeren. Im Althochdeutschen hieß die Pflanze »mistil«, was so viel wie Mist bedeutet und sich von der Verbreitung der Samen durch Vogelkot herleitet.

Die Mistelembryonen sind so widerstandsfähig, dass sie den Winter unbeschadet überstehen und dank einer Haftscheibe an den Bäumen kleben bleiben. Erst im Frühjahr treiben sie aus. Dabei wird die Baumrinde aufgeweicht, und eine Art Wurzel, Senker genannt, bohrt sich bis zu den Leitungsbahnen in die Wirtspflanze hinein. So entzieht die Mistel dem Baum Wasser und Nährstoffe. Später versorgt sich die Mistel auch mithilfe ihrer Blätter über die Photosynthese. Deshalb handelt es sich bei der Mistel auch nur um einen Halbschmarotzer. In der Regel schadet die Mistel dem Baum nicht, auch wenn sie sich seiner Wasser- und Nährstoffe bedient. Wenn sich aber zu viele Misteln auf einem Baum ansiedeln, kann das Gewicht einen Ast abbrechen; einen erkrankten Baum können Misteln zusätzlich schwächen.

Die Mistel wächst extrem langsam: Nach zwei Jahren kommen die ersten Blätter, die ersten Blüten erscheinen erst nach etwa sechs Jahren. Diese sind gelblich, unscheinbar und etwa ein bis drei Millimeter groß. Die Wachstumszeit ist Winter bis Frühjahr. Da sie so langsam wächst, wird sie nur selten größer als einen Meter im Durchmesser. Von Juni bis Winter ruht die Mistel dann. Sie hat eine durchschnittliche Lebenserwartung von zwanzig bis dreißig Jahren, kann aber auch bis zu siebzig Jahre alt werden. Der limitierende Faktor ist der Wirtsbaum. Stirbt er, stirbt auch die Mistel. Misteln benötigen eine hohe Luftfeuchtigkeit und kommen daher insbesondere in Flusstälern und Auen vor. Denn in der ersten Zeit der Keimung muss der Mistelembryo sich komplett aus der Luft mit Wasser versorgen.

In Deutschland gibt es drei Unterarten der Mistel, die sich äußerlich wenig unterscheiden, jedoch immer nur auf bestimmten Bäumen wachsen: Tannen-, Kiefern- und Laubholzmisteln. Die Laubholzmistel deckt ein breites Spektrum an Wirtsbäumen ab. Sie wächst auf Weiden und Apfelbäumen ebenso wie auf Pappeln, Ahornbäumen, Birken oder Linden. Sie meidet jedoch Buchen, Eichen, Kirsch- und Pflaumenbäume. Die Kiefern- und die Tannenmistel sind jeweils nur auf eine Art spezialisiert.

Im Winter hängt in England und den USA ein Mistelzweig über vielen Türen. Dem Brauch nach bleiben Pärchen, die sich unter dem Mistelzweig küssen, ein Leben lang zusammen. Den gallischen Priestern, den Druiden, war die Mistel heilig, nur sie durften sie sammeln. In den Asterix-Comics erntet der Druide Miraculix mit einer goldenen Sichel Misteln, um seinen legendären Zaubertrank zu brauen. Auch in der germanischen Mythologie haben Misteln große Bedeutung. So tötete der Gott Loki den Lichtgott Balder mit einem Mistelpfeil, indem er ihn auf den Bogen des blinden Hödur spannte. Zudem glaubten die Germanen, Misteln seien ein Geschenk der Götter, die sie in die Bäume streuten. Die Verehrung der Mistel floss später auch in christliche Bräuche ein. Sie wurde ein Symbol für Frieden. Unter ihr gab man sich einen Friedenskuss und beschloss Versöhnung. In Zeiten, in denen ein unehelicher Kuss noch als unsittlich galt, erlaubte es der Mistelzweig über der Türschwelle zwei Liebenden, sich ungestraft zu küssen.

Neben der Wirkung auf die Liebe wird der Mistel auch eine heilende Wirkung nachgesagt. So nutzten auch die Kräuterkundler des Mittelalters die Mistel als Heilkraut. Hildegard von Bingen setzte Mistelsud bei erfrorenen Gliedmaßen ein. Man verwendete sie aber auch gegen Epilepsie, da man diese Krankheit bösen Geistern zuschrieb. Da die Mistel ja nicht zur Erde fallen konnte, weil sie auf Bäumen wuchs, ging man davon aus, dass dies einem Epileptiker auch nicht passieren könne, sofern er denn einen Mistelzweig bei sich trug.

Totenkopfschwärmer
(*Acherontia atropos*)

VOM WUNDER DER METAMORPHOSE, PFEIFENDEN SCHMETTERLINGEN UND TROJANISCHEN PFERDEN

Welch überbordende Schönheit: Schmetterlinge sind für mich neben Vögeln die faszinierendsten Lebewesen der heimischen Natur. Gerade in der Welt der Falter zeigt sich das Füllhorn der natürlichen Schöpfungskunst mit ihrem opulenten Farben- und Formenreichtum besonders prächtig. Schmetterlinge wirken wie kostbare Meisterwerke, von Genies erdacht. Schon als kleines Kind war ich von diesen flatternden Kunstwerken wie besessen. Ich fing sie, studierte sie, inhalierte ihr Wesen und ließ sie wieder an Ort und Stelle frei.

In unseren Gefilden kann man an die dreitausendsiebenhundert Arten dieser fliegenden Edelsteine antreffen. Gerade einmal etwas mehr als hundertachtzig davon sind die viel bekannteren Tagfalter. Von den Nachtfaltern kann man sie am besten an den knopfförmig verdickten Fühlerenden unterscheiden; so, wie Kleinkinder Schmetterlinge malen: ein Strich mit einem Bommel am Ende. Tagfalter sind evolutionsbiologisch aus den Nachtfaltern hervorgegangen und traten erst rund zweihundert Millionen Jahre später als diese auf unserem Planeten auf. Eigentlich sind also auch Tagfalter nichts anderes als eine Gruppe tagaktiver Nachtfalter.

Schmetterlinge sind für mich eine Art Allegorie für das Sein. Ein Sinnbild zum einen für die Vergänglichkeit und Fragilität des Lebens, zum anderen eine Erinnerung an den Sinn des Seins. Denn viele von uns sterben, ohne jemals wirklich frei ihr Leben gelebt zu haben. Doch Schmetterlinge schaffen es: die Emanzipation von Mustern und Diktat. Schmetterlinge sind manchmal jahrelang gefräßige und auf Prosperität getrimmte Raupe und nur wenige Tage schwirrende Farbenpracht. Sie leben ihr zauberhaftes letztes Stadium einzig und alleine, um sich fortzupflanzen, festlich gekleidet das Fest der Liebe zu begehen. Dazu vollführen sie eine unglaubliche Verwandlung, die für mich zu den größten Wundern überhaupt gehört. Eine glibberige Raupe verpuppt sich, und es entsteigt ein völlig neues Wesen, das andersartiger kaum sein könnte: filigran, leicht, fragil statt plump, träge und massig. Sieht man die vorherige Raupe und den fertigen Schmetterling nebeneinander, mag man kaum glauben, dass es sich dabei um ein und dieselbe Tierart handelt.

Während dieser Metamorphose wird die Raupe durch eigene Verdauungssäfte nahezu vollständig aufgelöst und stirbt ab. Nur wenige Prozent des ursprünglichen Gewebes überleben. Dieses resistente Gewebe war im Raupenleben funktionslos, wie ein mitgeschleppter Rucksack ohne Inhalt. Aus diesen wenigen Zellen wächst aber nun auf wundersame Weise ein neues Wesen heran, das schließlich als Schmetterling der Puppe entsteigt und gen Himmel davonflattert.

Viele Schmetterlinge nehmen gar keine Nahrung mehr zu sich, sondern leben als Falter nur von den Fettreserven des Raupendaseins, wie etwa das Kleine Nachtpfauenauge. Erwachsene Falter haben noch nicht mal funktionsfähige Mundwerkzeuge. Daher leben sie nach ihrem Schlüpfen auch nur wenige Tage, in denen sie sich fortpflanzen müssen. Um sich rasch zu finden, sendet das Weibchen spezielle Sexuallockstoffe aus, die das Männchen mit seinen riesigen, antennenartigen Fühlern kilometerweit wahrnehmen kann. Da die Männchen im Gegensatz zu den nachtaktiven Weibchen tagaktiv sind, ist ihre Ortung nur eine Frage der Zeit; die Weibchen sitzen schließlich tagsüber bloß herum. Die Puppen des Nachtpfauenauges überwintern bis zum folgenden Frühjahr. Einige Puppen benötigen zwei Winter bis zum Schlupf. Diese werden auch »überliegende« Puppen genannt und sichern so raffinierterweise den Fortbestand der Art, falls einmal die gesamte Jahrespopulation durch Krankheiten oder bei klimatisch sehr ungünstigen Bedingungen sterben sollte.

Das Kleine Nachtpfauenauge hat noch eine große Schwester, das Große Nachtpfauenauge, auch Wiener Nachtpfauenauge genannt. Dieser Falter erreicht gar eine Flügelspannweite von bis zu hundertsechzig Millimetern und ist somit der größte mitteleuropäische Schmetterling. Als ich ihm das erste Mal in meinem Leben begegnete, dachte ich zunächst an eine Fledermaus, so groß ist er.

Bläulinge sind Tagfalter, die an kleine blaue Edelsteine erinnern. Doch manche dieser so friedvoll wirkenden Schmetterlinge haben ganz schön raffinierte Tricks auf Lager, um möglichst bekömmlich und ohne viel Anstrengung in ein metamorphosefähiges Entwicklungsstadium zu gelangen. Ameisenbläulinge etwa lassen sich als junge Raupe von Ameisen in deren Nester tragen, obwohl die Sechsbeiner eigentlich zu ihren ärgsten Fressfeinden zählen. Das Weibchen des Dunklen Ameisenbläulings legt seine Eier auf die Blüten des Großen Wiesenknopfes. Die geschlüpften Raupen fressen so lange davon, bis sie einen Duftstoff produzieren, der genau so riecht wie der von Ameisennachwuchs. So tarnen sie sich mit einem speziellen Hormoncocktail und werden nicht als mögliche Beute erkannt. Zusätzlich besitzen sie, ähnlich wie Blattläuse, Honigdrüsen, was sie für die Ameisen äußerst attraktiv macht. Sie schleppen die vermeintliche Brut, fürsorglich, wie sie sind, in ihren Bau. Eingetragen ins Ameisennest vertilgen die Ameisenbläulingsraupen ungeniert hunderte Ameisenlarven. Nach der Metamorphose schlüpfen sie als Schmetterling im Ameisennest. Sie besitzen ihre Fähigkeit zur Tarnung nun nicht mehr und müssen deshalb schleunigst Land gewinnen und den Bau verlassen, um nicht selbst zur Beute der Ameisen zu werden.

Aber es gibt auch noch andere Schmetterlinge, die sich mit hormonellen Tarnkappen in fremde Staaten schmuggeln. Ein wahrer Spezialist ist der Totenkopfschwärmer. Aufgrund seiner imposanten Erscheinung mit dem namensgebenden »Totenkopf« auf dem Thorax galt er früher als unheilbringend. Noch heute wird er, etwa in dem Film »Das Schweigen der Lämmer«, als Sinnbild für das Böse eingesetzt. Der Totenkopfschwärmer ist ein Wanderfalter, der eigentlich in Südeuropa lebt, einzelne Individuen schaffen es aber auch immer wieder bis in unsere Gefilde. Der Brummer kommt auf eine imposante Flügelspannweite von zwölf Zentimetern. Seine wie Zuckerstangen vom Jahrmarkt aussehenden Raupen erreichen eine stattliche Länge von dreizehn Zentimetern. Im Gegensatz zu den anderen Schwärmern trinkt er keinen Nektar an Blumen, dafür ist sein Rüssel gar nicht geeignet. Er dringt mit angelegten, vibrierenden Flügeln, einer Riesenbiene gleich, in Bienenstöcke ein, wo er mit seinem kurzen und sehr festen Rüssel Honigzellen ansticht und aussaugt. Die Honigbienen scheren sich aber erstaunlicherweise nicht weiter um den ungebetenen Gast, da eine »chemische Tarnkappe« ihn im sowieso dunklen Bau unsichtbar macht. Sein Geruchsstoff besteht aus einer Mischung vier verschiedener Fettsäuren, die in Konzentration und Verhältnis nahezu perfekt den Geruch der Honigbienen imitiert. Totenkopfschwärmer sind übrigens die einzigen heimischen Schmetterlinge, die einen deutlich hörbaren Sound abgeben: Bei Gefahr kann der Schmetterling erstaunlich laute, schrille und pfeifende Geräusche von sich geben, die potenzielle Angreifer kurzzeitig verschrecken sollen. Dazu wird Luft durch den Rüssel eingesaugt und die Speiseröhre verschlossen. Durch abwechselndes Öffnen und Schließen der Mundöffnung entstehen so durch den entweichenden Druck diese Alarmgeräusche, die zwischen sechstausend und achttausend Hertz liegen. Reicht diese Abwehrstrategie nicht, kann der Schwärmer noch ein stinkendes Sekret aus Drüsen am zweiten Hinterleib absondern.

Fliegenpilz
(Amanita muscaria)

DIE VERBORGENEN HERRSCHER DER ERDE

Eigentlich leben wir in einem Königreich der Pilze. Sie besiedeln seit rund einer Milliarde Jahre die Landmassen der Erde und sind damit doppelt so alt wie landlebende Pflanzen. Pilze produzieren Sporen, die eine Säure freigeben, welche die Gesteinsoberfläche aufbricht. Schnell wachsende Pilzfäden, sogenannte Hyphen, bohren sich mit ungeheuerlicher Sprengkraft und einem Druck von etwa hundert Autoreifen in den nackten Fels. Die ersten Pilze der Erde ernährten sich einzig von den Mineralien, die sie aus dem Gestein zogen. Durch diesen »molekularen Bergbau«, indem sie Felsen mineralisierten, legten Pilze erst den Grundstein für Böden und somit für weiteres Leben. Vor rund fünfhundert Millionen Jahren gingen sie eine Kooperation mit Algen ein und ermöglichten so Pflanzen erst den Landgang. Bei diesem Handel boten die Algen Zucker an, den sie durch Photosynthese gewannen, und Pilze Mineralien. Diese Symbiose war ein biologischer Urknall. Die Beziehung geht so weit, dass Pilzfäden nicht nur zwischen den Pflanzenzellen wachsen, sondern sogar in die Zellen eindringen. Durch diese baumartigen Strukturen entzieht die Pflanze dem Pilz Phosphor und gibt ihm Kohlenstoff.

Vor der Ära der Insekten wurden Pilze gar so hoch wie Bäume. Für fünfzig Millionen Jahre beherrschten skurrile, bis zu neun Meter hohe Riesenpilze, sogenannte Prototaxites, unser Landschaftsbild.

Pilze halfen indirekt auch der Menschheitsentwicklung auf die Beine. Als vor rund fünfundsechzig Millionen Jahren ein Meteorit in die heutige Halbinsel Yucatán in Mexiko einschlug, wurde das Ende der Dinosaurier eingeleitet. Pilze nutzten diese Katastrophe als Zersetzer zu ihrem Vorteil. Für sie war diese Zeit ein Schlaraffenland, und sie vermehrten sich rasant. Die Erde glich einem riesigen Pilzkompost. Säugetiere spielten zu diesem Zeitpunkt im Ökosystem kaum eine Rolle. Es gab nur wenige nachtaktive, rattenartige Arten, die am unteren Ende der Nahrungspyramide standen. Das Blatt wendete sich jedoch nun auch aus dem Grund, dass wir Säugetiere diese Pilzmassenvermehrung im Gegensatz zu Reptilien überleben konnten. Dies war einzig und alleine durch unseren hohen Stoffwechsel als Warmblüter möglich. Die Körperwärme von circa siebenunddreißig Grad fungierte quasi als thermale Ausschlusszone für Pilze, die bei diesen hohen Temperaturen meist nicht überleben können. Im Gegensatz zu Reptilien haben Säugetiere also Pilze als selektierende Krankheitserreger ausgekocht. Gleiches gilt übrigens auch für Vögel.

Pilze wurden früher zu den Pflanzen gezählt. Seit den 1960er Jahren werden sie aber von Biologen als eigenes Reich definiert. Denn Pilze ernähren sich im Gegensatz zu Pflanzen nicht von Sonnenenergie, und sie produzieren auch keinen Sauerstoff. Trotz ihrer vermeintlichen Standorttreue sind sie enger mit den Tieren als mit den Pflanzen verwandt. Wie Tiere und Menschen verbrauchen sie Sauerstoff und bilden dabei Kohlendioxid, und wie Tiere müssen sie andere Lebewesen fressen. Ihre Zellwände bestehen auch nicht wie bei Pflanzen aus Zellulose, sondern aus Chitin. Das ist derselbe Stoff, der im Panzer von Insekten enthalten ist. Tierische Zellen hingegen besitzen gar keine Zellwände, da Tiere im Gegensatz zu Pilzen und Pflanzen ein Skelett und eine Muskulatur besitzen. Tiere benötigen also kein starres Netzwerk, das Zellwände bieten, um aufrecht stehen zu können.

Zudem wären Tiere so völlig unbeweglich. Aber auch Pilze sind nicht starr und fest an einen Standort gebunden. Sie verändern permanent ihre Form und können auf diese Art und Weise wandern, jedoch so langsam, dass wir es mit unseren Sinnen nicht wahrnehmen können.

Das, was wir für gewöhnlich als Pilz bezeichnen und was auf dem Waldboden sichtbar ist, ist eigentlich nur der Fruchtkörper des Pilzes. Dieser dient zur Fortpflanzung und bildet die Sporen, die Samen der Pilze, die man mit dem bloßen Auge nur in großen Mengen erkennen kann. Beim Champignon etwa sitzt das sporenbildende Gewebe an schmalen Lamellen, die an der Unterseite des Hutes speichenartig angeordnet sind. Die Lamellen werden auch Blätter genannt, weshalb diese Pilze auch Blätterpilze genannt werden.

Der Großteil eines Pilzes befindet sich allerdings unter der Erde. Es ist ein Geflecht aus wurzelähnlichen Fäden, das Myzel genannt wird. Dieses Fadengeflecht kann erstaunliche Ausmaße annehmen. So hat das Geflecht einer Hallimasch-Art im Malheur National Forest in den USA eine Ausdehnung von circa tausendzweihundert Fußballfeldern, ist etwa sechshundert Tonnen schwer und mindestens zweitausendvierhundert Jahre alt. Damit gilt es als das größte Lebewesen der Erde.

Pilze ernähren sich wie Tiere von Stoffen, die von anderen Lebewesen hergestellt wurden. Sie sind die großen Resteverwerter unseres Ökosystems, die Müllabfuhr der Natur. Indem sie totes Material zersetzen und die darin enthaltenen Nährstoffe recyceln, erschaffen sie die Grundlage für neues Leben. Zusammen mit Bakterien bauen sie mithilfe von hochaktiven Substanzen abgestorbenes Material ab und bilden daraus Humus, der wiederum eine wichtige Nahrungsgrundlage der Pflanzen darstellt.

Mit Bäumen gehen Pilze bemerkenswerte Partnerschaften ein. Mit ihren Hyphen umschließen sie Baumwurzeln, dringen sogar in diese ein und liefern so dem Baum lebenswichtige Mineralien und Wasser, als Gegenleistung bekommen sie Zucker. Besonders Bäume, die auf nährstoffarmen Böden wachsen, profitieren von der hohen Saugkraft der Pilzfäden, sodass sie auch relativ trockenen Böden noch Wasser entziehen können. Der gegenseitige Nutzen von Pilz und Baum kann auch zur Aufforstung genutzt werden, indem junge Bäume mit dem jeweiligen Pilzpartner beimpft und so ihre Wachstumschancen gesteigert werden.

Diese Symbiose ist jedoch weitaus mehr als nur ein simpler Nährstoffhandel: Der ganze Wald ist nun vernetzt! Ein riesiges Netzwerk entsteht, das Unmengen an Informationen austauscht, das Internet der Natur – das »Wood Wide Web«. Diese gigantische Informationsautobahn ermöglicht es Bäumen etwa, sich gegenseitig Warnsignale zu schicken. Um eine Vorstellung von der unglaublichen Größe dieses Netzwerkes zu bekommen: Unter der Fläche unseres Fußes im Wald findet man etwa fünfhundert Kilometer Hyphen. Der Wald funktioniert wie EIN Superorganismus.

Bestimmte Pilzarten leben auch mit Algen in einer autarken Symbiose, losgelöst von einem Substrat. Die graugrünen, roten oder gelblichen unregelmäßigen Fäden oder Krusten an Mauern, Felsen und Bäumen sind nichts anderes als das Zusammenleben von Pilz und Alge, das wir für gewöhnlich als Flechte bezeichnen. Dabei bilden Pilzfäden die äußere Gestalt und eine Art Rinde. Im Innern des Pilzgeflechts befinden sich meist einzellige Grünalgen, die vom Pilzgeflecht mit Mineralstoffen und Wasser versorgt werden. Der Pilz wiederum wird von der Alge mit Kohlenhydraten versorgt, die die Alge durch Photosynthese gewinnt. Flechten haben keine besonderen Anforderungen an ihren Untergrund, jedoch an die Sauberkeit der Luft. Denn bei den meisten Flechten lässt die Rinde Schadstoffe ungehindert passieren. Da Flechten ziemlich langsam wachsen, aber sehr alt werden, können sich Umweltgifte ungehindert anhäufen, bis die Flechten sterben. Das Vorkommen von Flechten kann also über den Sauberkeitsgrad der Luft Aufschluss geben. Sind nur noch pulverartige Grünalgen ohne Pilzpartner vorhanden, ist die Luft meist sehr stark verschmutzt.

Flechten können noch älter werden als auf sich alleine gestellte Pilze, in Einzelfällen sogar über viertausendfünfhundert Jahre, wie etwa die Landkartenflechte aus Grönland.

Pilze findet man in der Erde, über der Erde, aber auch auf der Haut des Menschen. Sie können schädlich sein, heilend oder sogar berauschend und finden beim Brotbacken Verwendung ebenso wie bei der Gärung von Bier, Wein und Essig. Die Backhefe, die wir verwenden, ist nichts anderes als ein einzelliger Pilz mit dem komplizierten lateinischen Namen Saccharomyces cerevisiae.

Hefepilze produzieren Ethanol bei vergorenen Früchten. Unsere Vorfahren erwarben in der Vergangenheit durch eine Mutation die Fähigkeit, diesen Alkohol abzubauen. Ein großer evolutionärer Vorteil, da man so die ökologische Nische vergorener Früchte nutzen konnte. Forschungen konnten zeigen, dass schon kurz nach dem Sesshaftwerden der Menschheit auch solche Getreidesorten angebaut wurden, die besser zum Bierbrauen geeignet sind als zum Brotbacken. Dies legt den Gedanken nahe, dass bereits sehr früh Getreide angebaut wurde, um Bier zu brauen. Das Bierbrauen bot einen großen Vorteil: Fermentierte Getränke töten Bakterien ab und sind als Nahrungsquelle länger haltbar.

Pilze dienen uns nicht nur als Nahrungsmittel, sondern finden auch in Medikamenten Verwendung. Schon »Ötzi«, die berühmte Gletschermumie aus der Jungsteinzeit, führte kunstvoll ornamentierte Birkenporlinge mit sich: eine Art frühzeitliche Reiseapotheke, da dieser Baumpilz aufgrund seiner antiviralen und antibakteriellen Wirkung Immunsysteminfekte und Entzündungen bekämpfen kann.

Das noch heute verwendete, antibiotisch wirksame Penicillin wird von verschiedenen Pilzarten, unter anderem den Penicillium-Arten, gebildet. Penicillin hindert Bakterien daran, sich zu vermehren. Entdeckt wurde der Wirkstoff durch eine ungewollt verschimmelte Bakterienkultur des Forschers Alexander Fleming. In einer seiner Petrischalen hatte sich ein Schimmelpilz ausgebreitet. Dies passiert im Labor häufiger, und im Normalfall würde die Schale einfach weggeworfen. Doch Fleming sah, dass auf dem Nährboden in der Nachbarschaft des Schimmelpilzes keine Vermehrung der Bakterien stattgefunden hatte. Der chemische Stoff, der die Bakterien tötete, wurde nach der Pilzart getauft, und Fleming erhielt für seine Entdeckung den Nobelpreis. Auch Ameisen nutzen die Kraft der Pilze in ihrem Bau, um Keime abzutöten.

Pilze gelten als die Chemiefabrik der Natur. Sie entwickeln für uns momentan unkopierbare Moleküle. Mehr als die Hälfte der zwanzig wertvollsten Medikamente stammen von Pilzen ab, etwa Cholesterinsenker, Blutdrucksenker, Antibabypillen, Immun-Stimulanzien, Krebsmedikamente oder Entzündungshemmer. Es wird sogar damit experimentiert, Kleidung und Möbel aus Pilzfasern herzustellen. Ein formbarer, leichter, stabiler und absolut nachhaltiger Werkstoff. Ausgediente Pilz-Küchenstühle zum Kompostieren einfach der Witterung aussetzen und in die Hecke werfen – der Gedanke gefällt mir.

Eisvogel
(*Alcedo atthis*)

VON FUTTERKARUSSELLEN, GLEITENDEN EHRENBÜRGERN, SCHNEEKÖNIGEN UND KNIRSCHENDEN FRÜHAUFSTEHERN

Der Eisvogel ist mit seinem farbenprächtigen und schillernden Gefieder wahrlich ein »fliegender Edelstein« und eine unserer attraktivsten Vogelarten. Seinen Namen hat er vom althochdeutschen »eisan« für »schillern« oder »glänzen«. Von dem Wort »Eis« – etwa wegen seines eisblauen Gefieders – stammt sein Name nicht. Eis ist sogar ein arger Feind, da die meisten Eisvögel in harten Wintern aufgrund von zugefrorenen Bächen verhungern und bis zu neunzig Prozent der lokalen Population ausgelöscht werden. Mit angelegten Flügeln stürzt der Eisvogel sich blitzschnell von Sitzwarten aus kopfüber in klare Gewässer und taucht bis zu sechzig Zentimeter tief, um kleine Fische mit dieser Überraschungstaktik zu erbeuten. Dank wasserabweisenden Gefieders und dolchförmigen Schnabels ist er perfekt für solche Tauchjagden ausgerüstet. Den erbeuteten Fisch schlägt er zum Töten auf Äste und verschlingt ihn dann kopfüber. Eisvögel graben eine bis zu einem Meter tiefe Bruthöhle in Steilwände. In diesen Brutkesseln rückt jedes Junge nach seiner Fütterung im Kreis einen Platz nach hinten. Dieses »Futterkarussell« sorgt für eine gerechte Aufteilung der Fische. Um die Verluste im Winter zu kompensieren, führen Eisvögel zwei bis drei Schachtelbruten pro Jahr durch: Das Weibchen ist schon wieder mit dem Brutgeschäft zugange, während das Männchen sich noch um die gerade flügge gewordenen Jungvögel kümmert.

Wie bei keinem zweiten Vogel konzentriert sich der Verbreitungsschwerpunkt des Rotmilans auf Deutschland. Mehr als fünfzig Prozent der gesamten Weltpopulation an Rotmilanen beherbergt unser Land. Wir haben von daher eine besondere Verantwortung zum Schutz und Erhalt dieser Art. Man kann den eindrucksvollen Rotmilan im Flug gut an seiner markanten Schwanzgabelung erkennen, weshalb er im Volksmund auch Gabelweihe genannt wird. Mit einer Spannweite von bis zu 1,75 Meter ist er größer als ein Mäusebussard. Seine Beute jagt er im Suchflug und nicht – wie viele andere Greifvögel – von einem Ansitz aus. So kann man ihn häufig bei eleganten Gleitflügen beobachten; auf der Suche nach Kleinsäugern, Vögeln, Fischen oder auch Aas. Der Rotmilan ist besonders durch intensive Landwirtschaft gefährdet, vor allem durch die Anwendung von Pestiziden. Es hat sich außerdem gezeigt, dass er sehr viel häufiger als andere Vögel an Windkraftanlagen verunglückt. Eine Besonderheit des Rotmilans sind seine unordentlichen Nester, denn er liebt es, sein Zuhause mit allerlei Fundstücken zu schmücken. So fand man neben Plastiktüten, Unterwäsche, Arbeitshandschuhen und Tennisbällen sogar Plüschtiere, die ins Nest eingebaut worden waren.

Der Zaunkönig ist die drittkleinste heimische Vogelart; dennoch hat er mit über neunzig Dezibel eine der lautesten Stimmen. Sie ist bis zu fünfhundert Meter weit zu hören. Der Zaunkönig singt auch im Winter – daher die Redewendung »sich wie ein Schneekönig freuen«. Charakteristisch ist sein steil aufgerichteter Schwanz. Er ernährt sich ausschließlich von Spinnen und Insekten, die er vor allem in Bodennähe sucht. Wie eine kleine Maus huscht er flink durchs Dickicht. Sein spitzer Schnabel erlaubt ihm, auch in kleinsten Ritzen Nahrung zu finden. Das Männchen baut gleich mehrere kunstvoll verwobene, kugelförmige Nester. Das Weibchen sucht sich einen dieser Rohbauten aus; erst dann wird er mit Moos ausgepolstert. Manch properes Männchen lockt gleich mehrere Weibchen in sein Revier und beherbergt so mehrere Bruten. Sein Name geht auf eine zweitausendfünfhundert Jahre alte Fabel von Äsop zurück, nach der der Vogel König werde, der am höchsten fliegen könne. Der Zaunkönig ließ sich auf den Schultern des Adlers tragen, flog aber selber erst los, als dieser müde wurde, und übertraf ihn so noch an Höhe. Der betrügerische König fürchtet sich noch heute vor dem Argwohn der anderen Vögel und schlüpft heimlich durch dichte Hecken.

Seinen deutschen wie auch seinen wissenschaftlichen Namen verdankt der Hausrotschwanz seinem charakteristisch rot gefärbten Schwanz. Ursprünglich sind felsige Gebirge sein natürlicher Lebensraum. Brutnachweise gibt es in den Alpen bis dreitausendzweihundert Meter Höhe und im Himalaja bis etwa fünftausendsiebenhundert Meter. Mitte des neunzehnten Jahrhunderts entdeckten die Vögel die steinernen Gebäude der Menschen als »Kunstfelsen« und eroberten nach und nach auch das Tiefland. Somit ist der Hausrotschwanz die einzige Vogelart unserer Gefilde, die in allen Höhenstufen vom Tiefland bis ins Hochgebirge vorkommt. Man kann ihn gut an seinem Gesang erkennen. Im Mittelteil seiner etwa viersekündigen Strophe ist ein markantes kratzendes Geräusch zu vernehmen, das an das Zerknüllen von Papier erinnert. Der Hausrotschwanz ist ein echter Frühaufsteher und singt schon über eine Stunde vor Sonnenaufgang. Somit ist er neben seiner Schwesterart, dem Gartenrotschwanz, einer der ersten Musikanten auf der Bühne des morgendlichen Vogelorchesters. Zur Brutzeit singt das Männchen mit kleinen Pausen bis in die späte Abenddämmerung ununterbrochen. Bei gutem Wetter kommt ein fleißiger Artgenosse so auf mehr als fünftausend Strophen an einem Tag.

Hohler Lerchensporn
(*Corydalis cava*)

BUNTES ERWACHEN

Jedes Jahr geschieht ein wahres Wunder in unseren Laubwäldern. Kaum ist der Schnee verschwunden, blühen bereits ab Februar und März die ersten Blumen auf, bevor der Frühling auch den Rest unserer Landschaft in ein zartes Grün hüllt. Plötzlich bedecken wie auf ein geheimes Zeichen hin betörende Teppiche der weißen bis violetten Blütenstände des Hohlen Lerchensporns den noch kargen Waldboden. Er verdankt seinen Namen der Tatsache, dass seine Blüten von der Form her an die gespornte hintere Zehe einer Lerche erinnern. Der erste Teil seines Namens beruht darauf, dass seine Knolle Hohlräume besitzt, weshalb man ihn auch Hohlwurz nennt. Auch Schneeglöckchen, farbige Krokusse oder goldgelbes Scharbockskraut zaubern erste Farbtupfer in die Landschaft. Scharbockskraut besitzt extrem viel Vitamin C. Seine Blätter verwendete man früher als Heilmittel gegen die Vitamin-C-Mangelkrankheit Skorbut, die man auch »Scharbock« nannte. Das Buschwindröschen ist ebenfalls ein klassischer Frühblüher. Sein Name rührt daher, dass die zarten Blüten sich schon beim leichtesten Windhauch bewegen. Auch sein wissenschaftlicher Gattungsname Anemone bedeutet übersetzt »Wind«. Doch wo nehmen diese Pflanzen so schnell nach dem harten Winter ihre Kräfte für ein so explosionsartiges Wachstum her?

Ihre Überlebensstrategie liegt tief im Boden verborgen. Die Überdauerungsorgane befinden sich in Form von Knollen,

Zwiebeln und Rhizomen unterhalb der Erde. Deshalb nennt man solche Pflanzen Geophyten, zu Deutsch »Erdpflanzen«. Dort speichern sie über den Winter hinweg die angesammelten Nährstoffe der letzten Vegetationsperiode, wie etwa Stärke. Steigen die Temperaturen im Frühjahr über den Gefrierpunkt, beginnt die Pflanze damit, diese für das Wachstum freizusetzen. So zeitig im Frühjahr würde die Photosyntheseleistung alleine nicht ausreichen, um genügend Energie für die Ausbildung von Blütentrieben zu liefern. Aber auch die dunkle Laubstreu des Vorjahres auf dem Waldboden absorbiert die erste Sonnenwärme recht gut und wirkt isolierend wie eine Decke. Diese Wärme beschleunigt die Stoffwechselvorgänge und begünstigt so den früh einsetzenden Wachstumsschub. Um den frostigen Winter schadlos zu überstehen, haben die Pflanzen verschiedene Frostschutzmittel entwickelt. Bei Narzissen sind es etwa Schleimstoffe, bei Schneeglöckchen eingelagerte Salze.

Neuerlicher Frost schadet den Frühblühern auch nicht und führt nur zu einem vorübergehenden Aussetzen des Wachstums. Somit nutzen Geophyten das kurze Zeitfenster zum Gedeihen, in dem die Temperaturen schon hoch genug sind, das Laub der Bäume aber noch nicht entwickelt ist und sie somit die volle Energie der Sonne zur Photosynthese nutzen können. Sie stellen für Bienen und andere Insekten eine erste wichtige Nahrungsquelle dar. Gerade völkerbildende Arten wie Honigbienen und Hummeln sind auf Frühblüher angewiesen. Nektar und Pollen sorgen für den Aufbau und die Stabilisierung der Völker in einer ansonsten kargen Zeit. Um an den Nektar des Lerchensporns zu gelangen, für den man eigentlich einen langen Rüssel benötigt, beißen kurzrüsselige Hummeln den Sporn einfach von außen an und nehmen, ohne der Bestäubung zu dienen, die begehrte Nahrung auf.

Seine kugelrunden, schwarzen Samen verbreitet der Lerchensporn übrigens mit einem äußerst raffinierten Trick: Sie sind mit einem auffallend großen, weißlichen Anhängsel versehen, das mit etwas Fantasie an eine schmackhafte Insektenlarve erinnert. Neben Fetten, Zucker, Eiweiß und Stärke enthält das in der Fachsprache als Elaiosom bezeichnete Gebilde zudem Vitamine. Ameisen stehen regelrecht auf diese schmackhaften »Powerriegel« und schleppen sie samt den Samen umgehend in ihren Bau. Hier landen die Samen nach Abtrennen des Fettkörpers dann schlussendlich als Abfall außerhalb des Baus. Dennoch wird somit durch den Ameisentransport der Lerchensporn-Fruchtkörper in neue Gefilde transportiert.

Bereits im Mai, wenn Bäume und Sträucher ihr Laub komplett austreiben und nur noch rund zwei Prozent des photosynthesetauglichen Lichts auf den Waldboden fällt, schließen die Geophyten ihren oberirdischen Lebenszyklus ab und überdauern den Rest des Jahres unterirdisch. Sie »ziehen ein«, wie der Gärtner sagt. Da viele Speicherorgane, wie etwa Zwiebeln, außerhalb der Vegetationsperiode verlockende Nahrungsquellen für hungrige Tiere darstellen, haben sich hier vielfältige Schutzmechanismen entwickelt. So wirken etwa scharfer Geschmack oder Giftigkeit als Fraßschutz. Schneeglöckchenzwiebeln oder Lerchenspornknollen enthalten etwa giftige Alkaloide.

Seerosenzünsler
(*Elophila nymphaeata*)

EIN SCHMETTERLING, DER DEM WASSER ENTSTEIGT

Eine grazile Schönheit ist der Seerosenzünsler mit seinen elaborierten goldbraunen Schnörkeln. Der lateinische Name dieser Nachtfalterart, »nymphaeata«, bedeutet so viel wie »die kleine Nymphe«. Und tatsächlich hat sein eleganter Flug etwas Nymphenhaftes, Verspieltes. Sein deutscher Name weist schon darauf hin, dass das Leben des kleinen Nachtfalters eng an das Leben von Seerosen gekoppelt ist.

Seine Raupen entwickeln sich für Schmetterlinge völlig untypisch unter Wasser.

Nach der Paarung sucht das Weibchen zunächst eine geeignete Stelle zur Eiablage. Dazu landet es auf dem Schwimmblatt einer Seerose, drückt seinen Unterleib unter Wasser, krümmt ihn und klebt die Eier an die Blattunterseite. Die geschlüpften Raupen fangen sofort an, an der Unterseite des Seerosenblatts zu fressen, oder bohren sich in Form von Fraßgängen in das Blatt hinein. Nach wenigen Tagen häuten sie sich das erste Mal. Nun bauen sie sich zunächst ein »Unterwasser-Tarnzelt«, indem sie Stückchen aus den Seerosenblättern herausschneiden und sich damit bedecken. Mit dieser Tarnkappe sind sie vor den Augen möglicher Fressfeinde gut geschützt. Im ersten Raupenstadium nehmen sie den im Wasser gelösten Sauerstoff noch direkt über die Haut auf. In den späteren Stadien werden die Raupenkörper aufgrund von Wachsen wasserabstoßend, und eine Lufthülle umgibt die Taucherraupen. Nun atmen sie über ihre Tracheen und nehmen den Sauerstoff über die Luft auf. Die wasserabweisende Wachsschicht auf der Körperoberfläche wird über die aufgenommene Nahrung produziert, weil die Raupen die Wachsschicht auf der Oberseite des Seerosenblatts abnagen. In diesem Entwicklungslevel bauen sie sich ein Schwimmfloß, indem sie zwei elliptische Blattstücke abschneiden und zu einem wasserdichten Köcher fest zusammenspinnen. So treiben sie gut getarnt über die Wasseroberfläche und fressen sich von Blatt zu Blatt durch. Der Köcher ist mit Luft gefüllt, und die Raupen kommen zur Erneuerung des Luftvorrats immer wieder an die Wasseroberfläche. Jetzt häuten sie sich ein letztes Mal und bauen einen speziellen Puppenköcher. Zur Verpuppung kriechen sie samt Köcher an einem Seerosenstängel bis zu dreißig Zentimeter tief ins Wasser hinab. Hier wird der Raupenköcher am Stängel festgesponnen. Nun beißt die Raupe Löcher in den Pflanzenstängel, bis Luft aus den Leitungssystemen der Pflanze in den Köcher sprudelt. Dieser wird vollständig verschlossen, und die Raupe beginnt in einer abgeschlossenen Luftblase unter Wasser mit der Verpuppung. Ist die Metamorphose vollendet und beginnt der schlüpfende Falter, den Köcher aufzudrücken, treibt ihn die darin enthaltene Luft an die Wasseroberfläche. Hier erst platzt die Luftblase, und der Schmetterling entsteigt ihr trockenen Fußes. Spezielle lange, schmale und fast haarförmige Flügelschuppen schützen ihn davor, nass zu werden. Nach dem Auftauchen flitzt der Schmetterling zunächst wie ein Wasserläufer dank der Oberflächenspannung des Wassers bis zum nächsten Blatt. Hier pumpt der fertige Falter seine Flügel auf, und ein neuer Nymphentanz beginnt.

Es gibt sogar einen Käfer bei uns, der eine ganz ähnliche Entwicklungsstrategie hat wie der Seerosenzünsler: der Seerosen-Schilfkäfer. Ein metallisch grün- oder bronzefarbener Käfer mit markanten, kräftigen Hinterbeinen, die an Froschschenkel erinnern. Schilfkäfer gehören zu den wenigen Käfergruppen, die von einer terrestrischen auf eine aquatische Lebensweise umgestiegen sind. Ihre Larven verbringen ihr Leben unter Wasser, im Wurzelbereich der Seerose. Zur Atmung haben sie eine Luftöffnung an ihrem Körperende dolchförmig verlängert. Damit bohren sie die Leitungsbahnen der Wasserpflanzen an und beziehen so den nötigen Sauerstoff. So atmen sie unter Wasser wie ein Taucher mit seinen Druckluftflaschen. Sie ernähren sich einzig und alleine von Pflanzensaft, den sie aus der Seerose saugen. Anschließend bauen sie einen Kokon unter Wasser. Auch die adulten Käfer ernähren sich rein vegetarisch nur von den Blättern der Seerose. Ihre Anwesenheit kann man übrigens gut an den durchlöcherten Blättern erkennen.

Insekten, die sich nur von Pflanzen ernähren, haben einige Herausforderungen zu bewältigen. Schilfkäfer haben aber tatkräftige Helfer in ihrem Verdauungstrakt, die ihnen bei der Versorgung mit lebensnotwendigen Nährstoffen helfen: Symbiotische Mikroorganismen stellen essenzielle Aminosäuren, Vitamine oder Enzyme für sie bereit und ergänzen so den Speiseplan dieser Insekten. Erst dank dieser kleinen Symbiosebakterien konnten die Käfer die neue Nische Seerose erschließen. Die Bakterien können nahezu sämtliche essenziellen Aminosäuren produzieren, die die Käfer nicht selbst herstellen können. Diese zehn lebensnotwendigen Eiweißbausteine sind für die Larven besonders wichtig, da der Pflanzensaft aus den Wurzeln nicht genügend Aminosäuren liefert, vor allem, um den eiweißreichen Kokon zu bauen. Einige Bakterien stellen auch Enzyme bereit, die Pektine abbauen können, schwer verdauliche Stoffe, die in den Zellwänden der Seerose vorkommen. Erst durch die Helferbakterien können sie aufgeschlossen werden und ermöglichen so eine ausreichende Kohlenhydrat- und Energieversorgung der Schilfkäfer.

Rothirsch
(Cervus elaphus)

DER BAMBI-IRRTUM UND BEMERKUNGEN ZUM HIRSCH

Oft stelle ich bei meinen Vorträgen oder Exkursionen mit Verwunderung fest, dass viele unserer Mitmenschen der Meinung sind, dass ein weiblicher Hirsch das Reh sei. Doch woher kommt eigentlich diese bemerkenswerte zoologische Begriffsverwirrung?

Unser Medienkonsum ist der Ursprung für diesen Irrglauben: Walt Disney brachte 1942 seinen weltbekannten Zeichentrickfilm »Bambi« in die Kinos, ein spätzündender Kassenschlager, den Abermillionen anschauten. Die ursprüngliche Geschichte des Films wurde von dem österreichischen Jäger und Schriftsteller Felix Salten verfasst. Bereits 1923 veröffentlichte er einen Roman, in dem ein Rehkitz namens »Bambi« die Hauptfigur war. Als die Geschichte jedoch für den amerikanischen Markt übersetzt wurde, gab es folgendes Problem: Es gibt dort kein Rehwild. Deswegen wurde der Rehbock kurzerhand zu einem Weißwedelhirschen. Als der Film dann in den Fünfzigerjahren wieder nach Deutschland zurückimportiert wurde, verwandelte sich Bambi in der Übersetzung wieder wie ursprünglich in ein Rehkitz, Bambis Vater blieb jedoch ein amerikanischer Weißwedelhirsch. Seitdem glauben viele Deutsche, dass das Reh das Weibchen des Hirschs sei.

Hier noch einmal zusammengefasst: Bei den fast pferdegroßen Hirschen heißt das Weibchen Hirschkuh. Bei den nur etwa hundegroßen Rehen heißt das Weibchen Ricke.

Der Rothirsch ist das größte einheimische Wildtier. Ein erwachsener Hirsch hat eine Schulterhöhe von etwa eineinhalb Metern, eine Länge von zwei Metern und wiegt bis zu zweihundertfünfzig Kilogramm. Die Hirschkühe sind zehn bis fünfzehn Prozent kleiner und wiegen etwa hundertzwanzig Kilogramm. Ein Weibchen, das bereits »gesetzt« (geworfen) hat, wird als Alttier bezeichnet. Der männliche Hirsch ist im Alter von sieben Jahren ausgewachsen. Da die Weibchen kein Geweih tragen, werden sie auch als »Kahlwild« bezeichnet. Die stattlichen Männchen erkennt man außer an ihrem Geweih auch gut an der massiven Brust, dem kräftigen Hals und einer buschigen Mähne. Seinen Namen verdankt das Rotwild seinem im Sommer rötlich-braunen Fell, das sich im Winter dunkelbraun bis grau färbt.

Die Entwicklung des Geweihs beginnt bei den männlichen Kälbern im ersten Lebensjahr zunächst in Form eines sogenannten »Rosenstocks«. Das sind knochige Stirnbeinfortsätze in Form zweier kleinen Höcker, aus denen sich im Laufe des Sommers noch unverzweigte Geweihstangen bilden. Man nennt diese jungen Hirsche dann auch »Spießer«. Dieses Erstlingsgeweih wird im nächsten Frühjahr abgeworfen. Das darauf folgende Geweih hat bereits eine erste Gabelung. Die Endenzahl der Geweihe nimmt dann mit den Jahren zu. Als ein »Ende« bezeichnet ein Jäger eine Verzweigung des Geweihs, die so deutlich ausgeprägt ist, dass er hieran einen Hut aufhängen könnte. Die Größe des Geweihs verrät etwas über den Gesundheitszustand und das Alter des Tieres. Denn unter guten Bedingungen nimmt sowohl die Länge der Geweihstangen als auch die Endenzahl bis etwa zum zwölften Lebensjahr zu. Ein ausdefiniertes Geweih besteht dann aus Rosenstock, Augspross, Eisspross, Mittelspross und der mehrfach verzweigten Krone. So können ältere Hirsche über zwanzig Enden am Geweih aufweisen. Dabei zählt der Jäger die Enden jeder Stange. Sind sie auf beiden Seiten gleich, etwa acht, ist es ein gerader Sechzehnender. Sind an einer Stange weniger als acht, auch, wenn es nur beispielsweise sechs sind, ist es immer noch ein Sechzehnender, nur eben ein ungerader Sechzehnender.

Solange das Geweih noch wächst, ist es von einer behaarten Haut, dem sogenannten Bast, überzogen. Dieser ist gut durchblutet und bewirkt den entsprechenden Baustofftransport. Die Neubildung eines Geweihs dauert in der Regel etwa fünf Monate, bis zu fünfzehn Kilogramm Knochenmasse werden hierbei produziert. Sobald das Geweih im Juli oder August ausgewachsen ist, wird der Bast an Sträuchern und Bäumen abgestreift, was im Fachjargon als »fegen« bezeichnet wird. Das Geweih der Männchen wird dann abhängig vom Alter im Februar oder auch erst im April wieder abgeworfen. Ein frisch gefegtes Geweih ist sehr hell, erst in den Wochen danach verfärbt es sich unter Einfluss von Pflanzensäften ins Braune. Es besteht aus Knochensubstanz und nicht aus Horn, wie häufig angenommen wird.

Ursprünglich bewohnte das Rotwild offene Landschaften, weite Steppen. Durch das Eindringen der Menschen in die Natur war es jedoch gezwungen, sich in größere Waldgebiete zurückzuziehen. Rothirsche findet man vor allem in Mittel- und Hochgebirgen, beispielsweise im Harz, in der Eifel, im Bayerischen Wald, aber auch im Tiefland, wie etwa der Lüneburger Heide. Rotwild geht gerne auf ausgedehnte Wanderschaft und legt dabei über hundert Kilometer in wenigen Tagen zurück. Heutzutage ist dies jedoch kaum mehr möglich, da die Wälder durch Besiedlung zu sehr durchtrennt sind.

Rothirsche verfügen über einige Duftdrüsen an ihrem Körper, deren Signale eine wichtige Rolle im Sozialleben spielen. Die Sekrete aus diesen Drüsen dienen der Markierung, indem das Rotwild sie durch Reiben an Bäumen oder Sträuchern verteilt. Besonders zur Brunftzeit spielen diese Drüsen eine wichtige Rolle. Wie alle Hirsche haben Rothirsche einen ausgeprägten

Geruchssinn. Um Feinde sofort riechen zu können, achten sie bei ihren Ruheplätzen auf die Windrichtung.

Rothirsche sind Rudeltiere: In meist nach Geschlechtern getrennten Sozialverbänden folgen die Tiere jeweils ihrem Anführer. Die weiblichen Hirsche leben mit ihren Jungtieren in Kahlwildrudeln, die jeweils von einem erfahrenen Alttier, dem Leittier, angeführt werden. Zeitweise sind auch junge männliche Hirsche im Rudel zugelassen. Ausgewachsene männliche Rothirsche leben ebenfalls in Rudeln zusammen und schließen sich nur in der Brunftzeit dem Kahlwild an. Nur die ältesten männlichen Hirsche leben häufig auch als Einzelgänger oder mit einem sogenannten Beihirsch zusammen.

Die Brunft beginnt dann in unseren Gefilden Anfang September und dauert bis zu sechs Wochen. Zu dieser Zeit sind die Geweihe der männlichen Rothirsche in voller Pracht und der Testosteronspiegel bis zum Anschlag erhöht. Mit kilometerweit dröhnendem Röhren streiten sich die kapitalen Männchen um die Gunst der Weibchen, wer der »Platzhirsch« sein darf. Denn es gibt nur einen Hirsch, der Boss auf dem Brunftplatz ist und Paarungsrecht mit allen Hirschkühen seines Harems besitzt. Alle andere Männchen sind nun nur noch Konkurrenten, die es zu vertreiben gilt. Seine steigende Brunftstimmung bringt der Hirsch unter anderem durch das sogenannte »Bodenforkeln« zum Ausdruck, indem er mit seinem Geweih den Boden bearbeitet und durchackert, seinen Kopfschmuck mit herunterhängendem Gras noch mehr unterstreicht und das alles anscheinend sexy findet. Auch ist ein »Plätzen« genanntes Scharren mit den Vorderläufen zu beobachten. In die dadurch enstandenen Bodenkuhlen uriniert der Hirsch, um sich anschließend ausgiebigst darin zu wälzen. Durch dieses Verhalten nimmt er seinen typischen Brunftgeruch an, der ihn für das Kahlwild durch die im Urin enthaltenen, geschlechtlichen Duftstoffe besonders attraktiv erscheinen lässt. Reicht ein verbales und visuelles

Kräftemessen nicht aus, kommt es zum Kampf. Dabei knallen die Geweihe lautstark gegeneinander und verhaken sich. Nun schieben sich die Widersacher über den Platz, »forkeln« sich, bis der Unterlegene den Kampf beendet. Es handelt sich bei diesen Kämpfen um sogenannte »Kommentkämpfe«, bei denen es feste Verhaltensregeln gibt. Dennoch werden gelegentlich Tiere dabei verletzt oder sogar getötet. Selten verhaken sich die Geweihe gar so, dass sich die Tiere nicht mehr befreien können und durch Verhungern oder Verdursten sterben. Da die Hirsche so mit ihren Widersachern und der Damenwahl beschäftigt sind, nehmen sie während der Brunftzeit kaum Nahrung zu sich und verlieren über ein Viertel ihres Körpergewichts. Nachdem der Platzhirsch die Hirschkühe binnen weniger Sekunden begattet hat, trennt er sich nach der Brunft von dem Rudel. Die Hirschkuh ist dann etwa acht Monate trächtig und wirft im Mai oder Juni die Kälber, die bis zum Winter gesäugt werden.

Die dämmerungs- und nachtaktiven Rothirsche sind reine Pflanzenfresser und Wiederkäuer. Neben Gräsern ernähren sie sich von Blättern und Baumfrüchten wie Eicheln, Kastanien und Bucheckern. Ist die Nahrung knapp, schälen Rothirsche gerne auch die Rinde von Bäumen. Während Rehe nur eiweißreiche Blätter und Triebe bevorzugen, frisst der Rothirsch zahlreiche verschiedene Pflanzen und auch Pilze und Flechten. Am Tag fressen sie so bis zu zwanzig Kilogramm Pflanzenmaterial.

Rothirsche haben heutzutage bei uns keine natürlichen Feinde mehr. Früher stellten Bären und Wölfe eine Gefahr für sie dar, heute sind es Straßenverkehr und weitere menschliche Bedrohungen.

Hirschkäfer (*Lucanus cervus*) &
Nashornkäfer (*Oryctes nasicornis*)

VON DONNERGUGIS UND ANDEREN MARTIALISCHEN BRUMMERN

Der wohl imposanteste heimische Käfer ist für mich der Hirschkäfer. Ich erinnere mich noch sehr gut an meine erste Begegnung mit dem acht Zentimeter großen Riesen. Mich überraschte es geradezu, dass dieser dicke Brummer überhaupt fliegen konnte. Seinen Namen verdankt er den markanten, geweihartigen Ausstülpungen seines Oberkiefers. Dieses Geweih kann beim Männchen fast die halbe Körperlänge ausmachen.

Mit ihrem Geweih nehmen Hirschkäfer nicht gabelstaplerartig Nahrung auf, wie manch einer vermutet, und sie wehren sich damit auch nicht gegen Feinde. Ähnlich wie bei Hirschen dient es dem Wettstreit mit Rivalen um die Gunst der Weibchen. Treffen Konkurrenten aufeinander, haken sie sich mit ihren Geweihen ineinander und versuchen, sich gegenseitig auf den Rücken zu werfen oder von einem Ast zu stürzen. Oftmals endet dieser Sturz für den Unterlegenen tödlich. Bei besonders großen Exemplaren entstehen solche Kräfte, dass die »Zähne« der Geweihe sich in die Chitinoberfläche des Rivalen eindrücken, was als deutliches Knacken viele Meter weit zu hören ist. Der Gewinner darf sich schließlich mit der Auserwählten paaren. Dabei stellt er sich über sie und verhindert mit seinem Geweih, dass das Weibchen wegläuft. In dieser Stellung verharren sie unter Umständen mehrere Tage und nehmen immer wieder Nahrung auf, bis die Paarung vollzogen ist.

Hirschkäfer lieben besonders alte Eichen. Diese Bäume wurden früher mit dem germanischen Donnergott Thor in Verbindung gebracht, weshalb man Hirschkäfer im Volksmund auch Donnergugis nannte. Für die Reifung ihrer Keimzellen brauchen sie Baumsaft, der bestimmte Pilze enthält. Den finden sie an Wundstellen eines Baumes, welche durch Frostrisse, Windbruch oder Blitzschlag entstanden sind. Mit seinen kleinen, aber kräftigen Oberkiefern ist das Weibchen sogar in der Lage, Wunden selbst aufzubeißen. Unterkiefer und Unterlippe des Hirschkäfers sind für die Aufnahme der Säfte perfekt angepasst: Sie sehen aus wie ein gelb gefiedertes und gegabeltes Pinselchen.

Die befruchteten Eier legt das Weibchen bis zu einem halben Meter unter die Erde, in die Nähe von morschen Wurzelstöcken. Nach gut zwei Wochen schlüpfen dann die Larven, die eine Länge von zehn bis zwölf Zentimetern erreichen können, also größer als später die fertigen Käfer werden. Die Larven können übrigens knarrende Geräusche erzeugen, indem sie die Mittel- und Hinterbeine aneinanderreiben. Zu welchem Zweck dieses Knarren erzeugt wird, ist noch unklar. Sie ernähren sich von morschem, feuchtem und verpilztem Holz. Nach fünf, manchmal auch erst nach sechs oder acht Jahren bauen sich die Larven eine Puppenwiege aus Erde und Mulm. Dieser Kokon ist oval und etwa faustgroß. Seine zwei Zentimeter dicken Wände sind innen mit Nahrungsbrei und Sekreten geglättet, die Pilze und Bakterien abtöten können. Bei den Puppen sind die Oberkiefer noch an den Bauch angelegt. Etwa sechs Wochen nach der Verpuppung schlüpfen die Käfer, bleiben aber den Winter über im Boden. Erst im Frühjahr graben sie sich nach oben durch und leben dort nur wenige Wochen. Die meiste Zeit seines Lebens verbringt der Hirschkäfer also unter der Erde, als Engerling.

Leider ist der Hirschkäfer besonders selten geworden, da er kaum noch geeignete Brutböden findet. Auch an Saftleckstellen mangelt es. Die Ursachen liegen in der Intensivierung der Forstwirtschaft, bei der die Baumstümpfe gerodet werden und damit kein morsches Holz im Boden zurückbleibt.

Ein ebenfalls imposanter Käfer ist der Nashornkäfer. Wie der Name schon verrät, trägt er auf der Oberseite des Kopfes ein bis zu zehn Millimeter großes Horn. Das Horn ist nur beim Männchen so stark ausgeprägt und gebogen, während es beim Weibchen kurz ist. Auch er benutzt sein Horn zum Paarungskampf. Nashornkäfer sind proportional zu ihrer Körpergröße die stärksten Tiere der Welt. Selbst das Achthundertfünfzigfache ihres Körpergewichts können sie noch stemmen.

Ursprünglich stammen Nashornkäfer aus dem Mittelmeerraum und sind eine sehr wärmebedürftige Art. Mittlerweile sind sie auch im nördlicheren Europa, Vorderafrika und Teilen Asiens anzutreffen. Der Handel mit Eichenrinde zum Gerben von Leder hat vermutlich wesentlich zur Verbreitung der Tiere beigetragen.

Ihre Larven werden bis zu zehn Zentimeter groß und ernähren sich von Sägemehl oder Kompost, weshalb man sie häufig in unseren Komposthaufen finden kann. Die Engerlinge besitzen eine spezielle Darmflora, die es ihnen gestattet, Holzmaterial aufzuschließen und zu verdauen. Diese Eigenschaft macht sie zu idealen Helfern im Kompost. Auch das Leben des Nashornkäfers spielt sich vornehmlich als Larve ab: Bis zu fünf Jahre verbringen sie so. Dann baut sich die Larve aus Erdkrümeln, Rinden- und Holzmaterial einen etwa pflaumengroßen Kokon. Die fertigen Käfer schlüpfen erst bei höheren Temperaturen etwa Anfang Juni. Als Käfer bleiben ihnen dann noch zwei bis drei Monate. Auch der Nashornkäfer steht auf der Roten Liste der gefährdeten Arten.

Nicht gefährdet und eher wegen seiner Massenaufkommen gefürchtet ist der bis zu drei Zentimeter große Maikäfer. Zahlreiche Gedichte, Geschichten und Lieder handeln von ihm, wie etwa »Peterchens Mondfahrt«, eine Geschichte, in der er mit zwei Kindern eine abenteuerliche Reise unternimmt. Maikäfer wurden früher nicht nur als Hühnerfutter verwendet, sondern noch bis Mitte des zwanzigsten Jahrhunderts auch von Menschen, geröstet in Form einer Maikäfersuppe, gegessen. Sogar Konditoreien boten sie verzuckert oder kandiert als Nachtisch an. Den Eiweißreichtum der Maikäfer wissen aber auch Wildschweine und viele Vögel zu schätzen.

»Maikäfer« ist keine Artbezeichnung, sondern eine Gattung. Bei uns kommen drei Arten vor, die sich gut an ihrer Hinterleibsspitze unterscheiden lassen. Der häufigste Vertreter in unseren Gefilden ist der Feldmaikäfer. Im nördlichen und östlichen Europa sowie in einigen Regionen Deutschlands kommt der Waldmaikäfer vor. Eine dritte, dem Feldmaikäfer sehr ähnliche Art ist Melolontha pectoralis. Diese ist sehr selten geworden und nur noch vereinzelt in Mitteleuropa anzutreffen, etwa in einem isolierten Vorkommen in Südwestdeutschland.

Maikäfer ernähren sich von den Blättern von Laubbäumen. Mit den bis zu fünfzigtausend Geruchssensoren auf ihren Antennenlamellen spüren die Männchen mit ihren deutlich größeren Fühlern die paarungsbereiten Weibchen auf. Nach der Paarung legen die Weibchen Eier in feuchte Erdböden ab. Die Engerlinge leben hier etwa vier Jahre lang und ernähren sich von Pflanzenwurzeln. Im Herbst entwickeln sie sich zum Jungkäfer, überwintern aber noch in der Erde und schlüpfen dann im späten Frühjahr; wie der Name schon sagt, im Mai. Für die Paarung haben sie dann etwa sechs Wochen Zeit, bis sie sterben. Das Männchen stirbt bei der Begattung, das Weibchen nach der Eiablage.

Die Population von Maikäfern durchläuft einen Zyklus von drei bis fünf Jahren. Dadurch kommt es alle dreißig bis fünfundvierzig Jahre zu periodischem Massenauftreten an Maikäfern, sogenannten »Maikäferjahren«. So gab es 2006 in Teilen Hessens so viele Waldmaikäfer auf einmal, dass ganze Autobahnen gesperrt werden mussten. Bei einer Maikäferplage im Jahr 1911 wurden auf einer Fläche von etwa eintausendachthundert Hektar rund zweiundzwanzig Millionen Käfer gesammelt. Auch zwischen 1950 und 1970 gab es besonders viele Maikäfer in Deutschland. Dann wurde vor allem das Gift DDT eingesetzt, um die Käfer, die man als Plage ansah, zu töten. Forstwirte fürchten, dass Maikäfer in Massen die Bäume kahl fressen. Das war Anlass für Reinhard Meys berühmtes Lied »Es gibt keine Maikäfer mehr«. Aber es gibt sie glücklicherweise bis heute noch.

Ähnlich wie die Mastjahre bei Bäumen dienen die Reproduktionszyklen dazu, dass sich keine Räuber-Beute-Beziehung einstellen kann. So können sich Fressfeinde nicht auf eine garantierte Maikäfer-Nahrungsquelle im Frühjahr spezialisieren. Andererseits führt der gemeinsame Massenschlupf dazu, dass die vorhandenen Fressfeinde gar nicht alle Maikäfer fressen können. Somit bleiben immer genügend übrig, die sich fortpflanzen können. Bei den längeren Zyklen wird vermutet, dass sich Krankheiten und Parasiten, die speziell Maikäfer befallen, in zusammenhängenden Beständen ungehindert epidemisch ausbreiten können. Erst wenn der Befall die Käfer stark dezimiert hat, haben die verbleibenden Käfer eine höhere Chance, gesund zu bleiben.

Echter Hafer (*Avena sativa*) &
Weichweizen (*Triticum aestivum*)

ÄHRE, WEM EHRE GEBÜHRT

Bei einer Wanderung durch meine schöne Heimat streift der Weg ein Getreidefeld. Wie funkelnde Kunstwerke wiegen sich die Ähren in einem Meer aus goldenen Wellen im sanften Wind. Doch was ist das eigentlich genau, Getreide? Wo kommt es her, und warum ist es zu dem wichtigsten Nahrungsmittel für uns Menschen geworden?

Unter Getreide versteht man eine Gruppe von gezüchteten Gräserpflanzen, deren Samen, die Getreidekörner, wichtigster Bestandteil der menschlichen Nahrung sind. Das Wort Getreide kommt von dem mittelhochdeutschen »getregede« und bedeutet so viel wie »das (von der Erde) Getragene«. Ist das Korn reif, wird es geerntet, gedroschen, die »Spreu vom Weizen getrennt«, gemahlen, und schließlich landet es als frisch gebackenes Brot auf unserem Frühstückstisch

Sieben Gattungen gehören zur Getreidefamilie. Ohne die drei am meisten angebauten Sorten Reis, Mais und Weizen wäre es kaum möglich, die heutige Weltbevölkerung zu ernähren. Mit Roggen, Gerste, Hafer und Hirse gibt es noch vier weitere Getreidegattungen, die aber zusammen gerade mal rund zehn Prozent der Weltgetreideproduktion ausmachen. Andere bekannte Namen wie Dinkel, Einkorn oder Emmer, die vor allem als Biogetreide vertrieben werden, sind Unterarten des Weizens. In Deutschland baut man auf rund einem Viertel der gesamten Bundesfläche nur zwei Getreidesorten an: Weizen, als Brotgetreide und Tierfutter, und Mais, ebenfalls als Futter und zur Produktion von Biogas. Das Ergebnis sind eintönige und lebensfeindliche Monokulturen.

Es existiert kein anderes Nahrungsmittel, das wir so häufig essen und so vielseitig zubereiten wie Getreide. Schon seit der Steinzeit wird Brot gebacken, und auch im »Vaterunser« ist die Urbitte des Menschen verewigt: »Unser tägliches Brot gib uns heute«. Im Durchschnitt verzehrt ein Bundesbürger über neunzig Kilogramm Getreideerzeugnisse pro Jahr. Warum Getreide für uns als Lebensmittel so unentbehrlich ist, liegt in zwei Eigenschaften begründet: zum einen, weil Getreide einen sehr ausgewogenen Nährstoffgehalt und eine extrem hohe Nährstoffdichte besitzt, da es nur zu fünfzehn Prozent aus Wasser besteht. Die restlichen fünfundachzig Prozent bieten fast alle zum Leben notwendigen Nähr- und Vitalstoffe. Es enthält hochwertiges pflanzliches Eiweiß, wichtige Kohlenhydrate, lebensnotwendige Fettsäuren, viele B-Vitamine für das Nervensystem sowie Mineralstoffe für ein gesundes Wachstum. Vor allem Eisen ist in Getreide reichlich vorhanden und kann so die Energiespeicher des Körpers effektiv auffüllen.

Zum anderen ist Getreide sehr gut haltbar. Obwohl es über mehrere Jahre gelagert werden kann, lässt sich aus den Kornfrüchten jeden Tag aufs Neue frisches Brot backen.

Getreide, das auf unseren Feldern wächst und gedeiht, ist bereits seit Jahrtausenden keine natürliche Pflanze mehr, sondern ein durch menschliche Eingriffe manipuliertes Gras aus der Familie der Süßgräser. Getreidesorten sind also Varianten und auch Mutationen von Gräsern. Es sind uralte, immer wieder angepasste Kulturpflanzen. Durch Züchtung und Kreuzung nimmt der Mensch Einfluss auf den Wuchs der Getreidearten, um möglichst große Pflanzen mit möglichst vielen Körnern zu erhalten, die sich als möglichst resistent gegen Klimaschwankungen, Krankheiten und Schädlinge erweisen.

Das Ursprungsgebiet des Getreides liegt im Nahen Osten, dem Libanon, dem anatolischen und dem iranischen Bergland, im Gebiet des sogenannten »Fruchtbaren Halbmondes«. Dort wuchsen die Getreidearten in der Periode der milden Winter. Getreide ist also ursprünglich keine in Europa beheimatete Frucht.

Vor über zehntausend Jahren begann der Mensch, systematisch Getreide anzubauen. Ackerbau und Viehzucht machten aus den nomadisierenden Sammlern und Jägern, die sich von Fleisch und essbaren Pflanzenteilen ernährten, sesshafte Bauern. Diese »neolithische Revolution« kann als Initialstadium der menschlichen Hochkultur angesehen werden. Jede Hochkultur besitzt ihren ganz eigenen, an die jeweilige Region angepassten Getreideanbau: die Reiskultur in Asien, die Maiskultur Amerikas, die Hirsekultur in Afrika, die Weizenkultur der Römer und die Gersten- und Roggenkultur der nordischen Völker. In West- und Mitteleuropa verbreitete sich der Getreideanbau vor rund siebentausend Jahren.

Wasseramsel
(*Cinclus cinclus*)

VON TAUCHERBRILLEN, SCHNECKENSCHMIEDEN, GRAUEN SCHLÜPFERN UND EHELOSEN

Die Wasseramsel ist unser einziger Singvogel, der tauchen kann. Dazu stellt die Wasseramsel sich mit ihrem massiven Skelett schräg zur Strömung. Mit leicht abgespreizten Flügeln lässt sie sich von dem Strömungsdruck auf den Grund pressen. Dank ihrer kräftigen Beine kann sie so über den Boden klarer, schnell fließender Gewässer laufen. Dabei wendet sie Steine, um nach Wasserinsekten zu jagen. Bis zu dreißig Sekunden kann so ein Tauchgang dauern. Ihr besonders hämoglobinreiches Blut bindet in großen Mengen Sauerstoff, wodurch sie den Atem unter Wasser länger anhalten kann als andere Vogelarten. Um gut unter Wasser sehen zu können, sind ihre Augen nicht gewölbt, sondern flach wie bei einer Taucherbrille. Kurz vor dem Eintauchen verschließt sie reflexartig ihre Ohren. Damit ihr dichtes Gefieder nicht nass wird, fettet sie es – ähnlich wie Enten – mit einer öligen Flüssigkeit ein, die aus der Bürzeldrüse stammt. Bevor sie auf Tauchstation geht, kann man sie – in charakteristischer Wasseramsel-Manier mit den Beinen knicksend, den Kopf auf und ab wippend und mit den Augenlidern blinzelnd – auf Steinen im Bach beobachten. Leuchtend weiße Kotflecken auf diesen Steinen verraten: Hier ist die Wasseramsel zu Hause. Sie ist übrigens nicht mit der Amsel verwandt: Ihr Name beruht auf der Ähnlichkeit in ihrer Gestalt und dem ebenfalls flötenden Gesang.

Die Singdrossel ist nach der Amsel unsere zweithäufigste Drosselart. Man kann sie an dem dunklen, pfeilspitzenartigen

Muster an ihrer hellen Unterseite von anderen Drosselarten unterscheiden. Ihr Name ist Programm: Sie ist ein wahrer Meistersänger mit einem umfangreichen Repertoire an höchst unterschiedlichen Motiven. Ihren flötenden Gesang kann man meist morgens und abends, von einer erhöhten Warte aus vorgetragen, vernehmen. Dabei wird jedes Motiv in charakteristischer Singdrossel-Manier zwei- bis viermal wiederholt, bevor eine neue Strophe beginnt. Neben Insekten und Regenwürmern hat sich die Singdrossel bei der Nahrungssuche auf Gehäuseschnecken spezialisiert. Ist die Schnecke zu groß, um sie in Gänze zu verschlucken, wendet sie eine ganz besondere Methode an, um an das Innere zu gelangen, die als gezielter Werkzeuggebrauch bezeichnet werden kann: Sie schlägt das Schneckenhaus so lange auf einen flachen Stein, bis es zerbricht. Da sie bewährte »Amboss-Steine« regelmäßig benutzt, kann man solche Steine mit einer Anhäufung von zertrümmerten Schneckengehäusen und deren Bruchstücken immer wieder auffinden. »Drosselschmieden« nennt man diese Werkstätten. Besonders ist auch ihr Nest: Es wird mit einem Brei aus zerkautem und eingespeicheltem morschen Holz ausgekleidet und dann im Inneren mit einer Schicht Lehm glatt verputzt.

Das Männchen der Mönchsgrasmücke ist gut an dem markant schwarz gefärbten Scheitel zu erkennen, der an die Kopfbedeckung eines Mönchs erinnert. Weibchen und Jungvögel haben eine rotbraune Kappe. Das Wort Grasmücke hat nichts mit Gras oder Fluginsekten zu tun, sondern stammt von dem althochdeutschen »gra smucka« ab und bedeutet so viel wie »grauer Schlüpfer«. Eine treffende Bezeichnung für sein Verhalten, da der ansonsten grau gefärbte Vogel unscheinbar durchs Gebüsch »schlüpft«. Dennoch ist dieser so heimlich lebende Singvogel unsere vierthäufigste Brutvogelart und sogar weiter verbreitet als der Spatz. Neben Insekten verspeisen Mönchsgrasmücken im Sommer und Herbst Beeren und Früchte von mehr als sechzig verschiedenen Straucharten. Diese Flexibilität hat dazu beigetragen, dass ihre Bestände erfreulich stabil sind. Der Gesang besteht aus flötenden Tönen, deren kurze Strophen sich freudig »überschlagend« anhören. In diese werden auch teilweise Imitationen anderer Vögel eingefügt. Da Jungvögel den Gesang von Altvögeln erlernen, bilden sich deutliche regionale Dialekte aus. Seit den 1960er Jahren zieht ein Teil der Population nicht nach Süden, sondern nach Großbritannien. Ein Vorteil: Aufgrund klimatischer Veränderungen ist es dort im Winter warm genug, und die Zugstrecke ist deutlich energiesparender. Außerdem profitieren die Mönchsgrasmücken von der in England enorm weit verbreiteten Vogelfütterung.

Der Buchfink ist, zusammen mit der Amsel, unser häufigster Brutvogel. Jeder zehnte heimische Brutvogel ist gar ein Buchfink. Der Fink verdankt seinen Gattungsnamen den scharfen »Fink fink«-Alarmrufen. Seinen prägnanten Gesang, den sogenannten Finkenschlag, schmettert ein fleißiges Männchen bis zu fünfhunderttausend Mal pro Frühjahr. Es gibt aus allen Regionen unzählige Merksprüche für diesen einprägsamen Gesang, etwa »Bin, bin, bin ich nicht ein schöner Buchfink« oder »Ich, ich, ich bin derrrr Unteroffiziiiiier«. Im Gegensatz zu fast allen anderen Arten aus der Familie der Finkenvögel ernährt der Buchfink seine Jungen ausschließlich mit Insekten, überwiegend mit Schmetterlingsraupen. Auch während der Sommermonate steht hauptsächlich insektenreiche Kost auf seinem Speiseplan. Da die Männchen ihren Geburtsort kaum verlassen und ihr Gesangsrepertoire an ihre Nachkommen weitergegeben wird, bilden sich starke regionale Dialekte im Gesang heraus. Sein wissenschaftlicher Name »coelebs« bedeutet so viel wie »der Ehelose«, da im Winter meist nur die Männchen hierbleiben.

Bärtierchen (Tardigrada)

EIN MINIBÄR MIT AUFERSTEHUNGSKRÄFTEN

In unseren Gärten leben wahre Superhelden. Sie sind winzig, viel kleiner als ein Floh, nicht einmal einen Millimeter groß, doch haben sie Muskeln, Augen, Magen, Mund und Nerven wie alle höheren Tiere. Sie sehen aus, als kämen sie von einem anderen Planeten, haben acht Beine mit scharfen Krallen und erinnern durch ihr kompaktes Aussehen sowie ihren tapsigen Gang an einen Bären im Miniaturformat, weshalb sie ihren Namen Bärtierchen erhalten haben. Auch ihr wissenschaftlicher Name Tardigrada, eine Zusammensetzung der lateinischen Wörter »tardus« für »langsam« und »gradus« für »Schritt«, geht auf ihre gemächlich erscheinende Fortbewegung zurück.

Besonders häufig findet man die Miniteddys in feuchten Mooskissen, aber sie sind auf der ganzen Welt zu Hause, in Ozeanen, Seen, Eis oder anderen nassen Lebensräumen. Bärtierchen sind wahre Globetrotter. Sie reisen mit dem Wind, als blinde Passagiere auf Vogelfedern, mit Wasserströmungen oder auf Algen. Sie haben Lebensräume erobert, die andere Tiere meiden: sechstausend Meter hohe Himalaja-Berge, den Boden der Ozeane in viertausendfünfhundert Metern Tiefe, kochend heiße Quellen in Japan oder Gletscher in Grönland. Bärtierchen ernähren sich sowohl vom Inhalt von Pflanzenzellen als auch prädatorisch von kleinen Tieren wie etwa Ringelwürmern oder Rädertierchen. Dazu stechen sie ihre Beute an und saugen sie mit ihrem staubsaugerartigen Maul aus.

Das Unglaublichste an diesen kleinen Wunderwesen ist aber die Tatsache, dass sie sich wie kein anderes Tier auch von extremsten Umweltbedingungen nicht unterkriegen lassen. Trocknet ihr Lebensraum aus, ergreifen sie nicht etwa die Flucht, sondern lassen sich selber austrocknen. Sie ziehen Kopf und Gliedmaßen ein, nahezu die gesamte Körperflüssigkeit schwindet zu einem faltigen Klumpen, sodass sie wie eine Tonne aussehen. Man nennt diesen Zustand deshalb Tönnchenzustand. Der Stoffwechsel kommt völlig zum Erliegen, sie sind also nach unserer Sicht der Dinge eigentlich medizinisch tot, da wir keine Körperfunktionen mehr feststellen können. Doch dies ist nicht ihr Ende, im Gegenteil: Sie nutzen diesen zusammengefalteten Scheintod sogar für Langstrecken-Transporte per Wind in neue Lebensräume. Ein paar Tropfen Wasser erwecken die Scheintoten innerhalb von dreißig Minuten wieder zum Leben, eine Art Auferstehung von den Toten.

In diesem todesähnlichen Überdauerungszustand, Kryptobiose genannt, können die Mini-Jesusse locker dreißig Jahre ohne Nahrung und Wasser überdauern, Temperaturen von sechsundneunzig Grad ertragen und sogar einundzwanzig Monate bei minus zweihundert Grad überstehen. Auch extrem starke Röntgenstrahlung, ätzende Säuren und die meisten Gifte können ihnen dann nichts anhaben.

Als Tönnchen können sie selbst das Vakuum des Weltalls überleben. Sogar die enorme Strahlungsbelastung im All können sie so wegstecken. Denn 2007 umkreisten Bärtierchen in einer geöffneten Kapsel eines Testmoduls der ESA zehn Tage unseren Planeten. Sie überlebten diesen Versuch ohne größere Verluste. Erstmalig hatten Tiere schadlos einen »Weltraumspaziergang« überstanden.

Doch was macht die Minibären so unglaublich widerstandsfähig? Bärtierchen verfügen über eine einzigartige Genausstattung: Einundvierzig Prozent ihrer Gene, die Proteine kodieren, unterscheiden sich von denen aller anderen bekannten Tiere oder Organismen auf der Erde. Darunter befinden sich viele Reparaturgene, die Schäden am Erbgut beheben können. Wenn sie harter Strahlung oder giftigen Substanzen ausgesetzt sind, können diese Gene die entstehenden DNA-Brüche umgehend reparieren. Außerdem besitzen Bärtierchen ein ganzes Arsenal an Proteinen, die das Erbgut schon von vornherein vor Schäden schützen, etwa Enzyme, die aggressive Sauerstoffradikale abwehren können. Ein weiteres Protein bildet mit der DNA klumpige Komplexe und schützt sie so vor schädlicher Strahlung. Diese Schatztruhe an Supergenen könnte auch unserer Medizin ganz neue Therapieformen und Präventionsmethoden ermöglichen.

Gewöhnliche Rosskastanie
(*Aesculus hippocastanum*)

PFLANZLICHE KOMMUNIKATION

Könnten Pflanzen Töne von sich geben, herrschte in Wald und Wiese ein ohrenbetäubendes Stimmengewirr, ein Geflüster und Geschrei. Denn Pflanzen sind alles andere als stumm. Mithilfe ihrer ganz eigenen, raffinierten Methoden der Kommunikation können sie ihre Vermehrungschancen steigern, auf Verletzungen reagieren, sich vor Feinden schützen oder Helfer anlocken. All diese Kommunikationswege beruhen auf chemischen Signalen und optischen Reizen.

Für die Fortpflanzung von rund achtzig Prozent aller Pflanzenarten ist es unabdingbar, Helfer wie Bienen und Schmetterlinge auf sich aufmerksam zu machen, um ihre Pollen zur Bestäubung verteilen zu können. Hierbei bedient sich das Gewächs verschiedenster Locksignale. Meistens benutzen Pflanzen Farben, Muster im UV-Bereich und Düfte, die einer großen Zahl von Insekten signalisieren: »Hier gibt es süßen Nektar, nun kommt schon her!« Um diese so wertvollen Bestäuber gezielter an die Pollen zu führen, haben Pflanzen im Laufe der Evolution ausgefeilte Kommunikationsmethoden mit Insekten entwickelt.

Die weißen Blüten der Rosskastanie werden im Volksmund auch »Kerzen« genannt. Sie haben, solange sie befruchtungsfähig sind, einen gelben Fleck. Nur in dieser Phase wird der zuckerreiche Nektar produziert. Wenn die Blüten bestäubt wurden, färbt sich der Fleck rot. Wie mit einem Ampelsystem lotst der Baum so die Bestäuber an die richtigen Stellen.

Viele Blüten sind leicht negativ elektrisch geladen. Dies hängt mit dem Spannungsunterschied zwischen Himmel und Erdoberfläche zusammen. Die geerdete Blume reicht die negative Ladung des Bodens gewissermaßen in die Höhe weiter. Dagegen sind manche Insekten wie Hummeln elektrisch positiv geladen, da es während des Fluges zu Reibungseffekten kommt. Dieses Phänomen kennen wir auch aus unserem Alltag, etwa wenn wir einen metallischen Türgriff anfassen, nachdem wir über einen Teppich aus Kunststofffasern gegangen sind. Landet eine Hummel auf einer Blüte, neutralisieren sich die Ladungen. Dabei bleibt auch Blütenpollen am Pelz der Hummel haften, ähnlich wie Styroporkügelchen an einer elektrostatisch geladenen Oberfläche. Dadurch verändert sich für einige Zeit die Struktur des elektrischen Felds einer Blüte, die negative Ladung ist kaum noch vorhanden. Hummeln haben die Fähigkeit, solche elektrischen Felder und die damit verbundenen Informationen über den Status der Bestäubung wahrzunehmen. So können sie beurteilen, bei welcher Blüte sich ein Besuch lohnt. Diese elektrischen Felder erkennen die Insekten mit ihren Antennen und ihren feinen Haaren am Körper. Sobald sie in ein elektrisches Feld geraten, fangen sie zu vibrieren an. Auch wir kennen das: Es stellen sich die Körperhaare auf, wenn man etwa einen durch Reibung aufgeladenen Luftballon in ihre Nähe bringt. Das wiederum regt unsere empfindlichen Hautnerven an und vermittelt ein typisches kribbelndes Gefühl. Der Pelz der Hummel dient also nicht nur der Wärmeisolation, sondern ist auch Sensor für elektrische Felder und somit lebensnotwendigen Nektar.

Der Einfallsreichtum in der Kommunikation trägt auch zum Überleben der Gewächse bei. So signalisieren einige Pflanzen schon durch ihr Erscheinungsbild mithilfe von Stacheln, Widerhaken und Dornen: »Lass mich in Ruhe, sonst steche ich dich!« Andere Spezies bedienen sich der chemischen Keule und reichern sich mit Giften oder unangenehm schmeckenden Substanzen an, um zu kommunizieren »Wenn du mehr von meinem Blatt frisst, wird es dir übel bekommen!«

Geraten Pflanzen mit Fressfeinden in Kontakt, können sie bis zu fünfzig verschiedene Hormone in ihre Umwelt abgeben. Wird eine Tabakpflanze etwa von Schmetterlingsraupen befallen, nutzt sie diese chemischen Botenstoffe als genialen, heimlichen Hilfeschrei. Beschädigt Wind oder Hagel eine Tabakpflanze, passiert nichts, da das Gewächs registriert, dass aufwendige Abwehrreaktionen nutzlos wären. Erst durch die Kombination aus Fraßrhythmus und Speichel läuft die Abwehrmaschinerie der Pflanze schon nach wenigen Minuten auf Hochtouren. Der erste Hilfeschrei besteht aus Duftstoffen, die aus der Wunde der Pflanze strömen und sich über den Wind kilometerweit verbreiten. Nach einer Stunde werden dann die ersten Gene in der Pflanze umprogrammiert, und nach fünf Stunden kann die Produktion von Giftstoffen zur Abwehr anlaufen, vorausgesetzt, sie ist sinnvoll: Die Pflanze bildet nämlich nur dann giftige Substanzen, wenn diese den knabbernden Raupen auch etwas anhaben können. Erkennt eine Tabakpflanze jedoch beispielsweise den Speichel eines Tabakschwärmers, lässt sie die aufwendige Produktion gleich bleiben, denn dessen Raupen sind immun gegen das Nervengift Nikotin, mit dem die Pflanze sich sonst wehren würde. Stattdessen bildet sie verdauungsstörende Eiweiße und einen Cocktail von Duftstoffen, mit denen sie »Alliierte« in Form von parasitischen Wespen herbeiruft. Diese räuberischen Wespen legen ihre Eier im Körper der Raupen ab, geschlüpfte Larven verspeisen dann die Raupen von innen heraus und machen sie somit unschädlich.

Aber nicht nur sich selbst helfen die Pflanzen mit diesen Hilferufen, sondern auch ihren Artgenossen in der Nachbarschaft, die ebenfalls die Signale wahrnehmen können, um sich vor der Bedrohung zu schützen. Genetisch veränderten Pflanzen fehlt jedoch oftmals die Fähigkeit, ihre Nachbarn noch zu verstehen. Aufgrund dessen werden sie ungleich häufiger von Schädlingen befallen als ihre genetisch unveränderten Artgenossen. Durch die extremen Züchtungen sind so viele der heutigen Nutzpflanzen chemisch stumm und dadurch praktisch hilflos gegenüber Insekten geworden. Wenn der Mensch die Pflanzensprache verstehen würde, könnte er diesen Pflanzen möglicherweise wieder beibringen, zu kommunizieren, und so den Einsatz von Pestiziden verringern.

Bäume haben sehr komplexe Kommunikationsmöglichkeiten. Sie tauschen zum einen Informationen über das sogenannte »Wood Wide Web« aus. Ihre »Datenleitungen« sind Pilzfäden, mit denen sie untereinander verbunden sind, wodurch sie quasi wie ein Superorganismus agieren können. Auch über sogenannte Terpene kommunizieren Bäume. Das sind Kohlenwasserstoffverbindungen, die sich über die Luft ausbreiten. Mehrere zehntausend dieser »Baum-Vokabeln« sind bereits bekannt. Mit diesen Duftstoffen warnen sie sich etwa vor Fressfeinden, und womöglich dienen sie in Trockenperioden, im Kollektiv abgesondert, als Kondensationskerne, an denen sich Wolkentröpfchen bilden können und somit Regen ausgelöst wird. Auch wir verstehen mit unserem Immunsystem diese gasförmigen Stoffe. Sie reduzieren unsere Stresshormone und stärken unser Immunsystem.

Siebenpunkt-Marienkäfer
(*Coccinella septempunctata*)

DER WOHL ÄLTESTE GLÜCKSBRINGER DER WELT

Dieser halbkugelige Käfer ist einer der größten Sympathieträger unserer heimischen Fauna: der Marienkäfer. In Europa gibt es etwa zweihundertfünfzig verschiedene Marienkäferarten. Der Siebenpunkt-Marienkäfer ist in unseren Breiten ihr häufigster Vertreter. Er verdankt seine orangerote Färbung Lycopin, das auch Tomaten rot färbt, sowie Alpha- und Betacarotin. Nicht nur bei Kindern ist er beliebt. In vielen Kulturen gilt die Sieben als Glückszahl, weshalb der Siebenpunkt-Marienkäfer als großer Glücksbringer angesehen wird. Zudem galten Marienkäfer als geheiligte Tiere der Freya, der germanischen Göttin der Liebe und Fruchtbarkeit. Der Name Marienkäfer leitet sich aber von der Heiligen Jungfrau Maria ab. Denn früher glaubten die Bauern, die segensreichen Käfer wären in ihrem Auftrag in Sachen Schädlingsvertilgung tätig.

Das Charakteristische an den Marienkäfern sind die symmetrisch angeordneten Punkte auf ihren Flügeldecken. Sie sind meist schwarz, es gibt aber auch Käfer, die helle, rote oder braune Punkte tragen, wobei Arten mit 2, 4, 5, 7, 10, 11, 13, 14, 16, 17, 18, 19, 22 und 24 Punkten vorkommen. Die Anzahl der Punkte gibt entgegen einem weit verbreiteten Irrtum natürlich nicht das Alter des Käfers an, vielmehr ist die Zahl der Punkte für jede Art genetisch festgelegt und ändert sich während des Lebens des Käfers nicht. Dieselbe Art kann in Unmengen von Farb- und Mustervarianten auftreten, was ihre Bestimmung erschwert. Der Vierundzwanzigpunkt-Marienkäfer etwa kommt in über viertausend gezählten Varianten vor. Der Zweipunkt-Marienkäfer ist mal rot mit schwarzen Punkten, mal schwarz mit roten Punkten und auch manchmal ganz schwarz ohne Punkte.

Durch Hohlräume unter den Flügeldecken kann der Marienkäfer auf Wasser schwimmen und geht nicht unter. Seine kugelige Form alleine ist schon eine Art Verteidigungsschild gegen kleinere Fressfeinde. Wespen etwa haben große Schwierigkeiten, ihn zu packen, sie rutschen immer wieder mit ihren Beißwerkzeugen an der kugeligen Form ab und finden keinen Halt. Bei größeren Fressfeinden haben Marienkäfer einen weiteren Trick auf Lager: Sie stellen sich tot und sondern über Poren an den Gelenkhäuten der Beine eine gelbe Flüssigkeit ab. Diese Flüssigkeit ist Hämolymphe und damit das, was bei uns das Blut bildet. Diese Reflexblutung ist sehr bitter und stinkend und verdirbt so den meisten Fressfeinden gehörig den Appetit auf Marienkäferkost. In Kombination mit der roten Farbe entsteht so ein sehr starkes Warnsignal. Frisst also beispielsweise ein Vogel einen Marienkäfer, verbindet er in der Folge den bitteren Geschmack mit der roten Farbe und meidet ihn danach. Trotz ihrer roten Warnfarbe und ihres bitteren Geschmacks werden Marienkäfer dennoch von Fröschen, Spitzmäusen, Spinnen, Ameisen, Reptilien und Vögeln gefressen.

Der Marienkäfer ist ein äußerst effizienter Gegenspieler für landwirtschaftliche »Schädlinge« wie Blattlaus, Schildlaus, Mehlige Apfelblattlaus oder Hopfenlaus. Denn Marienkäfer und ihre Larven, die sogenannten Blattlauslöwen, ernähren sich typischerweise von Blattläusen und von deren Larven. Etwa hundert Blattläuse am Tag kann ein Marienkäfer vertilgen. Insbesondere der Siebenpunkt-Marienkäfer ist daher ein guter Freund jedes Gärtners und wird gar für die biologische Schädlingsbekämpfung gezüchtet.

Marienkäfer und vor allem ihre Larven sind auch Kannibalen. Besonders bei Massenauftreten fressen sich die Tiere gegenseitig. Die zuerst schlüpfenden Larven fressen regelmäßig ihre noch nicht geschlüpften Artgenossen, wodurch oft über die Hälfte der Eier verloren geht. Diese kannibalistische Eigenschaft fördert jedoch auch die Verdrängung durch den eingeschleppten Asiatischen Marienkäfer. Denn frisst ein Asiatischer Marienkäfer einen heimischen, passiert ihm nichts. Andersrum stirbt jedoch der heimische. Der Grund: In der Hämolymphe des Asiaten tummeln sich Parasiten. Der Asiatische Marienkäfer hat ähnlich wie Fledermäuse einen Weg gefunden, mit seinem Immunsystem damit fertigzuwerden, der heimische jedoch nicht. Ein Stoff namens Harmonin macht ihn immun. Harmonin wirkt sogar gegen Malaria und andere Tropenkrankheiten und besitzt große Bedeutung für die Medikamentenherstellung. Seit den 1980er Jahren werden die Asiatischen Marienkäfer in großem Stil zur biologischen Schädlingsbekämpfung auch bei uns eingesetzt. Denn sie verputzen sogar das Fünffache an Blattläusen wie heimische Arten. Dadurch sind sie jedoch in ihrer Entwicklung schneller und bilden nicht wie der heimische Marienkäfer nur eine Generation pro Jahr aus, sondern zwei bis vier.

Einige Arten der Marienkäfer haben einen besonderen, nur auf sie spezialisierten Feind: die Marienkäfer-Brackwespe. Mit ihrem Legeapparat legt die Brackwespe dem Käfer ein Ei unter die Deckflügel. Die geschlüpfte Larve ernährt sich zunächst nur von den Körpersäften und vom Fettgewebe des Käfers, um in ihm parasitär heranzuwachsen. Sie überwintert sogar mit ihm und tötet ihn erst im darauffolgenden Frühling, indem sie seine lebenswichtigen Organe frisst. Danach bricht sie durch die Hülle und verpuppt sich unter dem verendeten Käfer.

Marienkäfer sind wechselwarme Tiere, das heißt, ihre Körpertemperatur wird maßgeblich durch Sonnenwärme bestimmt.

Im Winter benötigen sie daher auch einen Platz zum Überwintern. Auf der Suche nach einem geeigneten Ort sieht man sie häufig im Herbst auch in Massen an Hauswänden. Meistens begeben sie sich aber in Schwärmen unter Baumrinden, Blätter, Moos oder Felsspalten in die Winterstarre. Damit sie dabei nicht einfrieren, verfügen sie wie auch einige andere Insekten über körpereigene Frostschutzmittel. Nach der Überwinterung beginnen die Marienkäferpaare mit der Kopulation. Diese kann auch mal bis zu achtzehn Stunden dauern. Um sicherzugehen, findet die Begattung meist mehrfach statt, häufig auch von unterschiedlichen Männchen.

Der Marienkäfer ist als Glückssymbol ein beliebtes Motiv auf Glückwunschkarten, in der Werbung und Kunst. Auch kulturhistorisch hat er seine Spuren hinterlassen: In der Provence etwa steht einem Mann die Heirat bevor, sollte ein Käfer auf ihm landen. Sind die Frauen ungeduldig, setzen sie einen Käfer auf den Zeigefinger und zählen die Sekunden bis zum Abflug. Jede Sekunde bedeutet ein Jahr Wartezeit bis zur Hochzeit. Aufgrund seiner Beliebtheit, seiner Häufigkeit und seines markanten Aussehens gibt es über tausendfünfhundert regionale Bezeichnungen für den Marienkäfer wie zum Beispiel Muttergotteskäfer, Herrgottswürmchen, Jesuskäferlein, Glückskäferle, Sonnenkälbchen oder Himmelmietzchen.

Der wohl älteste Beleg als Glückssymbol wurde im Südwesten Frankreichs gefunden: ein etwa zwanzigtausend Jahre alter, eineinhalb Zentimeter großer, aus Mammutelfenbein geschnitzter Marienkäfer, der durch eine Bohrung wahrscheinlich mit einer Schnur um den Hals getragen wurde.

Kampfläufer
(*Calidris pugnax*)

PEEPSHOW – VOM BUNTEN VÖGELN VON VÖGELN (FSK 18)

Gewalt in der Ehe findet man bei Vögeln so gut wie gar nicht, außer bei den Enten etwa, dazu später aber mehr. Der Grund für den konzilianten Umgang miteinander ist wohl eher ein anatomischer. Die meisten männlichen Vogelarten, siebenundneunzig Prozent, um genau zu sein, haben keinen ausstülpbaren Penis. Ihre Kloake besitzt nur kleine, erigierbare Höckerchen und Falten, die bei der Erektion eine Rinne für die Samenflüssigkeit bilden. Eine gewaltvolle Verpaarung ist also gar nicht möglich. Das Weibchen muss mit der Paarung voll und ganz einverstanden sein und sich dem Bräutigam hingebungsvoll anbieten, nur so können gemeinsam die Früchte der Liebe genossen werden. Ein wahrer Gentleman reicht der Dame etwa Hochzeitsgeschenke, um sie in Stimmung zu bringen. Gerne gesehene Brautgeschenke sind bei Wachteln Würmer, bei Eulen Mäuse oder bei Bienenfressern Großinsekten. Nur wenn das Weibchen sich in Paarungsstellung begibt, kann das Männchen seinen Samen weitergeben, von Kloake zu Kloake. Es kommt also lediglich zu einem »Kloakenkuss«, das Weibchen muss die Spermien aktiv aufnehmen. Die sogenannte Kloake der Vögel ist übrigens ein Körperausgang für alles: Harn, Darm und Reproduktion.

Dies ist im Übrigen auch der Grund dafür, dass Vögel so prachtvolle Federkleider besitzen und so wunderschön musizieren: Da die Weibchen die Freiheit der Partnerwahl haben, entwickelten sie ästhetische Vorlieben, und als Reaktion auf diese

Vorlieben bildeten die Männchen ihre überbordende Mannigfaltigkeit an Ornamenten und musikalischer Virtuosität aus.

Die Wahlfreiheit liegt aber nicht immer automatisch in der Hand der Weibchen. Es gibt auch Fälle männlicher oder wechselseitiger Partnerwahl. Bei den Papageitauchern etwa werben Männchen wie Weibchen gleichermaßen mit ausgeklügelten Ritualen und ihren bunten Schnäbeln umeinander. Beide Geschlechter haben hier das gleiche Wahlrecht, was dazu führt, dass sie äußerlich gleich aussehen und auch ein gleiches ästhetisches Empfinden haben.

Im hohen Norden leben die Wassertreter, eine zu den Schnepfenvögeln zählende Gattung. Die beiden Arten Thors- und Odinshühnchen kann man mit Glück auch in unseren Gefilden beobachten, wenn sie auf ihrem Zug in den Süden einen Zwischenstopp einlegen. Ihre große Besonderheit: Die Rolle der Geschlechter ist bei ihnen komplett vertauscht. Das Gefieder der Weibchen ist farbenprächtiger als das der Männchen, die Weibchen verteidigen Reviere und balzen um die Männchen, die Männchen ziehen die Küken auf.

Die Wassertreterweibchen kehren eher als die Männchen aus dem Winterquartier zurück, besetzen Reviere und halten die Stellung gegenüber konkurrierenden Weibchen. Mit den leuchtenden Farben ihres Prachtkleids und ausgedehnten Balzflügen, bei denen sie rüttelnd auf der Stelle verharren und mit ausgestrecktem Kopf rufen, locken sie Männchen an und laden sie zur Paarung ein. Nach dem Schlupf der Jungen verlassen die Weibchen ihr Revier und überlassen die Jungenaufzucht komplett dem Männchen. Diese Rollenverteilung kann als Anpassung an die rauen Lebensbedingungen und den vorherrschenden Nahrungsmangel in ihren Brutgebieten angesehen werden. Da Weibchen schon den Kraftakt der Eierproduktion auf sich nehmen müssen, konzentrieren sie sich auf diese Weise effizient auf ihr Kerngeschäft. Der Energieaufwand der Reproduktion verteilt sich gleichermaßen auf beide Geschlechter, sodass auch eine Brut in der unwirtschaftlichen Tundra möglich ist.

Heckenbraunellen haben äußerst ausgefuchste Paarbeziehungen. Beziehungsstatus: Es ist kompliziert! Fünf verschiedene Paarungssysteme gibt es bei dieser Singvogelart, und diese auch noch mit Unterformen. Sie schöpfen also quasi das gesamte Potenzial an logisch überhaupt möglichen Verbindungen aus. Es gibt zwar auch die klassische Monogamie, doch diese ist bei den Heckenbraunellen schon hoch verdächtig. Denn es handelt sich um eine Art Bewachungsmonogamie: Das Männchen folgt dem Weibchen auf Schritt und Tritt, so als wüsste es schon um die unehelichen Verlockungen. Auch die Weibchen besetzen bei den Heckenbraunellen Reviere. Da diese sich mit anderen Revieren überlappen können, haben sie gelegentlich zwei Männchen als Partner. Polyandrie nennt man diese Vielmännerei. Genauso häufig haben Männchen aber auch mehrere Weibchen. Polygynie ist das Fachwort für diese Vielweiberei. All das führt zu komplexen Polygamiestrukturen, also zu Vielehen. Sowohl ein Weibchen und zwei Männchen können eine Brutgemeinschaft bilden, als auch ein Männchen und zwei Weibchen. Bisweilen bekommt ein dominantes Paar Brutpflegehilfe von einem anderen Männchen, das aber selbst verpaart ist. Dies hängt wohl damit zusammen, dass es aufgrund vergangener Seitensprünge jetzt zu väterlichen Verantwortlichkeiten kommt, was die Fürsorge für seine potenziell eigenen Gene angeht. Es gibt aber auch noch komplexere Polygynien. Ein Cluster von Individuen, die alle untereinander irgendwelche Beziehungen haben und dennoch dieses Geflecht gegenüber Eindringlingen gemeinsam verteidigen. Das letzte Paarungsmodell der Heckenbraunellen ist die Promiskuität: Die Vögel schnackseln, ohne irgendeine Form der Bindung einzugehen, quasi ein One-Night-Stand. Mehr als hundertmal am Tag kopulieren Heckenbraunellen zur Brutzeit. Allerdings jeweils nur für den Bruchteil einer Sekunde. Eine weitere außergewöhnliche Eigenart des Heckenbraunellen-Sexuallebens ist der »Spermaneid«. So picken die misstrauischen Männchen vor einer Kopulation gegen die Kloake des Weibchens, was zur Ausscheidung des Spermas potenzieller Nebenbuhler führt.

Kommen wir nun noch auf die besagten Chauvi-Erpel zu sprechen. Im Gegensatz zu fast allen anderen Vögeln besitzen sie einen ausstülpbaren Penis, und was für einen. Ihr Penis wächst jedes Jahr zur Paarungszeit neu, schwillt dabei bis auf das Zwanzigfache an und erreicht so unglaubliche Längen. Bei Schwarzkopf-Ruderenten kann er über vierzig Zentimeter lang werden und damit sogar die gesamte Körperlänge übersteigen. Bei manchen Arten, die eine Sozialhierarchie ausbilden, ist die Periode des stark vergrößerten Penis je nach sozialer Stellung des Erpels unterschiedlich lang. Dominante Männchen haben ihn die gesamte Paarungszeit über, sozial schwächere bekommen nur für wenige Wochen einen Penis-Wachstumsschub. Denn je mehr Androgene ein Erpel besitzt, desto stärker wächst auch sein Penis. Man konnte zudem feststellen, dass es in Gebieten mit hohem Konkurrenzdruck auch bei den Penislängen der Erpel zu einer Art phallischem Wettstreit kommt.

Doch es wird noch viel skurriler, denn der Entenpenis hat die Form eines gegen den Uhrzeigersinn gedrehten Korkenziehers. Als wäre das noch nicht bizarr genug, so haben Penisse mancher Entenarten auch noch Widerhaken, um Sperma von Konkurrenten aus der Vagina der Angebeteten herauszuschaben. Auch das Geschlechtsorgan der Weibchen hat eine Korkenzieherform. Allerdings ist sie genau andersherum gewunden. Was auf den ersten Blick völlig unlogisch erscheint, ist bei genauerem Studium des Enten-Sexuallebens eine geniale morphologische Entwicklung, um die freie Partnerwahl der weiblichen Ente zu bewahren. Diese vaginale Anti-Schraub-Vorrichtung funktioniert wie eine Art eingebauter Keuschheitsgürtel, der eine ungewollte Befruchtung so gut wie unmöglich macht. Zusätzlich haben die Entendamen mancher Arten auch noch ein weiteres anatomisches Sicherheitssystem: In ihrem Genitaltrakt befinden sich bis zu acht Sackgassen, Taschen, die nicht zur Eizelle führen. Aufgrund dieser Beschaffenheit sind nur drei Prozent der erzwungenen Kopulationen mit einer erfolgreichen Besamung gekrönt. Erst wenn das Weibchen aus freiem Willen eine Befruchtung möchte, kann sie den Penis ihres Auserwählten dank innerer Muskeln durch das Genitaltrakt-Labyrinth ins Gelobte Land führen. Ein cleverer Trick, mit dem Weibchen ihre sexuelle Autonomie schützen.

Die Partnerwahl und die Paarbindung beginnt schon im Herbst und Winter. Die Männchen balzen, und die Weibchen treffen ihre Wahl, je nach persönlicher Vorliebe des Federkleids und den Balzritualfähigkeiten ihres Lieblings. Die Paare bleiben einträchtig zusammen, bis die Eier gelegt sind und die Weibchen zu brüten beginnen. Erst danach verlieren die Erpel ihre guten Manieren und neigen mit einer zweiten Fortpflanzungstaktik dazu, den Geschlechtsverkehr mit den Weibchen mit ihren enorm herangewachsenen Genitalien gewaltvoll zu erzwingen. Mit ihrer Korkenzieher-Vagina schützen die Weibchen also ihr Wahlrecht, sich mit dem Erpel fortzupflanzen, den sie auch mögen.

Doch die mit Hormonen vollgepumpten Männchen sind im Sommer nur schwer zu bändigen. Sie drücken das Weibchen bei ihren Vergewaltigungsversuchen mitunter aggressiv unter Wasser. Diese ruppigen Begattungsversuche können dramatische Folgen haben. Gerade auf Parkteichen spielen sich regelmäßig wahre Dramen ab. Da hier aufgrund der Zufütterung eine völlig unnatürliche Überpopulation herrscht, kommt es immer wieder vor, dass liebeshungrige Erpel in Massenorgien die völlig entkräfteten Weibchen ertränken.

Auch bei Kampfläufern, einer Schnepfenvogelart, hat sich ein äußerst komplexes Fortpflanzungsverhalten entwickelt. Während die kleineren Weibchen unscheinbar grau-beige gefärbt sind, tragen die Männchen einen pompösen, harlekinartigen Halskragen, der von Schwarz über Orange und Braun bis hin zu Weiß variieren kann. Dabei sind alle erdenklichen Farbvariationen mit Streifen und Mustern möglich, sodass jedes Männchen anders aussieht.

Ihre Brutgebiete liegen hauptsächlich in der nördlichen Tundra, es gibt aber auch noch ein paar klägliche Restvorkommen in Deutschland. In Mooren oder feuchten Wiesen spielt sich jedes Frühjahr ihr außergewöhnliches Balzverhalten ab, dem sie auch ihren Namen verdanken: In etwa einen Quadratmeter großen, schlammigen Balzarenen tragen die stolzen Männchen Showkämpfe um die Gunst der Weibchen aus.

Noch erstaunlicher ist jedoch das komplexe Fortpflanzungssystem der Kampfläufer, denn es gibt drei Arten von männlichen Paarungsstrategien. Die am häufigsten vorkommende Strategie ist die des »residenten Männchens«. Sie haben im sogenannten Brutkleid einen tiefschwarzen oder kastanienbraun bis orangerot gefärbten Kragen. Diese Männchen verteidigen ihre Balzarenen, wobei sie ein aggressives Verhalten vor allem gegenüber den Männchen zeigen, die einen dunklen Kragen tragen. Hier balzen sie aktiv um Weibchen, die zu den Arenen kommen, um ein Männchen auszuwählen.

»Satelliten-Männchen« sind deutlich seltener. Sie sind etwas kleiner als residente Männchen und haben einen weißen oder zumindest sehr hellen Kragen. Sie verteidigen keine eigenen Arenen, sondern halten sich stattdessen in der Nähe der Arenen von residenten Männchen auf. Auf diese Weise können sie ab und zu Paarungen ergattern. Die Satelliten werden von den Residenten geduldet, da Weibchen dieses Verhalten wohl als attraktiv empfinden und sich mit den Residenten-Männchen in

Anwesenheit eines Satelliten-Männchens häufiger paaren. Residenten-Männchen zeigen sogar ein spezifisches Anwerbeverhalten gegenüber den hellkragigen Geschlechtsgenossen und fordern sie auf, sich ihrer Arena anzuschließen.

Es gibt noch einen dritten Männchen-Typus und somit eine dritte Fortpflanzungsstrategie. Wissenschaftlern fiel auf, dass es zwischen den Flügellängen der größeren Männchen und der kleineren Weibchen noch eine mittlere Größengruppe gab. Die Vögel der mittleren Klasse kommen äußerst selten vor und sehen aus wie Weibchen. Durch die Sektion toter Tiere als auch durch DNA-Tests wurde festgestellt, dass es sich bei diesen Vögeln ebenfalls um Männchen handelt. Diese Männchen, »Faeder« genannt, mausern nicht ins Brutkleid, sondern behalten ihr Schlichtkleid auch zur Paarungszeit. Auf diese Weise erschleichen »Faeder« sich Paarungen, indem sie vorgeben, weiblich zu sein, und so geschickt den Aggressionen und dem Konkurrenzdruck der Residenten aus dem Weg gehen.

Entstanden ist dieser Typus (wie auch der Satellitentypus) durch einen Gendefekt, durch einen falsch orientierten Einbau eines Chromosomenteils vor rund vier Millionen Jahren. Doch der Kampfläufer ist mit seinen variantenreichen Fortpflanzungsstrategien äußerst erfolgreich und zeigt uns, dass Diversität kein theoretisches Gedankenkonstrukt, sondern ein praktisches Prinzip der Natur zum Erhalt des Lebens ist.

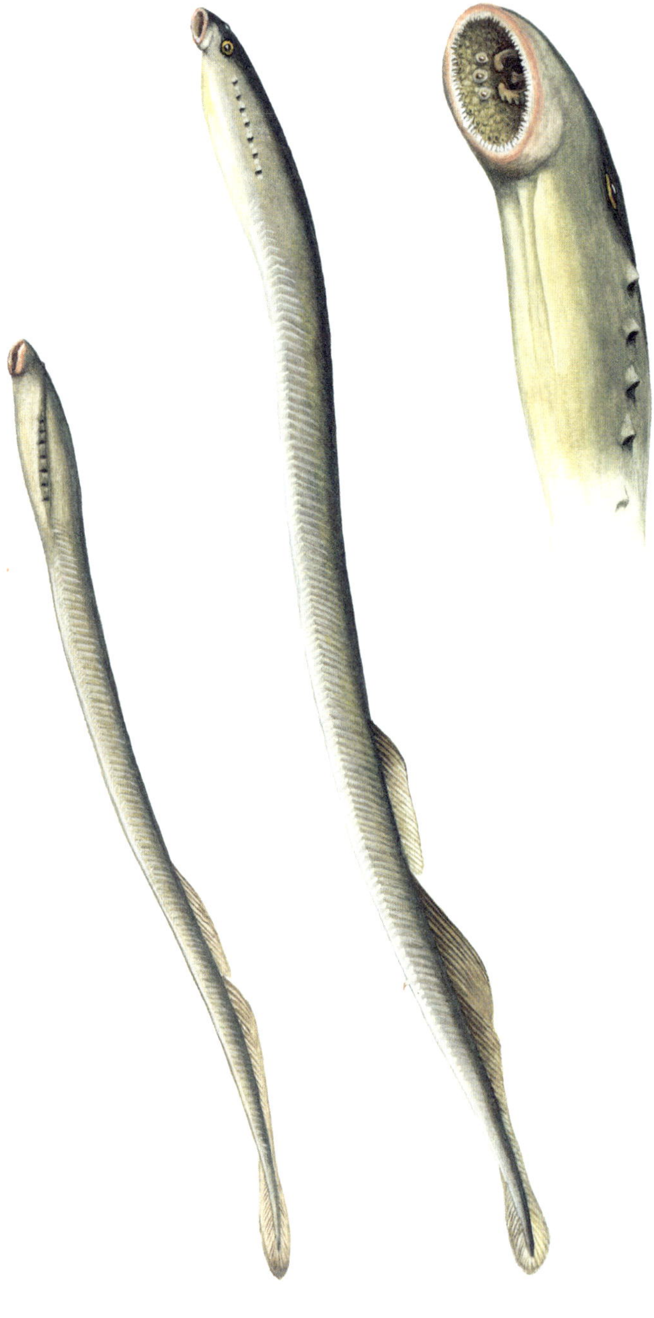

Bachneunauge
(*Lampetra planeri*)

DAS SONDERBARE NEUNAUGE

Das schlangenförmige Neunauge ist schon ein wahrlich sonderbares Wesen. Zum einen durch seine unkonventionelle Erscheinungsform wie etwa den unpaarigen Flossensaum, aber auch durch seinen erstaunlichen Lebenszyklus. Seit jeher regte dieses Wesen die Fantasie der Menschen an. Man zählt es zwar zu den Fischen, wozu es taxonomisch gesehen aber gar nicht gehört, denn ihm fehlt der Unterkiefer, der erst später in der Evolution entwickelt wurde. Deshalb ordnet man es heute der sogenannten Klasse der Kieferlosen zu; bis vor kurzem wurde es noch zu den Rundmäulern gezählt. Sein rundliches Maul besteht aus einer Saugscheibe, die mit rasiermesserscharfen Hornzähnen ausgestattet ist. Diese Zähne sind in Wirklichkeit keine echten Zähne, sondern Hautbildungen, vergleichbar etwa mit den Schuppen der Fische.

Mit über fünfhundert Millionen Jahren ist das Neunauge das älteste noch existierende Wirbeltier. Seit so langer Zeit hat sich dieses »lebende Fossil« im Körperbau kaum verändert. Es hat einen langen, aalartigen Körper, der mit einem flossenartigen Rücken- und Schwanzsaum besetzt ist. Sein Name rührt daher, dass seine markanten sieben Kiemenöffnungen, das Nasenloch und das Auge von der Seite aus betrachtet mit etwas Fantasie zusammen wie neun Augen erscheinen. Eine weitere Besonderheit der Neunaugen ist, dass sie die höchste Chromosomenanzahl aller Wirbeltiergruppen besitzen: hundertvierundsechzig bis hundertachtundsechzig. Wir Menschen haben sechsundvierzig. In Deutschland gibt es fünf Neunaugenarten: Bach- und Flussneunauge, Ukrainisches Neunauge, Donau-Bachneunauge sowie das Meerneunauge.

Neunaugen laichen in sauberen, sauerstoffreichen Oberläufen von Bächen und Flüssen. Nach dem Schlüpfen vergraben sich ihre wurmartigen Larven, Querder genannt, in sandigen Abschnitten. Diese Querder besitzen keine Augen, kein Saugmaul, haben nur rudimentäre Flossen und unterscheiden sich auch in Färbung und Struktur der Haut vollkommen von dem ausgewachsenen Tier. Die Larven leben vergraben in Wohnröhren, die sie durch ein spezielles Sekret festzementiert haben. Wie Seenadeln lugen sie nur mit Hals und Kopf aus dem Sediment heraus und filtern feine Nahrungspartikel wie Kleinlebewesen, Kieselalgen und andere organische Partikel aus dem Wasser.

Das wurmartige Larvenstadium als Querder ist der längste Abschnitt im Leben eines Neunauges. Es dauert mindestens fünf bis acht Jahre, neueste Studien gehen sogar von durchschnittlich zehn bis zwanzig Jahren aus. Dann verwandeln sich die Neunaugen innerhalb von erstaunlichen drei Wochen zu einem vollständigen Fisch und verändern somit wie aus dem Nichts grundlegend ihre Anatomie und Lebensweise. Die lappige Mundöffnung wandelt sich in eine Saugscheibe um, es bilden sich Flossensäume, runde Kiemenöffnungen sowie die Augen aus.

Während Bachneunaugen das ganze Leben im Süßwasser verbringen, handelt es sich beim Fluss- und Meerneunauge um Wanderarten. Direkt nach der Umwandlung ziehen die erwachsenen Tiere ins Meer. Hier kommt es zu einem fulminanten Wachstumsschub. Meerneunaugen können dabei über einen Meter lang und mehrere Zentimeter dick, Flussneunaugen bis zu fünfzig Zentimeter lang und daumendick werden. Das Bachneunauge, das in seinen Geburtsgewässern verweilt, wird hingegen nur zehn bis fünfzehn Zentimeter lang und etwa bleistiftdick. Im Meer werden Neunaugen zu schwimmenden Vampiren. Denn sie ernähren sich nun parasitisch. Zu ihren Wirten gehören Kabeljau, Lachse, Haie und sogar Wale. Mit ihren Mundscheiben saugen sie sich zunächst an ihrem Wirt fest und fangen dann an, mit ihrem rasiermesserscharf bezahnten Rundmaul und der ebenfalls mit Zähnen besetzten Zunge Stücke aus der Haut ihrer Wirte herauszuraspeln. Flussneunaugen sind aber auch in der Lage, sich prädatorisch zu ernähren, indem sie sich durch die Körperwand in die Leibeshöhle ihrer Beutetiere hindurchschneiden und diese dadurch töten können.

Spezielle Sekrete in ihrem Speichel helfen zum einen dabei, das Gewebe ihrer Opfer aufzulösen. Zum anderen hemmen sie aber auch die Blutgerinnung der angegriffenen Tiere. Forscher versuchen, diese Substanzen zu extrahieren, um sie in der Humanmedizin einzusetzen und Blutgerinnsel aufzulösen.

Das Flussneunauge wandert bereits meist nach einem, das Meerneunauge nach wenigen Jahren wieder in den Oberlauf seines Geburtsgewässers zurück, um zu laichen. Während dieser Wanderung in die Süßgewässer bildet sich der Darm zurück, und die Nahrungsaufnahme erlischt komplett. Dem finalen Ablaichen gehen oft noch mehrwöchige »Paarungs-Festspiele« voraus: Ein Konvolut an Tieren saugt sich an Steinen fest. So bilden sie dicht aneinandergedrängt einen sogenannten »wehenden Neunaugenzopf«. Anschließend beginnen die Männchen mit dem Anlegen einer Laichgrube. Dazu räumen sie zunächst ein paar Steine beiseite und fächeln mit dem Schwanz Sedimente hinweg. Ist die Grube fertig, treffen umgehend paarungsbereite Weibchen ein. Die Männchen umschlingen sie, drücken die Eier aus den an Steinen festgesaugten Weibchen heraus und besamen diese. Die klebrigen Eier bleiben schließlich an den Steinen des Laichgrubenrandes hängen. Nach dem Laichakt sterben die Tiere an Entkräftung. Ihre Kinder lernen sie nicht mehr kennen, diese schlüpfen etwa zwei Wochen später aus den Eiern.

Große Königslibelle (*Anax imperator*) &
Braune Mosaikjungfer (*Aeshna grandis*)

FLIEGENDE MINIDRACHEN

Vor dreihundertzwanzig Millionen Jahren eroberten die ersten Libellen den Luftraum und stellen damit eine der ältesten noch lebenden Tierordnungen der Erde dar. Damals hatten sie eine Flügelspannweite von bis zu siebzig Zentimetern, heute sind es maximal neunzehn Zentimeter. Die Flugeigenschaften von Libellen sind beeindruckend. Großlibellen beschleunigen viermal so schnell von null auf fünfzig Stundenkilometer wie ein Formel-1-Rennwagen. Sie können jeden ihrer vier Flügel unabhängig bewegen, weshalb sie wendige Jäger sind; sie schlagen unfassbar schnelle Haken, stehen in der Luft oder fliegen sogar rückwärts. Ihre Flügel sind wahre Leichtbauwunder: Sie machen nur ein bis zwei Prozent des Körpergewichts aus und ermöglichen dennoch diese waghalsigen Manöver. Neben der komplexen Aderung sind die Oberflächen der Flügel gewellt – eine trickreiche Konstruktion, die unglaubliche Stabilität verleiht. Diese geniale Erfindung der Natur haben auch wir uns etwa für die Entwicklung von Wellpappe zunutze gemacht.

In ihren bunten Augen haben Libellen bis zu dreiunddreißig verschiedene Farbrezeptoren, wir Menschen besitzen gerade mal drei davon. Libellen sehen die Welt also in Hypermulticolor. Ihre riesigen Komplexaugen, die aus bis zu dreißigtausend Einzelaugen zusammengesetzt sind, ermöglichen ihnen ein extrem weites Gesichtsfeld. Sie können rund zehnmal schneller sehen als wir, nehmen also im Vergleich zu uns alles verlangsamt und wie in Zeitlupe wahr. Dadurch haben sie eine ultraschnelle Reaktionszeit.

Man kategorisiert Libellen grob in Großlibellen und Kleinlibellen, wobei nur Letztere in der Lage sind, ihre Flügel zusammenzulegen. In unseren Gefilden kommen achtzig verschiedene Arten vor – vom Tiefland bis zu zweitausend Metern Höhe, wie es die Alpen-Mosaikjungfer beweist. Und es gibt sogar Wanderlibellen, die ähnlich wie Zugvögel aus dem Süden hier einfliegen. Die Frühe Heidelibelle überquert etwa jedes Jahr aus dem Mittelmeerraum kommend die Alpen und legt bei ihren Wanderungen bis zu zweitausend Kilometer zurück.

Die Paarung der Libellen ist eine komplexe Angelegenheit und erfordert artistische Geschicklichkeit. Vor jeder Begattung muss das Männchen zunächst sein Begattungsorgan mit Samen füllen. Da dieses an der Körperunterseite liegt, zwischen dem zweiten und dritten Hinterleibssegment, die samenproduzierenden Keimdrüsen aber an der Bauchseite des neunten Hinterleibssegments, muss es seinen Hinterleib akrobatisch so weit nach vorne biegen, bis seine Genitalöffnung das Begattungsorgan erreicht. Nach dieser Verrenkung füllt es die Samenblase mit Sperma. Das Männchen packt mit seinen am Hinterleibsende sitzenden Zangen recht unromantisch und ohne Vorspiel den Kopf eines auserwählten Weibchens und bildet mit ihm zunächst eine Paarungskette. Nach einer Weile lenkt das Weibchen zur Paarung ein, biegt ihren Hinterleib nach vorne und verankert ihre Genitalöffnung am Begattungsorgan des Auserwählten. Das bekannte Paarungsrad ist entstanden: Es sieht mit etwas Fantasie wie ein Herz aus und bringt so dennoch einen Hauch von Romantik in das Ganze.

Nach der Befruchtung folgt die Eiablage, bei der jede Libellenart recht unterschiedliche Strategien hat. Heidelibellen werfen noch in Tandemstellung ihre Eier über der Wasseroberfläche ab oder gar ans Ufer, in der Hoffnung, dass ein nächster Regen sie ins Gewässer spült. Dieses Risiko nehmen sie in Kauf, um nicht selbst zur Beute zu werden. Dagegen entlässt das Weibchen des Großen Blaupfeils schon vom Männchen getrennt mit sanft wippenden Flugbewegungen seine Eier ins Wasser. Das Männchen bewacht diesen Vorgang und vertreibt herannahende Konkurrenten aus seinem Revier. Ganz ohne männliche Begleitung deponiert das Weibchen der Großen Königslibelle seine Eier mit einem Legebohrer in das Gewebe von Wasserpflanzen. Kleinlibellen sehen das gar nicht gerne und versuchen, sie zu verscheuchen – ähnlich, wie etwa Krähen einen Greifvogel attackieren, fliegen sie immer wieder Angriffe. Der Grund: Die Königslibellenlarve hat ihre Jungen auf dem Speiseplan. Weibliche Becherjungfern tauchen gar dank einer sie umgebenden Luftschicht bis zu neunzig Minuten lang, um ihre Eier in Stängel von Wasserpflanzen zu bohren. Die Weidenjungfer bohrt ihre Eier in Weidenäste in unmittelbarer Gewässernähe und umgeht so komplett die Gefahr, von hungrigen Fischen oder Fröschen gefressen zu werden, die wie Krokodile nach eierablegenden Libellen schnappen.

Libellen führen ein Leben als Raubinsekt in zwei Welten. Als Larve sind sie unter Wasser, als adulte Libellen über Wasser blitzschnell. Bei manchen Arten wie der Gemeinen Binsenjungfer umfasst das Larvenstadium sechs bis acht Wochen. Bei Quelljungfern, die in kalten Bachgewässern leben, die die Entwicklung hemmen, kann ein Larvenstadium auch bis zu sieben Jahre dauern. Als fertige Libelle leben sie wenige Wochen. Libellenlarven sind geduldige Lauerjäger und haben eine sogenannte Fangmaske, die sie im Bruchteil einer Sekunde hervorschnellen lassen können. Vorne an der Fangmaske sind zwei dornenartige Zähne, mit deren Hilfe die Larve ihre Beute packt und umgehend ins Maul zieht. In Ruhestellung wird die Fangmaske durch ein entsprechendes Gelenk unter dem Kopf und dem vorderen Teil der Brust zusammengelegt. Man nennt die Fangapparatur

»Maske«, weil sie die übrigen Mundwerkzeuge wie eine Maske überdeckt. Hollywood hat sich dieses eindrucksvolle automatisierte Beutegreifersystem zum Vorbild gemacht, wie man es zum Beispiel in den Alien-Horrorfilmen sehen kann.

Libellen warten ein Hochdruckgebiet ab, um zu schlüpfen, und das hat einen guten Grund. Bei der sogenannten Emergenz klettert die Larve aus dem Wasser und entsteigt der Larvenhülle, unter der sich nun schon eine voll entwickelte Libelle gebildet hat: Aus der Hülle, die als sogenannte Exuvie zurückbleibt, schlüpft die noch nicht ausgehärtete Libelle. Sie muss erst ihre Flügel aufpumpen, die noch weich und zusammengelegt sind. Käme es in dieser sensiblen Phase zu einem Regenguss, auch wenn es nur ein paar Tropfen wären, bedeutete dies das Ende des so jungen Libellenlebens. Denn die Kraft der Wassertropfen würde die Flügel für immer deformieren wie weichen Ton. Sie wäre somit flugunfähig und könnte nicht überleben. Auch die leuchtenden Farben sind nach dem Schlupf noch nicht ausgebildet und strahlen erst nach ein paar Tagen. So ist sie zunächst noch gut getarnt und unauffällig.

Gebänderte Prachtlibellen haben ein ganz erstaunliches friedvolles Revierverhalten entwickelt. Sie konkurrieren untereinander nicht mittels energiezehrender Aggressionen, sondern durch Balzflüge, bei denen sie sich gegenseitig ihre leuchtend blauen Flecken auf den Flügeln zeigen. Um nun Weibchen in ihr Revier zu locken, lassen sie sich vor den Augen der Angebeteten auf die Wasseroberfläche fallen und verdeutlichen mit dieser Mutprobe, dass ihr Revier ein guter Ort zur Eiablage ist, weil keine Gefahr durch Fressfeinde droht. Der krasse Gegensatz dazu sind die Königslibellen, die größte heimische Art mit einer Spannweite von elf Zentimetern. Ihr Name ist Programm, sie ist der König über das Gewässer, sie ist der Boss. Wenn sie auftaucht, müssen alle anderen Großlibellen weichen. Keine Libelle ist so aggressiv und dominant wie die prachtvoll blaugrün gefärbte Große Königslibelle. Sie frisst andere Libellen sogar einfach auf. Wasserlinie auf, Wasserlinie ab patrouilliert der furchteinflößende König entlang seines Gewässers. Insekten mit schwachen Nerven, die dabei aufschrecken, landen schnell in den mit Dornen besetzten Fangbeinen der Großlibelle. Die hungrigen Jäger verzehren auf diese Weise über hundert Fluginsekten an einem Tag.

Bis auf zwei Ausnahmen überwintern alle heimischen Libellenarten entweder in geschützter Eiform oder in Larvenform auf dem Grund von Gewässern. Hier sind sie durch die Dichteanomalie des Wassers vor Frost geschützt: Wasser hat bei etwa vier Grad die höchste Dichte, und somit hat der Gewässergrund immer diese Temperatur. Nur die Gemeine und die Sibirische Winterlibelle überdauern den Winter als Imago, also als erwachsenes Insekt. Bei kritisch tiefen Temperaturen fallen sie in eine Kältestarre. Eine Art Stand-by-Modus, in dem alle Körpervorgänge auf ein für das Überleben notwendiges Minimum zurückgefahren werden. Möglich ist dies durch eine Art Frostschutzmittel auf Glycerinbasis in ihrem Blut, das ein tödliches Einfrieren der Körperflüssigkeiten verhindert. Temperaturen von minus siebzehn Grad Celsius können sie so schadlos überstehen. Zusätzlich verkriechen sie sich in frostgeschützte Ecken im Unterholz. Luftkissen zwischen Blättern und Stängeln fungieren als Kälteisolation. Dass Luft ein gut funktionierender Wärmeisolator ist, können wir auch am eigenen Leibe spüren: Daunenfedern zum Beispiel in Winterjacken bilden kleine Luftpolster und halten uns warm. An milden Wintertagen erwachen die Insekten aus ihrer Starre. Dieser besondere Lebenszyklus ermöglicht ungewöhnliche Beobachtungen im tiefsten Winter. Libellen im Schnee, ein skurriler Anblick.

Winterlibellen sind somit die ersten Libellen, die nach der eisigen Jahreszeit ihre Eier am Gewässer ablegen. Tatsächlich gibt es also an jedem Tag im Jahr die Möglichkeit, draußen vor der

Haustür einer Libelle zu begegnen. Schon im frühesten Frühjahr sind es die Frühen Adonislibellen, im Sommer ist eh Tohuwabohu, und im Herbst dominieren noch einmal die erst dann schlüpfenden Herbst-Mosaikjungfern die Gewässer.

Der Name Libelle stammt übrigens aus dem Lateinischen und ist die Verniedlichungsform des Wortes »Waage«. Der Grund hierfür ist eine visuelle Analogie zwischen der T-förmigen Gestalt einer Großlibelle in Draufsicht und einer Balkenwaage. Noch heute nennt man die auszutarierende Messeinrichtung mit einer eingeschlossenen Luftblase, wie man sie etwa auch an Wasserwaagen findet, Libelle. Libellen waren schon in der germanischen Mythologie heilige und verehrte Wesen. Heute kämpfen sie ums nackte Überleben, denn gut die Hälfte unserer Libellenarten sind gefährdet oder vom Aussterben bedroht.

Schwalbenschwanz
(*Papilio machaon*)

DANKSAGUNG

Ich danke meinem Vater, dass er mich schon in frühester Kindheit an die faszinierende Wunderwelt Natur herangeführt hat. Ich danke meiner Mutter, dass sie mich bei all den unkonventionellen Wegen, die ich ging, unterstützte. Ich danke meiner zauberhaften Frau, dass sie mit mir immer an einem Strang zieht, mit mir ein holistisches Team bildet und mich so sein lässt, wie ich bin. Ich danke meiner wundervollen Nichte, dass sie so eine leuchtende junge Naturschützerin ist und mich zutiefst inspiriert. Ich danke meinen Geschwistern für die befruchtende Liebe zur Natur schon in unserer Kindheit.

Ich danke meinen Freunden und Naturliebhabern für den enthusiastischen Austausch über das Wunder Natur und die Anregungen für dieses Buch: Thorben Danke, Jan Haft, Thomas Hörren, Michael Schäfer, Prof. Dr. Alessia Guggisberg, Wolfgang Burens, Dr. Kim Mortega, Silke Voigt-Heucke, Fritz Habekuß, Philipp Hermann. Ich danke auch Susanne De Zarobe, dass ich wieder die wundervollen Illustrationen nutzen durfte. Ich danke dem Eichborn Verlag für sein Vertrauen und dem großartigen Dominique Pleimling für seinen unermüdlichen, inbrünstigen Einsatz.

Und natürlich danke ich Mutter Natur, dass sie immer für mich da ist, der einfachste und gesündeste Schlüssel für mein Glück ist. Meine Therapeutin, meine Lehrerin, meine Heimat, der Ort, der mir Kraft und Klarheit schenkt, unendliche Inspirationsquelle für mein künstlerisches Schaffen ist, mein Netz, in dem ich weich lande, wenn ich falle. Niemand bescherte mir so unendlich viele Stunden des tiefsten, wahrhaftigsten Glücks und des bewussten Seins im Hier und Jetzt.

REGISTER

Dominik Eulberg ist seit mehr als 25 Jahren international agierender Musiker, in seinem Herzen leidenschaftlicher Naturfreund und studierter Ökologe. Für sein musikalisches Schaffen erhielterzahlreiche Auszeichnungen, wie etwa den Preis der Deutschen Schallplattenkritik. Eulberg wurde von Fachmagazinen zum Musik-Produzenten des Jahres gewählt und belegt regelmäßig Top-Platzierungen in der Kategorie DJ. Mit seinem letzten Album »Mannigfaltig«, bei dem es thematisch um Biodiversität ging, schaffte er es in die deutschen Charts. Er entwickelt Natur-Sensibilisierungsspiele, etwa das multimediale Vogelquartett »Fliegende Edelsteine« und arbeitet zusammen mit dem renommierten Filmemacher Jan Haft an Naturfilmen für TV und Kino. Dominik Eulberg ist Botschafter vieler Naturschutzorganisationen, kooperiert mit Museen und ist regelmäßig in Fernsehbeiträgen zu sehen, etwa im SWR in »Eulbergs Kosmos«. Sein Engagement wurde jüngst mit einer Nominierung für den Deutschen Umweltmedienpreis gewürdigt.

www.dominik-eulberg.de